普通高等院校精品课程规划教材

普通高等院校优质精品资源共享教材

场地管线综合设计（第 2 版）

杨秋侠 等 编著

中国建材工业出版社

图书在版编目（CIP）数据

场地管线综合设计/杨秋侠等编著. —2版. — 北京：中国建材工业出版社，2015.8
ISBN 978-7-5160-1233-8

Ⅰ．①场… Ⅱ．①杨… Ⅲ．①场地计－管线设计
Ⅳ．①TU990.3

中国版本图书馆 CIP 数据核字（2015）第 117923 号

内 容 简 介

　　本教材是陕西省"省级精品课"，主要内容包括管线的分类、管线的敷设方式、管线平面综合设计和管线竖向综合设计、工程地质特殊地区的管线布置、综合管沟。学生通过学习，能够掌握管线综合设计的基本理论、基本方法和基本技能。本书在上一版的基础上进一步完善了工程管线设计的理论和方法；在原有工程管线平面综合和竖向综合的基础上，增加综合管沟的设计内容和管线布置设计优化的内容。

　　本书可以作为交通运输专业总图设计与运输工程方向学生的教材，也可以作为交通工程专业、给排水专业学生的参考书，也能为工业和民用设计院的管线综合设计提供理论指导。

场地管线综合设计（第 2 版）
杨秋侠 等 编著

出版发行：中国建材工业出版社
地　　址：北京市海淀区三里河路 1 号
邮　　编：100044
经　　销：全国各地新华书店
印　　刷：北京鑫正大印刷有限公司
开　　本：787mm×1092mm　1/16
印　　张：14
字　　数：350 千字
版　　次：2015 年 8 月第 2 版
印　　次：2015 年 8 月第 1 次
定　　价：40.00 元

本社网址：www.jccbs.com.cn　微信公众号：zgjcgycbs
本书如出现印装质量问题，由我社网络直销部负责调换。联系电话：（010）88386906

前　　言

我国目前正处于经济迅速发展的时期，城镇的改扩建，各种新区、经济技术开发区、工业园区的建设已经进入一定阶段，而场地管线综合工程正是这些区域的基础设施建设项目之一，受到业内的极大重视。同时，场地管线综合设计的相关知识是总图设计与工业运输专业的专业知识的重要组成部分，场地管线综合设计的合理性不仅影响着场地的总平面设计的合理性，更对基建投资、环境保护、土地利用、园区运作均有深远的影响。

为改善总图设计与工业运输专业的教学工作，优化管线综合设计的理论与方法，提高管线综合设计的技术水平，编者根据实际工程需要及总图设计与工业运输专业中管线综合设计的教学大纲，结合十几年来的教学科研经验编写了本书。本书旨在系统地介绍场地管线综合设计的基本原理及方法。作为场地管线综合设计的第二版，本书与上版相比，增加了较多突破点，同时修正了上版书中部分不当之处，比上版更加严谨科学。该书是一本更加系统全面地介绍管线综合设计的教科书，同时也可供给排水专业及市政规划设计人员作参考之用。

本书第一章由西安建筑科技大学王秋平、耿娟编写，第二章由西安建筑科技大学左精力、杨秋侠编写，第三、四、五、六章由西安建筑科技大学杨秋侠编写，第七章由杭州飞时达软件有限公司傅鹏程编写，全书由杨秋侠主编。研究生孙雅楠、刘天参与了部分文字输入及插图绘制工作，研究生刘鹏、李文琪、仵宁、冯彦妮参与了部分文字与插图校核工作。

另外，在该书的编写过程中很多同行提出了宝贵的意见以及建议，增强了本书作为教材的科学性以及作为工程参考资料的可靠性。在这里向给予帮助的同仁们表示深深的谢意。

由于编者水平有限，不足之处在所难免，望读者批评指正。

在本书编写过程中得到了中国建材工业出版社的大力支持，在此致以衷心的谢意。

杨秋侠

2015 年 5 月

目　　录

1 场地管线工程 ……………………………………………………… 1

　1.1　场地给水工程管线 ………………………………………………… 1

　　1.1.1　场地给水工程规划的内容、步骤与方法 …………………… 2

　　1.1.2　场地给水工程系统的组成及布置形式 ……………………… 3

　　1.1.3　工业给水系统 ………………………………………………… 6

　　1.1.4　场地总用水量的估算 ………………………………………… 7

　　1.1.5　给水管网管径的确定 ………………………………………… 13

　　1.1.6　场地给水管网的布置 ………………………………………… 14

　　1.1.7　不同地形条件的敷设方法 …………………………………… 16

　1.2　场地排水管线工程 ………………………………………………… 17

　　1.2.1　场地排水工程的任务及规划步骤 …………………………… 17

　　1.2.2　排水系统的体制 ……………………………………………… 18

　　1.2.3　场地排水系统的组成 ………………………………………… 20

　　1.2.4　污水管道的平面布置 ………………………………………… 22

　　1.2.5　估算场地污水量 ……………………………………………… 24

　　1.2.6　管径的确定 …………………………………………………… 27

　　1.2.7　污水管道的详细设计 ………………………………………… 27

　1.3　场地供暖管线工程 ………………………………………………… 28

　　1.3.1　场地供暖系统组成及其分类 ………………………………… 28

　　1.3.2　场地热负荷的确定 …………………………………………… 31

　　1.3.3　供暖管网的布置和敷设 ……………………………………… 33

　1.4　场地燃气工程管线 ………………………………………………… 37

　　1.4.1　场地燃气系统的组成 ………………………………………… 37

　　1.4.2　场地燃气用量的计算 ………………………………………… 37

　　1.4.3　气源及选择 …………………………………………………… 42

　　1.4.4　管网的布置和敷设 …………………………………………… 43

　1.5　场地电力管线 ……………………………………………………… 46

　　1.5.1　场地电力系统的组成和布置形式 …………………………… 46

　　1.5.2　场地供电负荷计算 …………………………………………… 51

　　1.5.3　场地中的高压线路走廊 ……………………………………… 54

　　1.5.4　电力管线的布置和敷设 ……………………………………… 55

　1.6　场地电信管线 ……………………………………………………… 58

　　1.6.1　电信系统的组成及分类 ……………………………………… 58

  1.6.2 局址位置的选择 ·· 62

  1.6.3 市话网路布置 ·· 62

  1.6.4 管道平面设计 ·· 64

  1.6.5 电缆的敷设 ·· 67

2 管线敷设方式··· 70

 2.1 影响管线敷设方式的因素····································· 70

 2.2 地下敷设方式··· 70

  2.2.1 直接埋地敷设 ·· 70

  2.2.2 管沟敷设 ·· 72

 2.3 地上敷设方式··· 74

 2.4 常用工程管线的管材和接口·································· 76

  2.4.1 管材及其适用范围 ·· 76

  2.4.2 管道接口及其施工方法 ·· 78

 2.5 管线的附属设施··· 81

  2.5.1 给水管道的附属设施 ··· 81

  2.5.2 排水管道的附属设施 ··· 82

  2.5.3 电信管道附属设施 ·· 86

  2.5.4 热力管道附属设施 ·· 88

 2.6 我国城市管线敷设方式的发展趋势 ·························· 90

3 场地管线综合平面布置··· 91

 3.1 管线综合的意义及目的·· 91

  3.1.1 管线综合的意义 ·· 91

  3.1.2 管线综合的目的 ·· 91

 3.2 管线综合布置的原则与要求··································· 92

  3.2.1 工程管线地下布置的原则与要求 ···························· 92

  3.2.2 工程管线地上布置的原则与要求 ··························· 100

  3.2.3 管线综合布置的原则 ·· 101

 3.3 场地管线综合规划的技术术语 ······························ 103

 3.4 场地管线综合平面布置·· 104

  3.4.1 场地管线综合初步设计 ······································· 104

  3.4.2 场地管线综合施工设计 ······································· 106

  3.4.3 场地管线综合部分点的检算 ································· 111

4 场地管线综合竖向布置······································ 119

 4.1 概述·· 119

  4.1.1 场地管线综合竖向布置原则 ································· 119

  4.1.2 地下管线综合竖向布置的要求 ······························ 119

  4.1.3 架空管线综合竖向布置要求 ································· 122

 4.2 场地各单体管线竖向布置····································· 123

  4.2.1 场地污水管道竖向布置 ······································· 123

　　　　4.2.2　场地雨水管道竖向布置 ·············· 130
　　　　4.2.3　场地给水管道竖向布置 ·············· 134
　　　　4.2.4　场地热力管道竖向布置 ·············· 134
　　　　4.2.5　场地燃气管道的竖向布置 ············ 135
　　　　4.2.6　场地电力电缆竖向布置 ·············· 136
　　　　4.2.7　场地电信管道竖向布置 ·············· 137
　　4.3　场地管线综合的竖向布置 ················ 138
　　　　4.3.1　场地管线竖向综合 ················ 138
　　　　4.3.2　场地管线竖向综合示例 ·············· 141
　　　　4.3.3　场地管线综合交叉点的竖向图表示方法 ····· 145
　　4.4　场地管线综合道路横断面图 ·············· 148
　　　　4.4.1　工程管线道路标准横断面图 ············ 148
　　　　4.4.2　修订道路标准横断面图 ·············· 149
　　　　4.4.3　现状道路横断面图 ················ 149
　　4.5　场地管线综合绘制方法 ················ 151
5　工程地质特殊地区的管线布置 ················ 153
　　5.1　冻土地区管线布置 ·················· 153
　　　　5.1.1　冻土的定义 ··················· 153
　　　　5.1.2　冻土的分类 ··················· 153
　　　　5.1.3　我国冻土的分布及特性 ·············· 153
　　　　5.1.4　冻害及其对管线工程的影响 ············ 155
　　　　5.1.5　冻土地区管线冻害原因分析 ············ 157
　　　　5.1.6　冻土地区对管线工程的要求 ············ 158
　　　　5.1.7　冻土地区管线防治冻害的措施 ··········· 158
　　5.2　黄土地区管线布置 ·················· 162
　　　　5.2.1　黄土概念 ···················· 162
　　　　5.2.2　黄土工程特征 ·················· 162
　　　　5.2.3　黄土的分布概况 ················· 163
　　　　5.2.4　黄土的湿陷机理 ················· 164
　　　　5.2.5　湿陷性黄土地区管道工程设计的技术措施 ····· 164
　　　　5.2.6　湿陷性黄土地区管道工程的施工及维护 ····· 166
　　5.3　地震地区的管线布置 ················· 168
　　　　5.3.1　地震的发生过程 ················· 168
　　　　5.3.2　地震的分类 ··················· 168
　　　　5.3.3　我国地震活动的主要特点 ············· 169
　　　　5.3.4　地震对管道工程的作用效应 ············ 169
　　　　5.3.5　地震区管道工程的一般设计原则 ········· 170
　　　　5.3.6　震区管线的防护措施 ·············· 171
　　5.4　膨胀土地区的管线布置 ················ 172

  5.4.1 膨胀土的概念及分类 ……………………………………… 172

  5.4.2 膨胀土的主要工程特性 …………………………………… 173

  5.4.3 影响膨胀土胀缩变形的因素 ……………………………… 174

  5.4.4 膨胀土地区的管线布置 …………………………………… 175

6 场地综合管沟布置 ……………………………………………… 178

 6.1 概述 …………………………………………………………… 178

  6.1.1 综合管沟的概念及分类 …………………………………… 178

  6.1.2 综合管沟布置的优缺点 …………………………………… 180

  6.1.3 综合管沟的规划与设计原则 ……………………………… 181

 6.2 综合管沟总体设计 …………………………………………… 181

  6.2.1 综合管沟设计遵循的原则及思路 ………………………… 181

  6.2.2 综合管沟的附属设施 ……………………………………… 183

 6.3 综合管沟的几何设计 ………………………………………… 188

  6.3.1 平面设计 …………………………………………………… 188

  6.3.2 纵断面设计 ………………………………………………… 189

  6.3.3 横断面设计 ………………………………………………… 189

  6.3.4 交叉口设计 ………………………………………………… 190

 6.4 综合管沟标准化工作及标准断面示例 ……………………… 193

  6.4.1 综合管沟标准化工作 ……………………………………… 193

  6.4.2 综合管沟标准断面设计图例 ……………………………… 195

7 场区管线综合协同设计软件 SPCAD ………………………… 198

 7.1 概述 …………………………………………………………… 198

 7.2 特点 …………………………………………………………… 198

 7.3 软件架构 ……………………………………………………… 198

 7.4 技术路线 ……………………………………………………… 199

 7.5 功能介绍 ……………………………………………………… 200

  7.5.1 地形图录入与转换 ………………………………………… 200

  7.5.2 竖向设计 …………………………………………………… 201

  7.5.3 三维场地设计 ……………………………………………… 201

  7.5.4 项目管理协同设计 ………………………………………… 202

  7.5.5 管线平面 …………………………………………………… 202

附图及附表 ……………………………………………………………… 203

参考文献 ………………………………………………………………… 215

1 场地管线工程

场地管线工程包括场地给水管线工程、场地排水管线工程、场地供暖管线工程、场地电力管线工程、场地电信管线工程、场地燃气管线工程等。在场地管线规划中，要确定这些管线的主要走向，水源、水厂、污水处理厂、热电站或集中锅炉房、气源、调压站、电厂、变电站、电信中心或邮电局、电台等主要构筑物位置，管线的输送量及负荷，管网的布置和敷设等。

1.1 场地给水工程管线

场地给水工程是以经济合理、安全可靠地输送和供给居民生活和生产用水，及保障人民生命财产的消防用水，并满足水量、水质和水压的要求的供水系统，是城市和工矿企业的一个重要基础设施。

场地给水工程包括水源、水处理设施、泵站及管线，其作用是集取天然的地表水或地下水，经过一定的处理，使之符合工业生产用水和居民生活饮用水的标准，并用经济合理的输配方法输送给各种用户。根据给水系统的性质，给水系统可分类如下：

（1）按水源种类，分为地表水（江河、湖泊、蓄水库、海洋等）给水系统（图 1-1）和地下水（浅层地下水、深层地下水、泉水等）给水系统。

（2）按供水方式，分为自流系统（重力供水）、水泵供水系统（压力供水）和混合供水系统。

（3）按使用目的，分为生活用水、生产给水和消防给水系统等。

（4）按服务对象，分为城市给水和工业给水系统。在工业给水中，又分为直流系统、循环系统和循序系统。

按使用目的，根据供水对象对水量、水质和水压的不同要求，又可分为四种用水类型。

①生活饮用水，包括居住区居民生活饮用水、工业企业职工生活饮用水、淋浴用水以及公共建筑用水等。生活饮用水水质应无色、透明、无嗅、无味，不含致病菌或病毒和有害健康的物质，且应符合生活饮用水水质标准。

②生产用水，包括冷却用水、生产蒸汽和用于冷凝的用水、生产过程用水、食品工业用水、交通运输用水等。由于生产工艺过程的多样性和复杂性，生产用水对水质和水量要求的标准不一。在确定生产用水的各项指标时，应深入了解生产工艺过程，以确定其对水量、水质、水压的要求。

③市政用水，包括街道洒水、绿化浇水等。

④消防用水，一般是从街道上消火栓和室内消火栓取水。消防给水设备，由于不是经常工作，可与生活饮用给水系统合在一起考虑。对防火要求高的场所，如仓库或工厂，可设立专用的消防给水系统。

此外，给水系统本身也耗用一定的水量，包括水厂自身用水量及未预见水量（含管网漏

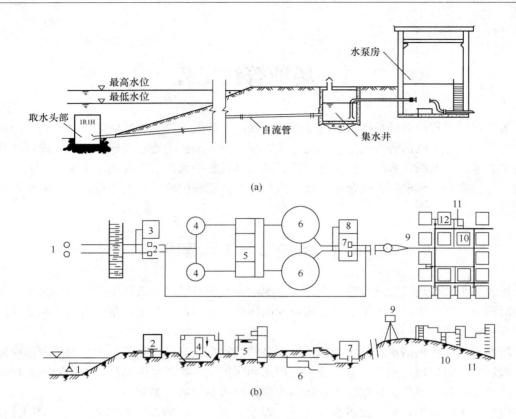

图 1-1　地表水源

（a）河床式取水构筑物；（b）区域给水系统示意图

1—吸水管；2——级泵站；3—加氯间；4—澄清池；5—滤池；6—清水池；7—二级泵站；8—水塔；

9—输水管；10—配水管网；11—进户管；12—室外消火栓

失水量）等。

1.1.1　场地给水工程规划的内容、步骤与方法

场地给水工程规划的内容，一般包括：确定用水量定额，估算区域总用水量；研究满足各种用户对水量和水质要求的可能性，合理地选择水源，并确定水厂位置和净化方法；布置场地输水管道及给水管网，估算管径。

场地给水工程规划一般按下列步骤和方法进行：

（1）进行给水系统规划时，首先要明确规划设计项目的性质，规划任务的内容、范围，有关部门对给水系统规划的指示、文件，与其他部门分工协议等。

（2）搜集必要的基础资料和现场踏勘。基础资料主要有：区域的分区规划和地形资料，其中包括远近期发展规划、区域人口分布、建筑层数和卫生设备标准；区域总地形图资料等；现有给水设备概况资料，用水人数、用水量、现有设备、供水状况等；气象、水文及水文地质、工程地质等的自然资料；居民和工业对水量、水质、水压要求资料等。

（3）绘制区域给水系统规划图及文字说明。规划图纸的比例采用1/10000～1/5000，图中应包括给水水源和取水位置、水厂厂址、泵站位置，以及输水管（渠）和管网的布置等。文字说明应包括规划项目的性质、建设规模、方案的优缺点、设计依据、工程造价、所需主要设备材料及能源消耗等。

1.1.2　场地给水工程系统的组成及布置形式

1.1.2.1　场地给水工程系统的组成

场地给水工程系统由相互联系的一系列构筑物和输配水管网组成。按其工作过程，大致可分为取水工程、净水工程和输配水工程三个部分，并用水泵联系，组成一个供水系统。

1. 取水工程

取水工程包括选择水源和取水地点，从天然水源（包括地表水和地下水）中取（集）水的方法，建造适宜的取水构筑物。其主要任务是保证区域用水量。

区域给水水源有地表水和地下水两种。

① 地表水。地表水水源一般水量较充沛，分布较广泛，因此很多城市和工业企业常利用地表水作为给水水源。由于地表水水源的种类、性质和取水条件各不相同，所以地表水取水构筑物有多种形式。按水源分，则有河流、湖泊、水库、海水取水构筑物；按取水构筑物的构造形式分，则有固定式（河床式、岸边式、斗槽式）和活动式（缆车式、浮船式）两种。在山区河流上则有带低坝的和底栏栅式的取水构筑物。图 1-1 为地表水水源的河床式取水构筑物及区域给水系统示意图。

② 地下水。地下水存在于土层和岩层中，各种土层和岩层有不同的透水性。卵石层、砂层和石灰岩等组织松散，具有众多的相互连通的孔隙，透水性较好，水在其中的流动属渗透过程，故这些岩层叫透水层。黏土和花岗岩等紧密岩层，透水性极差甚至不透水，叫不透水层。如果透水层下面有一层不透水层，则在这一透水层中就会积聚地下水，故透水层又叫含水层，不透水层则称隔水层。地层构造就是由透水层和不透水层彼此相间构成，它们的厚度和分布范围各地不同。埋藏在地面下第一个隔水层上的地下水叫潜水，它有一个自由水面。潜水主要依靠雨水和河流等地表水下渗而补给。多雨季节潜水面上升，干旱季节潜水面下降。我国西北地区气候干旱，潜水埋藏较深，约达 $50\sim80\mathrm{m}$；南方潜水埋深较浅，一般在 $3\sim5\mathrm{m}$ 以内。

两个不透水层间的水叫层间水。在同一个地区可同时存在几个层间水或含水层。当层间水存在自由水面，称无压含水层；当层间水有压力，则称承压含水层。

地下水在松散岩层中流动称地下径流。地下水的给水范围叫补给区。抽取井水时，补给区内的地下水都向水井方向流动。

地下水取水构筑物的形式，与地下水埋深、含水层厚度等水文地质条件有关。管井用于取水量大、含水层厚而埋藏较深的情况；大口井用于含水层较薄而埋藏较浅的情况；渗渠用于含水层更薄而埋藏更浅的情况。具体如图 1-2 所示。

2. 净水工程

净水工程即建造给水处理构筑物，对天然水质进行处理，以满足生活饮用水水质标准或工业生产用水水质标准要求。

水源水中往往含有各种杂质，如地下水常含有各种矿物盐类，而地面水则常含有泥砂、水草腐殖质、溶解性气体、各种盐类、细菌及病原菌等。由于用户对水质都有一定的要求，故未经处理的水不能直接输送给用户。净水工程的任务就是要解决水的净化问题。

水的净化方法和净化程度根据水源的水质和用户对水质的要求而定。生活用水净化须符合我国现行的生活饮用水水质标准。工业用水应按照生产工艺对水质的具体要求来确定相应

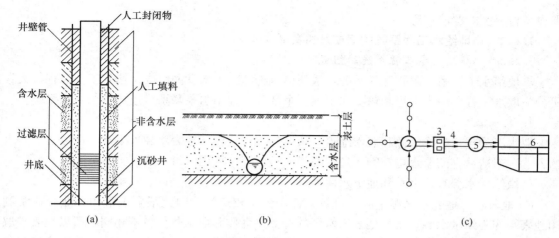

图 1-2　地下水取水构筑物

（a）管井构造图；（b）渗渠示意图；（c）地下水源的给水系统

1—抽水井；2——级泵房；3—净水厂；4—输水干线；5—二级泵房；6—场地管网

的水质标准及净化工艺。

地面水的净化工艺流程，应根据用户对水质的要求确定。一般以供给饮用水为目的的工艺流程，主要包括沉淀、过滤及消毒等三个部分。沉淀的目的在于除去水中的悬浮物质及胶体物质。由于细小的悬浮杂质沉淀甚慢，胶体物质根本不能自然沉淀，所以在原水进入沉淀池之前需投加混凝剂，以加速悬浮杂质的沉淀并达到除去胶体物质的目的。经沉淀后的水，浑浊度应不超过 20mg/L。为达到饮用水水质标准所规定的浊度要求（即 5mg/L）尚须进行过滤。常用的滤池有普通快滤池、虹吸滤池及无阀滤池等。

以地下水为水源时，则因其水质较好而无需进行沉淀过滤处理，一般只需消毒即可。

地面水的细菌含量较高，残留于处理水中的细菌数量仍较多，并可能有病原菌传播疾病，故必须进行消毒处理。

消毒的目的有二：一是消灭水中的细菌和病原菌，以满足"饮用水水质标准"的有关要求；二是保证净化后的水在输送到用户之前不致被再次污染。消毒的方法有物理法和化学法两种。物理法有紫外线、超声波、加热法等。化学法有氯法或氯胺法以及臭氧法等。我国目前广泛采用的是氯法或氯胺法。

3. 输配水工程

净水工程只解决了水质问题，输配水工程则是解决如何将净化后的足够的水量输送和分配到各用水地点，并保证水压和水质。为此需敷设输水管道、配水管网和建造泵站以及水塔、水池等调节构筑物。水塔或高地水池常设于区域较高地区，借以调节用水量并保持管网中有一定压力。

输水管是把净水厂和配水管网联系起来的管道。其特点是只输水而不配水。允许间断供水的给水工程或多水源供水的给水工程一般只设一条输水管；不允许间断供水的给水工程一般应设两条或两条以上的输水管。有条件时，输水管最好沿现有道路或规划道路敷设，并应尽量避免穿越河谷、山脊、沼泽、重要铁道及洪水泛滥淹没的地区。

配水管网的任务是将输水管送来的水分配到用户。它是根据用水地区的地形及最大用水户分布情况并结合场地规划来进行布置。配水管网又分为干管和支管，前者主要向各分区输水，而后者主要将水分配到用户。配水干管的路线应通过用水量较大的地区，并以最短的距离向最大用户供水。在场地规划布置中，应把最大用户置于管网之始端，以减少配水管的管径而降低工程造价。配水管网应均匀地布置在整个用水地区，其形式有环状和枝状两种。为了减少初期的建设投资，新建居民区或工业区一开始可做成枝状管网，待将来扩建时再发展成环状管网。

水塔或高地水池和清水池是给水系统的调节设施。其作用是调节供水量与用水量之间的不平衡状况。因为供水量在目前的技术状况下，在某段时间里是个固定的量，而用户用水的情况却较为复杂，随时都在变化。这就出现了供需之间的矛盾。水塔或高地水池能够把用水低峰时管网中多余的水暂时储存起来，而在用水高峰时再送入管网。这样就可以保证管网压力的基本稳定，同时也使水泵能经常在高效率范围内运行。但水塔的调节能力非常有限，只有当小城镇或工业企业内部的调节水量较小，或仅需平衡水压时才适用。对于更大的调节范围，水塔则基本上起不到调节作用。

清水池与二级泵站可以直接对给水系统起调节作用，清水池也可以同时对一、二级泵站的供水与送水起调节作用。一般地说，一级泵站的设计流量是按最高日的平均时来考虑，而二级泵站的设计流量则是按最高日的最大时来考虑，并且是按用水量高峰出现的规律分时段进行分级供水。当二级泵站的送水量小于一级泵站的送水量时，多余的水便存入清水池。到用水高峰时，二级泵站的送水量就大于一级泵站的供水量，这时清水池中所储存的水和刚刚净化后的水便被一起送入管网。较理想的情况是不论在任何时段，供水量均等于送水量，或送水量均等于用水量。这样就可以大大减少调节容量而节省调节构筑物的基建投资和能耗。

4. 泵站

泵站是把整个给水系统连为一体的枢纽，是保证给水系统正常运行的关键。在给水系统中，通常把水源地取水泵站称为一级泵站，而把连接清水池和输配水系统的送水泵站称为二级泵站。

一级泵站的任务是把水源的水抽升上来，送至净化构筑物。二级泵站的任务是把净化后的水，由清水池抽吸并送入输配水管网而供给用户。泵站的主要设备有水泵及其引水装置，配套电机及配电设备和起重设备等。

1.1.2.2 场地给水系统的布置形式

场地给水系统的布置，根据场地总体规划布局、水源性质和当地自然条件、用户对水质要求等不同而有不同形式。常见的几种形式如下：

（1）统一给水系统。场地生活饮用水、工业用水、消防用水等都按照生活饮用水水质标准，用统一的给水管网供给用户的给水系统，称为统一给水系统。

对于新建中小城镇、工业区、开发区，用户较为集中，一般不需长距离转输水量，各用户对水质、水压要求相差不大，地形起伏变化较小和场地中建筑层数差异不大时，宜采用统一给水系统。

（2）分质给水系统。取水构筑物从水源地取水，经过不同的净化过程，用不同的管道，分别将不同水质的水供给各个用户，这种给水系统称为分质给水系统。此系统适用于城市或工业区中低质水所占比重较大的情况。它的处理构筑物的容积较小，投资不多，可节约大量药剂费和动力费用。但管道系统增多，管理较复杂。

（3）分区给水系统。将场地的整个给水系统，按其特点分成几个系统，每一系统中有它自己的泵站、管网和水塔，有时系统和系统间保持适当联系，以便保证供水安全和调度的灵活性。这种布置可节约动力费用和管网投资。缺点是管理比较分散。

当场地用水量较大，面积辽阔或延伸很长，或场地被自然地形分成若干部分，或功能分区比较明确的大中型城市，有时采用分区给水系统。

（4）分压给水系统。它由两个或两个以上水源向不同高程地区供水，这种系统适用于水源较多的山区或丘陵地区的场地和工业区。它能减少动力费用，降低管网压力，减少高压管道和设备用量，供水较安全，并可分期建设。主要缺点是所需管理人员和设备比较多。

（5）重复使用给水系统。从某些工业企业排出的生产废水，可以重复使用，经过处理或不经处理，用作其他工业生产用水，它是城市节约用水的有效途径之一。

（6）循环给水系统。某些工业废水不排入水体，而经冷却降温或其他处理后，又循环用于生产，这种给水系统称为循环给水系统。在循环过程中所损失的水量，须用新鲜水补给，其量约为循环水量的 3％～8％。

1.1.3　工业给水系统

工业给水系统可以分为直流给水系统、循环给水系统和循序给水系统。

直流给水系统是指工业生产用水就近水源取水，根据需要经简单处理后供给工业用水，使用后直接排入水体。

火力发电、冶金、化工等生产用水中，冷却用水用量很大。在工业发达地区，冷却用水量占工业用水量的 70％左右。而在城镇用水量中，工业用水量约占一半以上。因此工业冷却用水应尽量重复利用。从有效利用水资源和节省抽水动力费用着眼，根据工业企业用水的重复利用情况，可分成循环给水系统和循序给水系统。

循环给水系统是指使用过的水经适当处理后再行回用。在循环使用过程中会损耗一些水量，包括循环过程中蒸发、渗漏等损失的水量，须从水源取水加以补充。图 1-3 所示为循环给水系统，虚线表示使用过的热水，实线表示冷却水。水在车间 4 使用后，水温有所升高，送入冷却塔 1 冷却后，再由泵站 3 送回车间使用。为了节约工业用水，一般较多采用这种系统。

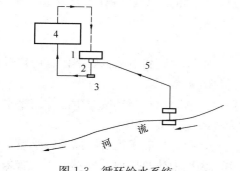

图 1-3　循环给水系统
1—冷却塔；2—泵站；3—车间

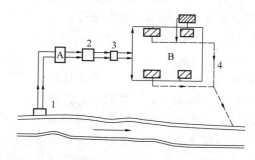

图 1-4　循序给水系统
2—冷却塔；3—泵站；4—排水系统；A、B—车间

循序给水系统是按照各车间对水质的要求，将水顺序重复利用。水源水先到某些车间，使用后或直接送到其他车间，或经冷却、沉淀等适当处理后，再送到其他车间使用，然后排出。图 1-4 所示为水经冷却后使用的循序给水系统，实线表示给水管，虚线表示排水管。水源水在车间 A 使用后，水温有所升高，然后靠本身的水压自流到冷却塔 2 中冷却，再由泵

站3送到其他车间B使用，最后经排水系统4排入水体。采用这种系统，水资源得以充分利用，特别是在车间排出的水可不经过处理或略加处理就可供其他车间使用时，更为适用。为了节约工业用水，在工厂与工厂之间，也可考虑循序给水系统。

1.1.4 场地总用水量的估算

场地总用水量包括：区域居民生活用水、工业企业生产用水、消防用水和市政用水（如街道洒水、绿地浇水……）等。各类用水量的多少根据用水量标准确定。

1.1.4.1 用水量标准

1. 生活用水量标准

居民平均日用水量或最高日用水量标准，按 L/（人·d）计。生活用水量主要是根据所在城市的气候、生活习惯和房屋卫生设备等因素而确定。做给水工程规划时，一般可根据表 1-1 所列的定额估算用水量，并应根据本城市的特点，结合现状水平，适当考虑近远期的发展而选用。

表 1-1　居住区生活用水量标准　　　　单位：L/（人·d）

给水设备类型 分区用水	室内无给水排水卫生设备从集中水龙头取水			室内有给水龙头但无卫生设备			室内有给水排水卫生设备但无淋浴设备			室内有给水排水卫生设备和淋浴设备			室内有给水排水卫生设备并有淋浴设备和集中热水供应		
	最高日	平均日	时变化系数	最高日	平均日	时变化系数	最高日	平均日	时变化系数	最高日	平均日	时变化系数	最高日	平均日	时变化系数
一	20~35	10~20	2.5~2.0	40~60	20~40	2.0~1.8	85~120	55~90	1.8~1.5	130~170	90~125	1.7~1.4	170~200	130~170	1.5~1.3
二	20~40	10~25	2.5~2.0	45~65	35~45	2.0~1.8	90~125	60~95	1.8~1.5	140~180	100~140	1.7~1.4	180~210	140~180	1.5~1.3
三	35~55	20~35	2.5~2.0	60~85	45~60	2.0~1.8	90~130	60~100	1.8~1.5	140~180	110~150	1.7~1.4	185~215	145~185	1.5~1.3
四	40~60	25~40	2.5~2.0	60~90	40~70	2.0~1.8	95~150	60~100	1.8~1.5	150~190	120~160	1.7~1.4	190~220	150~190	1.5~1.3
五	20~40	10~25	2.5~2.0	45~60	25~40	2.0~1.8	85~125	55~90	1.8~1.5	140~180	100~140	1.7~1.4	180~210	140~180	1.5~1.3

注：1. 本表所列用水，已包括居住区内小型公共建筑用水，但未包括浇洒道路、大面积绿化及全市性的公共建筑用水。

　　2. 选用水定额时，应根据所在分区内的给水设备类型以及生活习惯等足以影响用水量的因素确定。

　　3. 第一分区包括：黑龙江、吉林、内蒙古、辽宁的大部分、河北、陕西等。

　　4. 第二分区包括：北京、天津、河北、山东、山西、陕西的大部分、甘肃、宁夏、辽宁等地。

　　5. 第三分区包括：上海、浙江的全部、江西、安徽、江苏的大部分、福建北部、河南南部。

　　6. 第四分区包括：广东、台湾的全部、广西的大部分、福建、云南的南部。

　　7. 第五分区包括：贵州的全部、四川、云南的大部分、湖北的东部、陕西等。

　　8. 其他地区的生活用水定额可根据当地气候和人民生活习惯等具体情况，参照相似地区的定额确定。

公共建筑生活用水量标准，见表 1-2。

表1-2 公共建筑生活用水量标准

序号	建筑物名称		单 位	生活用水量标准 最高日（L）	时变化系数 K_h
1	集体宿舍	有漱洗室	每人每日	50～100	2.5
		有漱洗室和浴室	每人每日	100～200	2.5
2		旅馆、招待所	每床每日	50～100	2.5～2.0
		有集中盥洗室	每床每日	100～200	2.0
		有盥洗室和浴室	每床每日	200～300	2.0
3		宾馆、客房	每床每日	400～500	2.0
4		医院、疗养院、休养所	每床每日	50～100	2.5～2.0
		有集中盥洗室、设有浴盆的病房	每床每日	100～200	2.5～2.0
		有漱洗室和浴室	每床每日	250～400	2.0
5		门诊部、诊疗所	每病人每次	15～25	2.5
6		公共浴室	每顾客每次	100～150	2.0～1.5
		有淋浴器	每顾客每次	80～170	2.0～1.5
		设有浴池、淋浴器、浴盆及理发室			
7		理发室	每顾客每次	10～25	2.0～1.5
8		洗衣房	每公斤干衣	40～80	1.5～1.0
9	餐饮业	营业餐厅	每顾客每次	15～20	2.0～1.5
		工业企业、机关、学校食堂	每顾客每次	10～15	2.5～2.0
10	幼儿园、托儿所	有住宿	每儿童每日	50～100	2.5～2.0
		无住宿	每儿童每日	25～50	2.5～2.0
11		商场	每顾客每次	1～3	2.5～2.0
12		菜市场	每平方米每次	2～3	2.5～2.0
13		办公楼	每人每班	30～60	2.5～2.0
14		中小学校（无住宿）	每学生每日	30～50	2.5～2.0
15		高等院校（有住宿）	每学生每日	100～200	2.0～1.5
16		电影院	每观众每场	3～8	2.5～2.0
17		剧院	每观众每场	10～20	2.5～2.0
18	体育场	运动员淋浴	每人每次	50	2.0
		观众	每人每场	3	2.0
19	游泳池	游泳池补水	每日占水池容积	10%～15%	—
		运动员淋浴	每人每场	60	2.0
		观众	每人每场	3	2.0

注：1. 高等学校、幼儿园、托儿所为生活用水综合指标。
2. 集体宿舍、旅馆、招待所、医院、疗养院、休养所、办公楼、中小学校生活用水定额均不包括食堂、洗衣房的用水量。医院、疗养院、休养所指病房生活用水。
3. 菜市场用水指地面冲洗用水。
4. 生活用水定额除包括主要用水对象用水外，还包括工作人员用水。其中旅馆、招待所、宾馆生活用水定额包括客房服务员用水，不包括其他服务人员用水量。
5. 理发室包括洗毛巾用水。
6. 生活用水定额除包括冷水用水定额外，还包括热水用水定额和饮水定额。

工业企业内职工生活用水量标准和淋浴用水量标准见表1-3。

表1-3 工业企业职工生活用水量标准和淋浴用水量

用水种类	车间性质	用水量[L/(人·d)]	时变化系数 K_h
生活用水	一般车间	25	3.0
	热车间	35	2.5
淋浴用水	不太脏污身体的车间	40	每班淋浴时间以45min计算，时变换系数等于1
	非常脏污身体的车间	60	

淋浴人数占总人数的比率：轻纺、食品、一般机械加工为10％～25％，化工、化肥等为30％～40％，铸造、冶金、水泥等为50％～60％。

2. 生产用水量标准

工业企业的生产用水量、水压、水质，应根据生产工艺过程的要求而确定，一般由工业部门提供。但在缺乏具体资料时，可参考有关同类型工业、企业的技术经济指标进行估算。表1-4列举了部分工业企业单位产品用水量标准。

表1-4 部分工业企业单位产品用水量标准

工业分类	用水性质	单位产品用水量（m³/t）	
		国内资料	国外资料
水力发电	冷却、水力、锅炉	直流140～470	160～800
		循环7.6～33	1.7～17
洗煤	工艺、冲洗、水力	0.3～4	0.5～0.8
石油加工	冷却、锅炉、工艺、冲洗	1.6～93	1～120
钢铁	冷却、锅炉、工艺、冲洗	42～386	4.8～765
机械	冷却、锅炉、工艺、冲洗	1.5～107	10～185
硫酸	冷却、锅炉、工艺、冲洗	30～200	2.0～70
制碱	冷却、锅炉、工艺、原料	10～300	50～434
氮肥	冷却、锅炉、工艺、原料	35～1000	50～1200
塑料	冷却、工艺、锅炉、冲洗	14～4230	50～90
合成纤维	冷却、工艺、锅炉、冲洗、空调	36～7500	375～4000
制药	工艺、冷却、冲洗、空调、锅炉	140～40000	
感光胶片	工艺、冷却、冲洗、空调、锅炉		
水泥	冷却、工艺	0.7～7	2.5～4.2
玻璃	冷却、工艺、冲洗、锅炉	12～320	0.45～68
木材	冷却、工艺、冲洗、水力	0.1～61	
造纸	工艺、水力、锅炉、冲洗、冷却	1000～1760	11～500
棉纺织	空调、锅炉、工艺、冷却	7～44m³/km布	28～50m³/km布
印染	工艺、空调、冲洗、锅炉、冷却	15～75m³/km布	19～50m³/km布
皮革	工艺、冲洗、冷却、锅炉	100～200	30～180
制糖	冲洗、冷却、工艺、水力	18～121	40～100

工业分类	用水性质	单位产品用水量（m³/t）	
		国内资料	国外资料
肉类加工	冲洗、工艺、冷却、锅炉	6～59	0.2～35
乳制品	冷却、锅炉、工艺、冲洗	35～239	9～200
罐头	原料、冷却、锅炉、工艺、冲洗	9～64	0.4～70
酒、饮料	原料、冷却、锅炉、工艺、冲洗	2.6～120	3.5～30

3. 消防用水量标准

消防用水量在城市总用水量中占有一定比例，尤其是中小城市，占的比例较大，消防用水量可参照《建筑设计防火规范》的有关规定执行。具体可参见表 1-5。

表 1-5　城市、居住区室外消防用水量

人数（万人）	同一时间内的火灾次数（次）	一次灭火用水量（L/s）	人数（万人）	同一时间内的火灾次数（次）	一次灭火用水量（L/s）
≤1	1	10	≤50	3	75
≤2.5	1	15	≤60	3	85
≤5	2	25	≤70	3	90
≤10	2	35	≤80	3	95
≤20	2	45	≤90	3	95
≤30	2	55	≤100	3	100
≤40	2	65			

城市中的工业与民用建筑物，其室外消防用水量，应根据建筑物的耐火等级、火灾危险性类别和建筑物的体积等因素确定，一般不小于表 1-6 的规定。

表 1-6　建筑物的室外消防用水量

耐火等级		一次灭火用水量（L/s）建筑物体积（m³）	≤1500	1501～3000	3001～5000	5001～20000	20001～50000	＞50000
一、二级	厂房	甲、乙	10	15	20	25	30	35
		丙、丁	10	15	20	25	30	40
		戊	10	10	10	15	15	20
	库房	甲、乙	15	15	25	25	—	—
		丙、丁	15	15	25	25	35	45
		戊	10	10	10	15	15	20
	民用建筑		10	15	15	20	25	30
三级	厂房或库房	乙、丙	15	20	30	40	45	—
		丁、戊	10	10	15	20	25	35
	民用建筑		10	15	20	25	30	—

续表

一次灭火用水量 (L/s) / 建筑物体积 (m³) / 耐火等级		≤1500	1501~3000	3001~5000	5001~20000	20001~50000	>50000
四级	丁戊类厂房或库房	10	15	20	25	—	—
	民用建筑	10	15	20	25	—	—

注：1. 消防用水量应按消防需水量最大的一座建筑物或防火墙间最大的一段计算。成组布置的建筑物应按消防需水量较大的相邻两座计算。

2. 车站和码头的库房室外消防用水量，应按相应耐火等级的丙类库房确定。

4. 市政用水量标准

街道洒水、绿地浇水等市政用水量将随城市建设的发展而不断增加。规划时，应根据路面种类、绿化、气候、土壤以及当地条件等实际情况和有关部门规定进行计算。通常街道洒水量采用 1~1.5L/(m²·次)，洒水次数按气候条件以 2~3 次/d 计，浇洒绿地用水量通常可采用 1~2L/(m²·d)。

1.1.4.2 用水量变化

计算场地用水量时，除了了解各种用水量标准外，还要知道用水量逐日、逐时的变化，用以确定场地给水系统设计水量和各单项工程的设计水量。

场地用水量的变化规律用日变化系数和时变化曲线来表示。

1. 日变化系数

全年中每日用水量，由于气候及生活习惯等不同而有所变化。例如，夏季日用水量比冬季多，节假日用水量较平日多等。日变化系数 K_d 可表示如下：

$$K_d = \frac{年最高日用水量}{年平均日用水量}$$

通常日变化系数 K_d 为 1.1~2.0。

2. 时变化系数

一日中各时用水量，由于作息制度、生活习惯等不同而有所差别，例如，白天用水较夜晚多。时变化系数 K_h 可表示如下：

$$K_h = \frac{日最高时用水量}{日平均时用水量}$$

通常时变化系数 K_h 为 1.3~2.5。

3. 用水量时变化曲线

当设计场地给水管网、选择水厂二级泵站水泵工作级数以及确定水塔或清水池容积时，需按场地各种用水量求出场地最高日最高时用水量和逐时用水量变化，以便使设计的给水系统能较合理地适应场地用水量变化的需要。

用水量时变化曲线中，纵坐标表示逐时用水量，按全日用水量的百分数计，横坐标表示全日小时数，平均时用水量、最高时用水量一目了然。以此作为规划的依据。

4. 工业企业用水量时变化系数

工人在车间内生活用水量的时变化系数，冷车间为 3.0，热车间为 2.5。

工人淋浴用水量，假定在每班下班后 1h 计算。

工业生产用水量的逐时变化，有的均匀，有的不均匀，随生产性质和生产工艺过程而定。

1.1.4.3 用水量计算

1. 场地最高日用水量

① 居住区最高日生活用水量（m^3/d）

$$Q_1 = \frac{N_1 q_1}{1000} \tag{1-1}$$

式中　N_1——设计期限内规划人口数；

q_1——采用的最高日用水量标准，$L/(人 \cdot d)$。

② 公共建筑生活用水量（m^3/d）

$$Q_2 = \sum \frac{N_2 q_2}{1000} \tag{1-2}$$

式中　N_2——某类公共建筑生活用水单位的数量；

q_2——某类公共建筑生活用水量标准，L。

③ 工业企业职工日生活用水量（m^3/d）

$$Q_3 = \sum \frac{n N_p q_3}{1000} \tag{1-3}$$

式中　n——每日班制；

N_p——每班职工人数，人；

q_3——工业企业生活用水量标准，$L/(人 \cdot 班)$。

④ 工业企业职工每日淋浴用水量（m^3/d）

$$Q_4 = \sum \frac{n N_c q_4}{1000} \tag{1-4}$$

式中　N_c——每班职工淋浴人数，人；

q_4——工业企业职工淋浴用水量标准，$L/(人 \cdot 班)$。

⑤ 工业企业生产用水量 Q_5，等于同时使用的各类工业企业或各车间生产用水量之和。

⑥ 市政用水量（m^3/d）

$$Q_6 = \frac{n_6 S_6 q_6}{1000} + \frac{S_6' q_6'}{1000} \tag{1-5}$$

式中　q_6、q_6'——分别为街道洒水和绿地浇水用水量的计算标准，$L/(m^2 \cdot 次)$ 和 $L/(m^2 \cdot d)$；

S_6、S_6'——分别为街道洒水面积和绿地浇水面积，m^2；

n_6——每日街道洒水次数。

⑦ 未预见水量（m^3/d）

未预见水量包括管网流失水量，城镇一般按 10%～20% 计算。

场地最高日用水量为（m^3/d）：

$$Q = K(Q_1 + Q_2 + Q_3 + Q_4 + Q_5 + Q_6) \tag{1-6}$$

式中　K——未预见水量系数，采用 1.1～1.2。

2. 场地最高日平均时用水量

场地最高日平均时用水量（m^3/h）：

$$Q_c = \frac{Q}{24} \tag{1-7}$$

场地取水构筑物的取水量和水厂的设计水量，应以最高日用水量再加上自身用水量进行计算，并校核消防补充水量。水厂自身用水量，一般采用最高日用水量的 $5\% \sim 10\%$。因此，取水构筑物的设计取水量和水厂的设计水量（m^3/h）应为：

$$Q_p = \frac{(1.05 \sim 1.10)Q}{24} \tag{1-8}$$

3. 场地最高日最高时用水量

场地最高日最高时用水量（m^3/h）：

$$Q_{max} = \frac{K_h Q}{24} \tag{1-9}$$

式中　K_h——城市用水量时变化系数。

设计场地给水管网时，按最高时设计秒流量计算（L/s），即

$$q_{max} = \frac{Q_{max} \times 1000}{3600} \tag{1-10}$$

1.1.5　给水管网管径的确定

给水管网的计算就是决定管径和供水时的水头损失。为了确定管径，就必须先确定设计流量。新建和扩建的场地管网按最高时用水量计算，据此求出所有管段的直径、水头损失、水泵扬程和水塔高度（当设置水塔时）。并在此管径基础上，按其他用水情况，如消防时、事故时、对置水塔系统在最高传输时的流量和水头损失，从而可以知道按最高用水时确定的管径和水泵扬程能否满足其他用水时的水量和水压要求。

计算步骤：

步骤1　求沿线流量和节点流量；

步骤2　求管段计算流量；

步骤3　确定各管段的管径和水头损失；

步骤4　进行管网水力计算和技术经济计算；

步骤5　确定水塔高度和水泵扬程。

本节只介绍管径的确定方法，其他内容请参阅有关书籍。

确定管网中每一管段的直径是输水和配水系统设计计算的主要课题之一。管段的直径应按分配后的流量确定。由水力学公式得知，流量、流速和过水断面之间的关系是：

$$q = Av = \frac{\pi D^2}{4}v \tag{1-11}$$

所以，各管段的管径按下式计算：

$$D = \sqrt{\frac{4q}{\pi v}} \tag{1-12}$$

式中　D——管段直径，m；

　　　q——管段流量，m^3/s；

　　　v——流速，m/s；

　　　A——水管断面积，m^2。

从式（1-12）可知，管径与管段流量和流速大小都有关系，若管段流量已知，流速未

定，管径无法确定，因此要确定管径必须先选定流速。

为了防止管网因水锤现象出现事故，所以最大设计流速不应超过 2.5～3m/s；在输送浑浊的原水时，为了避免水中悬浮物质在水管内沉积，最低流速通常不得小于 0.6m/s，可见技术上允许的流速幅度是较大的。因此，需在上述流速范围内，根据当地的经济条件，考虑管网的造价和经营管理费用，来选定合适的流速。

由于实际管网的复杂性，加以情况在不断变化，例如流量在不断增长，管网逐步扩展，许多经济指标如水管价格、电费等也随时变化，要从理论上计算管网造价和年管理费用相当复杂且有一定难度。在条件不具备时，设计中也可采用平均经济流速（表 1-7）来确定管径，得出的是近似经济管径。

表 1-7　平均经济流速与管径

管径（mm）	平均经济流速（m/s）
$D=100\sim400$	0.6～0.9
$D\geqslant400$	0.9～1.4

一般大管可取较大经济流速，小管的经济流速较小。

1.1.6　场地给水管网的布置

1.1.6.1　给水管网的布置

输水和配水系统是保证输水到给水区内并且配水到所有用户的全部设施。它包括：输水管渠、配水管网、泵站、水塔和水池等。输水管渠是指从水源到场地水厂或者从场地水厂到管网的管线或渠道。管网是给水系统的主要组成部分。它和输水管渠、二级泵站及调节构筑物（水池、水塔等）有密切的联系。

1. 给水管网布置的基本要求

① 应符合场地总体规划的要求，并考虑供水的分期发展，留有充分的余地；

② 管网应布置在整个给水区域内，在技术上要使用户有足够的水量和水压；

③ 无论在正常工作或在局部管网发生故障时，应保证不中断供水；

④ 在经济上要使给水管道修建费最少，定线时应选用短捷的线路，并要使施工方便。

给水管网有各种各样的要求和布置，但不外乎两种基本形式：树枝状管网和环状管网。也可根据不同情况有混合布置。

① 树枝状管网，干管与支管的布置有如树干与树枝的关系。其主要优点是管材省、投资少、构造简单；缺点是供水可靠性较差，一处损坏则下游各段全部断水，同时各支管尽端易造成"死水"，会恶化水质。

这种管网布置形式适用于小场地和小型工矿企业，或地形狭长、用水量不大、用户分散的地区，或在建设初期先用树枝状管网，再按发展规划形成环状，如图 1-5 所示。

② 环状管网是指供水干管间都用联络管互相连通起来，形成许多闭合的环，如图 1-6（a）所示。这样每条管都可以由两个方向来水，因此供水安全可靠。一般在大中城市给水系统或供水要求较高，不能停水的管网，均应用环状管网。环状管网还可降低管网中的水头损失，节省动力，管径可稍减小。另外环状管网还能减轻管内水锤的威胁，有利管网的安全。总之，环网的管线较长，投资较大，但供水安全可靠。

图 1-6（b）所示为街坊规划中的环状管网。在实际工作中为了发挥给水管网的输配水

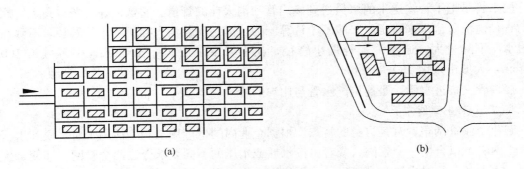

图 1-5　树枝状管网布置

(a) 小城镇树枝状管网；(b) 街坊树枝状管网

能力，达到既工作安全可靠，又适用经济，常采用树枝状与环状相结合的管网。如在主要供水区采用环状，在边远区或要求不高而距离水源又较远的地点，可采用树枝状管网，这样比较经济合理。

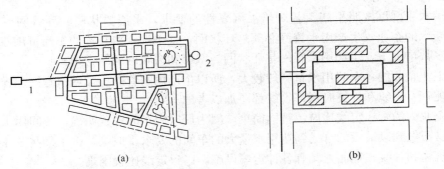

图 1-6　环状管网布置

(a) 城市环状管网；(b) 街坊环状配水管网

1—水厂；2—水塔

2. 给水管网的布置原则

在给水管网中，由于各管线所起的作用不同，其管径也不相等。场地给水管网按管线作用的不同可分为干管、配水管和接户管等。

干管的布置通常按下列原则进行：

① 干管布置的主要方向应按供水主要流向延伸，而供水流向取决于最大用水户或水塔等调节构筑物的位置。

② 通常为了保证供水可靠，按照主要流向布置几条平行的干管，其间用连通管连接，这些管线以最短的距离到达用水量大的主要用户。干管间距视供水区的大小、供水情况而不同，一般为 500～800m。

③ 一般按规划道路布置，尽量避免在重要道路下敷设。管线在道路下的平面位置和高程，应符合管网综合设计的要求。

④ 应尽可能布置在高地，以保证用户附近配水管中有足够的压力。

⑤ 干管的布置应考虑发展和分期建设的要求，留有余地。

按以上原则，干管通常由一系列邻接的环组成，并且较均匀地分布在城市整个供水区

15

域。配水管是把干管输送来的水量送到接户管和消火栓的管道。它敷设在每条道路上。配水管的管径由消防流量来决定，一般不予计算。为了满足安装消火栓所要求的管径，不致在消防时水压下降过大，通常配水管最小管径，在小城市采用 75～100mm，中等城市 100～150mm，大城市采用 150～200mm。

接户管又称进水管，是连接配水管与用户的管。

3. 工业企业管网布置

工业企业管网布置有其自身的特点。根据企业内的生产用水和生活水对水质和水压的要求，两者可以合用一个管网，或者可按水质或水压的不同要求分建两个管网。即使是生产用水，由于各车间对水质和水压要求也不一定完全一样，因此在同一工业企业内，往往根据水质和水压要求，分别布置管网，形成分质、分压的管网系统。消防用水管网通常不单独设置，而是和生活或生产给水管网合并，由这些管网供给消防用水。

根据工业系统的特点，可采取各种管网布置形式。例如生活用水管网不供给消防用水时，可为树状网，分别供应生产车间、仓库、辅助设施等处的生活用水。生活和消防用水合并的管网，应为环状网。

生产用水管网可按照生产工艺对给水可靠性的要求，采用树状网、环状网或两者相结合。不能断水的企业，生产用水管网必须是环状网，到个别距离较远的车间可用双管代替环状网。大多数情况下，生产用水管网是环状网、双管和树状网的结合形式。

大型工业企业的各车间用水量一般较大，所以生产用水管网不像城镇管网那样易于划分干管和分配管，定线和计算时全部管线都要加以考虑。

工业企业内的管线定线比城镇管网简单，因为厂区内车间位置明确，车间用水量大且比较集中，易于做到以最短的管线到达用水量大的车间的要求。但是，由于某些工业企业有许多地下建筑物和管线，地面上又有各种运输设施，以致定线比较困难。

1.1.6.2 输水管渠布置

从水源到水厂或从水厂到相距较远管网的管、渠叫做输水管渠。当水源、水厂和给水区的位置相近时，输水管渠的定线问题并不突出。但是由于需水量的快速增长以及水源污染的日趋严重，为了从水量充沛、水质良好、便于防护的水源取水，就需有几十公里甚至几百公里外取水的远距离输水管渠，定线就比较复杂。

多数情况下，输水管渠定线时，缺乏现成的地形平面图可以参照。如有地形图时，应先在图上初步选定几种可能的定线方案，然后到现场沿线踏勘了解，从投资、施工、管理等方面，对各种方案进行技术经济比较后再做决定。缺乏地形图时，则需在踏勘选线的基础上进行地形测量，绘出地形图，然后在图上确定管线位置。

1.1.7 不同地形条件的敷设方法

给水管道经常跨越河道、池塘，穿越铁路、公路，跨越山头、高地，建议按下列基本要求敷设。

1. 跨越 20～25m 以下宽度的河道，两岸可用桩架和支墩，选用钢管架空敷设。对管道的刚度、挠度进行验算后，架空管适当翘起。

2. 跨越 25～30m 以上宽度的河道，两岸地质条件良好时，用钢管悬索桁架或斜拉索方式敷设。

3. 跨越 30m 以上的河道，两岸地质条件良好，且有建成过河桥，选用高质量钢管，可采用拱管方式跨河。拱管两端支墩和地基之间的摩擦力必须大于拱管在水平方向上的作用力。

4. 在航运繁忙或不允许在河面建造支架、支墩的河道，或者河面很宽，可采用在河床 0.5m 以下埋设倒虹管过河方式。

5. 穿越铁路或高速公路时，一般采用路基下垂直穿越方式。先行在路基 1.2m 以下顶入 DN1000 以上的防护管套，再在防护管套内安装输水管。

6. 当给水管道需爬越丘陵高地时，可优先选用钢管，竖直段管道质量（包括通水后水重）由水平管段承受，应保证上部不被拉断。必要时，每爬高 10m 设置戗台（马道）一处，水平管一段，并埋入基础固定管道。

1.2　场地排水管线工程

1.2.1　场地排水工程的任务及规划步骤

1.2.1.1　场地排水工程的任务及分类

场地排水工程的任务是把污水有组织地按一定的系统汇集起来，处理和利用污水并达到排放标准后再排泄至水体。污水按其来源，可分为三类，即生活污水、工业废水和降水。排水系统就是用来解决这三种水的处理与排除。

1. 生活污水

生活污水是指人们日常生活活动中所产生的污水。其来源为住宅、机关、学校、医院、公共场所及工厂生活间等的厕所、厨房、浴室、洗衣房等处排出的水。

2. 工业废水

工业废水是指工业生产过程中产生的废水，来自车间或矿场等地。根据它的污染程度不同，又分为生产废水和生产污水。

① 生产废水，指生产过程中水质只受到轻微污染或只是水温升高，不经处理可直接排放的工业废水，如一些机械设备的冷却水等。

② 生产污水，指在生产过程中水质受到较严重的污染，需经处理后方可排放的工业废水。其污染物质，有的主要是无机物，如发电厂的水力冲灰水；有的主要是有机物，如食品工业废水；有的含无机物、有机物，并有毒性，如石油工业废水、化学工业废水、炼焦工业废水等。

3. 降水

降水包括地面上径流的雨水和冰雪融化水，一般是较清洁的，但初期雨水却比较脏。雨水排除时间集中、量大。

场地排水系统规划是根据场地总体规划，制定整个场地排水方案，使场地有合理的排水条件。其具体规划内容有下列几方面：

（1）估算场地各种排水量。分别估算生活污水量、工业废水量和雨水量。一般将生活污水量和工业废水量之和称为场地总污水量，而雨水量单独估算。

（2）拟定场地污水、雨水的排除方案。包括确定排水区界和排水方向；研究生活污水、工业废水和雨水的排除方式；旧城区原有排水设施的利用与改造以及确定在规划期限内排水系统建设的近远期结合，分期建设等问题。

（3）研究场地污水处理与利用的方法及选择污水处理厂位置。场地污水是指排入场地污水管道的生活污水和生产污水。根据国家环境保护规定及城市或场地的具体条件，确定其排放程度、处理方式以及污水、污泥综合利用的途径。

（4）布置排水管渠。包括污水管道、雨水管渠、防洪沟等的布置。要求决定主干管及干管的平面位置、高程、估算管径、泵站设置等。

（5）估算场地排水工程的造价及年经营费用。一般按扩大经济指标计算。

1.2.1.2　场地排水工程规划的步骤

进行排水系统规划时，一般按下列步骤进行。

1. 搜集必要的基础资料

进行排水系统规划，首先要明确任务，掌握情况，进行充分的调查研究，现场踏勘，搜集必要的基础资料。排水系统规划中所需资料如下：

① 有关明确任务的资料。包括场地总体规划及场地其他单项工程规划的方案；上级部门对场地排水系统规划的有关指示、文件；场地范围内各种排水量、水质资料；环保、卫生、航运等部门对水体利用和卫生防护方面的要求等。

② 有关工程现状方面资料。包括场地道路、建筑物、地下管线分布情况及现有排水设施情况，绘制排水系统现状图（比例为 1/10000～1/5000），调查分析现有排水设施存在的问题。

③ 自然条件方面的资料。包括气象、水文、地形、水文地质、工程地质等原始资料。

由于资料多、涉及面广，往往不易短时间搜集齐全。搜集应有目的，分主次，对有些资料可在今后逐步补充，不一定等待全部资料都搜集齐全后才开始规划设计。

2. 考虑排水系统规划设计方案及分析比较

在基本掌握资料基础上，着手考虑方案，绘制排水系统方案图，进行工程造价估算。规划中一般要做几个方案，进行技术经济比较，选择最佳方案。

3. 绘制场地排水系统规划图及文字说明

绘制场地排水系统规划图，图纸比例可采用 1/10000～1/5000，图上表明场地排水设施现状及规划的排水管网位置、管径，污水处理厂及出水口的位置、泵站位置等。图纸上未能表达的应采用文字说明，如关于规划项目的性质、建设规模、采用的定额指标、估算的造价及年经营费、方案的优缺点、尚存在的问题以及下步工作等，并附整理好的规划原始资料。

1.2.2　排水系统的体制

对生活污水、工业废水和降水采取的排除方式，称为排水的体制。按排除方式可分为分流制和合流制两种类型。

1. 分流制排水系统

当生活污水、工业废水、降水用两个或两个以上的排水管渠系统来汇集和输送时，称为分流制排水系统，如图 1-7 所示。其中汇集生活污水和工业废水的系统称为污水排除系统；汇集和排泄降水的系统称为雨水排除系统；只排除工业废水的称工业废水排除系统。分流制排水系统又分为下列两种：

① 完全分流制。分别设置污水和雨水两个管渠系统，前者用于汇集生活污水和部分工业生产污水，并输送到污水处理厂，经处理后再排放；后者汇集雨水和部分工业生产废水，就近直接排入水体。

② 不完全分流制。场地中只有污水管道系统而没有雨水管渠系统，雨水沿着地面，于道路边沟和明渠泄入天然水体。这种体制只有在地形条件有利时采用。

对于新建城市或地区，有时为了急于解决污水出路问题，初期采用不完全分流制，先只埋设污水管道，以少量经费解决近期迫切的污水排除问题。

对于地势平坦、多雨易造成积水的地区，不宜采用不完全分流制。

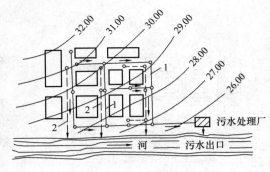

图 1-7　分流制排水系统示意图
1—污水管道；2—雨水管道

2. 合流制排水系统

将生活污水、工业废水和降水用一个管渠系统汇集输送的称为合流制排水系统。根据污水、废水、雨水混合汇集后的处置方式不同，可分为下列三种情况：

① 直泄式合流制。管渠系统布置就近坡向水体，分若干排出口，混合的污水不经处理直接泄入水体。我国许多城市旧城区的排水方式大多是这种系统，这是因为以往工业尚不发达，城市人口不多，生活污水和工业废水量不大，对环境卫生及水体污染问题还不很严重。但是，随着现代工业与城市的发展，污水量不断增加，水质日趋复杂，所造成的污染危害很大。因此，这种直泄式合流制排水系统目前不宜再用。

② 全处理合流制。污水、废水、雨水混合汇集后全部输送到污水厂处理后再排放。这对防止水体污染，保障环境卫生当然是最理想的，但需要主干管的尺寸很大，污水处理厂的容量也增加很多，基建费用相应提高，很不经济。同时，由于晴天和雨天时污水量相差很大，晴天时管道中流量过小，水力条件不好。污水厂在晴天及雨天时的水量、水质负荷很不均衡，造成运转管理上的困难。因此，这种方式在实际情况下很少采用。

③ 截流式合流制（图 1-8）。这种体制是在街道管渠中合流的生活污水、工业废水和雨水，一起排向沿河的截流干管，晴天时全部输送到污水处理厂；雨天时当雨量增大，雨水和生活污水、工业废水的混合水量超过一定数量时，其超出部分通过溢流井排入水体。这种体制目前采用较广。

3. 排水体制的选择

合理地选择排水体制，是场地排水系统规划中一个十分重要的问题。它关系到整个排水系统是否实用，能否满足环境保护要求，同时也影响排水工程的总投资、初期投资和经营费用。对于目前常用的分流制和截流式合流制可从下列几方面分析：

（1）环境保护方面要求。截流式合流制排水系统同时汇集了部分雨水送到污水厂处理，特别是较脏的初期雨水，带有较多的悬浮物，其污染程度有时接近于生活污水，这对保护水体是有利的。但另一方面，暴雨时通过溢流井将部分生活污水、工业废水泄入水体，周期性地给水体带来一定程度的污染是不利的。对于分流制排水系统，将场地污水全部送到污水厂处理，但初期雨水径流未加处理直接排入水体，是其不足之处。在一般情况下，在保护环境卫生及防止水体污染方面截流式合流制排水系统不如分流制排水系统。分流制排水系统比较灵活，较易适应发展需要，也能符合城市卫生要求，因此，目前得到广泛采用。

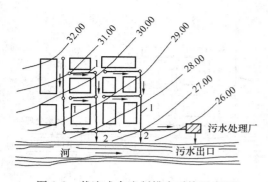

图 1-8　截流式合流制排水系统示意图
1—合流管渠；2—溢流井

（2）基建投资方面。合流制排水系统只需一套管渠系统，大大减少了管渠的总长度。据某些资料认为，合流制管渠长度比完全分流制管渠减少 30%～40%，而断面尺寸和分流制雨水管渠断面基本相同，因此合流制排水管渠造价一般要比分流制低 20%～40%。虽然合流制泵站和污水厂的造价比分流制高，但由于管渠造价在排水系统总造价中占 70%～80%，影响大，所以完全分流制的总造价一般比合流制高。

（3）维护管理方面。合流制排水管渠可利用雨天时剧增的流量来冲刷管渠中的沉积物，维护管理较简单，可降低管渠的经营费用。但对泵站与污水处理厂来说，由于设备容量大，晴天和雨天流入污水厂的水量、水质变化大，从而使泵站与污水厂的运转管理复杂，增加经营费用。分流制可以保持污水管渠内的自净流速，同时流入污水厂的水量和水质比合流制变化小，利于污水的处理、利用和运转管理。

（4）施工方面。合流制管线单一，减少与其他地下管线、构筑物的交叉，管渠施工较简单，这对于人口稠密、街道狭窄、地下设施较多的市区，更为突出。但在建筑物有地下室的情况下，遇暴雨时，合流制排水管渠内的污水可能倒流入地下室内，所以安全性不及分流制。

总之，排水体制的选择应根据城市总体规划、环境保护要求、当地自然条件和水体条件、城市污水量和水质情况、城市原有排水设施情况等综合考虑，通过技术经济比较决定。

1.2.3　场地排水系统的组成

1.2.3.1　污水排水系统

污水排水系统由下面几个部分组成：室内排水管道系统及设备；室外污水管道系统；城市泵站及压力管道；污水处理厂；出水口及事故排出口。

1. 室内排水管道系统及设备

其作用是收集建筑物内的生活污水并将其排至室外街坊或庭院污水管道中去。

在住宅及公共建筑内，各种卫生设备既是人们用水的容器，也是承受污水的容器，它是生活污水的起端。卫生器具收集室内生活污水，通过室内污水管道和排水附件将污水输送到室外污水管道系统。这部分内容详见"建筑给水排水工程"。

2. 室外污水管道系统

它是分布在建筑物以外的污水管道系统，埋设在地面以下并依靠重力流输送污水。它由街坊或庭院污水管道、城市污水管道以及管道系统的附属构筑物组成。

街坊或庭院污水管道沿建筑物敷设并形成一个排水管道系统（图 1-9）。其任务是将建筑物排出的污水输送至街道污水管道中或将污水简单处理后排入城市

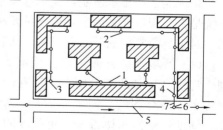

图 1-9　街坊污水管道系统布置
1—污水管道；2—检查井；
3—出户管；4—控制井；
5—街道管；6—街道检查井；
7—连接管

污水管道中。

　　城市污水管道沿街道敷设并形成一个排水系统（图1-10）。它是由排水支管、干管和主干管组成。支管直接承接街坊或庭院污水，干管汇集支管污水并转输至主干管，最后由主干管将污水输送至污水处理厂。

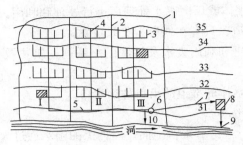

图1-10　城市排水管道系统总平面图

1—城市边界；2—排水流域分界线；3—污水支管；4—污水干管；5—污水主干管；6—污水泵站；

7—压力管；8—污水处理厂；9—出水口；10—事故出水口；

Ⅰ、Ⅱ、Ⅲ—排水流域

　　3. 污水泵站及压力管道

　　污水一般以重力流排除，但有时因地形等条件的限制需要把地势低处的污水向高处提升，这时需要设置泵站。

　　污水泵站按其在排水系统中所处的位置，可分为中途泵站、局部泵站、终点泵站等（图1-11）。当管道埋深超过最大值时，设置中途泵站，以提高下游管道的高程；当场地某些地区地势较低时，需设局部泵站，将地势较低处的污水抽升到地势较高地区的污水管道中去；在污水管道系统末端需设置终点泵站，使其后的污水厂处理构筑物可设置在地面上，以降低污水厂造价。污水需用压力输送时，应设置压力管道。

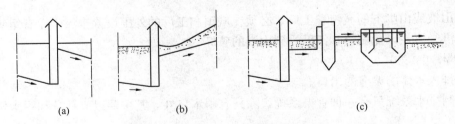

(a)　　　　　　　　　(b)　　　　　　　　　(c)

图1-11　污水泵站的设置地点

　　4. 污水处理厂

　　供处理和利用污水、污泥的一系列构筑物及附属构筑物的综合体称污水处理厂。

　　5. 出水口及事故排出口

　　污水排入水体的渠道和出口称出水口，它是整个城市或场地污水排水系统的终点设备。事故排出口是指污水排水系统的中途，在某些容易发生故障的组成部分的前面，例如在倒虹管前，设置事故排出口，一旦倒虹管发生故障，污水就通过事故排出口直接排入水体。

　　1.2.3.2　工业废水排水系统

　　工业废水排水系统由下面几个部分组成：

1. 车间内部排水管道系统。主要用于收集各种生产设备排出的工业废水，并将其排至车间外部的厂区管道系统中。

2. 厂区管道系统。它是分布在车间以外的污水管道系统，用于汇集、输送各车间内排出的工业废水。如果系统较大也可分为支管、干管和主干管。要根据污水的性质将工业废水分别排入城市污水管网、水体或厂区废水处理厂进行处理和利用。

3. 污水泵站及压力管道。只有在地形需要时设置。

4. 废水处理站。供处理和利用废水及污泥的一系列构筑物及附属构筑物的综合体称废水处理站。

5. 出水口。废水排入水体的渠道的出口称出水口。

1.2.3.3 雨水排水系统

雨水一部分来自屋面，一部分来自地面。屋面上的雨水通过天沟和竖管流至地面，然后随地面雨水一起排除。地面上雨水通过雨水口流入街坊（或庭院）雨水道或街道上的雨水管渠。

雨水排水系统由下面几个部分组成：

1. 房屋雨水管道系统

屋面檐沟、天沟、雨水斗用来收集建筑物屋面雨水，通过雨水水落管、立管等将雨水输送至室外地面或室外雨水管道中。

2. 室外雨水管渠系统

街坊或厂区雨水管渠系统，街道或厂外雨水管渠系统，包括雨水口、支管、干管等。

3. 雨水泵站及压力管道

在较低洼的地区或地形平坦但雨水管道较长的地区（如我国的上海、武汉地区），雨水难以重力流排入水体时，需设置雨水泵站。雨水泵站的装机容量大、造价大，而且仅仅雨天工作，使用率低，故一般尽量不设或少设为宜。

4. 排洪沟

位于山坡或山脚下的城镇和工厂，必须在城镇和工厂的外围设置排洪沟，有组织地拦阻并排除山洪径流，以免城镇和工厂受到山洪的破坏。

5. 出水口（渠）

雨水排入水体的渠道的出口。

合流制排水系统只有一种管渠系统，除具有雨水口外，其主要组成部分和污水排除系统相同。

1.2.4 污水管道的平面布置

规划设计场地污水管道，首先要在场地总平面图上进行污水管道的平面布置（亦称为污水管道的定线）。它是污水管道设计的重要环节。

场地污水管道按其功能与位置关系，可分为主干管、干管、支管等。汇集住宅、工业企业排出的污水的管道称为污水支管；承接污水支管来水的管道称为污水干管；承接污水干管来水的管道称为主干管。由污水处理厂排至水体的管道称为出水管道。污水管道的平面布置，一般按先确定主干管，再定干管，最后定支管的顺序进行。

在污水管道的平面布置中，尽量用较短的管线，较小的埋深，把最大排水面积上的污水送到污水处理厂或水体。

在进行污水管道平面布置时应考虑：场地地形，水文地质条件，场地远景规划、竖向规划和修建顺序，排水体制、污水处理厂、出水口的位置，排水量大的工业企业和大型公共建筑的分布情况，道路宽度及交通情况，地下管线，其他地下建筑及障碍物等。其布置原则为：

（1）根据场地地形特点和污水处理厂、出水口的位置，利用有利地形，合理布置主干管和干管。污水主干管一般布置在排水区域内地势较低的地带，沿集水线或沿河岸低处敷设，以便支管、干管的污水能自流入主干管。按照场地的地形，污水管道通常布置成平行式和正交式。

平行式布置的特点是污水干管与地形等高线平行，而主干管与地形等高线正交，如图 1-12 所示。这样，在地形坡度较大的场地布置管道时，可以减少管道的埋深，改善管道的水力条件，避免采用过多的跌水井。

正交式布置形式适用于地形比较平坦，略向一边倾斜的场地或排水区域。污水干管与地形等高线正交，而主干管布置在场地较低的一边，与地形等高线平行，如图 1-13 所示。

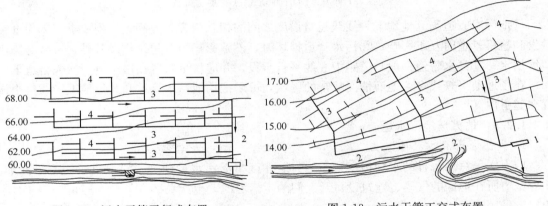

图 1-12　污水干管平行式布置
1—污水处理厂；2—主干管；3—干管；4—支管

图 1-13　污水干管正交式布置
1—污水处理厂；2—主干管；3—干管；4—支管

（2）污水干管一般沿场地道路布置。通常设置在污水量较大、地下管线的较少一侧的人行道、绿化带或慢车道下。当道路宽度大于 40m 时，可以考虑在道路两侧各设一条污水干管，这样可以减少过街管道，便于施工、检修和维护管理。

（3）污水管道应尽可能避免穿越河道、铁路、地下建筑或其他障碍物。也要注意减少与其他地下管线的交叉。

（4）尽可能使污水管道的坡降与地面坡度一致，以减少管道的埋深。为节省工程造价及经营管理费，要尽可能不设或少设中途泵站。

（5）管线布置应简洁，要特别注意节约大管道的长度。要避免在平坦地段布置流量小而长度大的管道。因为流量小，为保证自净流速所需要的坡度较大，而使埋深增加。

（6）污水支管布置形式主要决定于场地形和建筑规划，一般布置成低边式、围坊式和穿坊式。

低边式污水支管布置在街坊地形较低的一边，如图 1-14（a）所示。这种布置管线较短，在场地规划中采用较多。围坊式污水支管沿街坊四周布置，如图 1-14（b）所示。这种布置形式多用于地势平坦的大型街坊。穿坊式污水支管如图 1-14（c）所示。这种布置管线短、工程造价低，但管道维护管理不便，故一般较少采用。

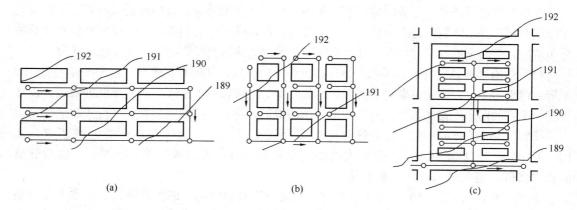

图 1-14 污水支管的布置形式
（a）低边式；（b）围坊式；（c）穿坊式

场地污水管道与其他地下管线或建筑设施之间的相互位置，应满足下列要求：①保证在敷设和检修管道时互不影响；②污水管道损坏时，不致影响附近建筑物及基础，不致污染生活饮用水；③污水管道一般与道路中心线平行敷设，并应尽量布置在慢车道下或人行道下。

在场地地下管线多、地面情况复杂的区域，可以把场地污水管道和其他地下管线集中设置在隧道内。

1.2.5 估算场地污水量

1. 居住区生活污水量标准

城市居民每人每日的平均污水量，称为居住区生活污水量标准。它取决于用水量标准，并与城市所在地区的气候、建筑设备及人们的生活习惯、生活水平有关。一般可按表 1-8 中的规定采用。

表 1-8 居住区生活污水量标准

卫生设备情况	污水量标准[L/（人·d）]				
	第一分区	第二分区	第三分区	第四分区	第五分区
室内无给排水卫生设备，从集中给水龙头取水，由室外排水管道排水	10～20	10～25	20～35	25～40	10～25
室内有给排水卫生设备，但无水冲式厕所	20～40	30～45	40～65	40～70	25～40
室内有给排水卫生设备，但无淋浴设备	55～90	60～95	65～100	65～100	55～90
室内有给排水卫生设备和淋浴设备	90～125	100～140	110～150	120～160	100～140
室内有给排水卫生设备，并有淋浴和集中热水供应	130～170	140～180	145～185	150～190	140～180

注：1. 表列数值已包括居住区内小型公共建筑物的污水量。但属全市性的独立公共建筑的污水量未包括在内。
  2. 在选用表列各项水量时，应按所在地的分区，考虑当地气候、居住区规模、生活习惯及其他因素。
  3. 第一分区包括：黑龙江、吉林、内蒙古的全部，辽宁的大部分，河北、山西、陕西偏北的一小部分，宁夏偏东的部分。
    第二分区包括：北京、天津、河北、山东、山西、陕西的大部分，甘肃、宁夏、辽宁的南部，河南的北部，青海偏东和江苏偏北的一小部分。
    第三分区包括：上海、浙江的全部，江西、安徽、江苏的大部分，福建北部，湖南、湖北的东部，河南南部。
    第四分区包括：广东、台湾的全部，广西的大部分，福建、云南的南部。
    第五分区包括：贵州的全部，四川、云南的大部分，湖南、湖北的西部，陕西和甘肃在秦岭以南的地区，广西偏北的一小部分。
  4. 其他地区的生活污水量标准，根据当地气候和人民生活习惯等具体情况，可参照相似地区的标准确定。

2. 变化系数

场地生活污水量逐年、逐月、逐日、逐时都在变化。在一年之中，冬季和夏季的污水量不同；一日之中，白天和夜晚的污水量不一样；各小时的污水量也有很大变化；即使在一小时内污水量也是变化的。但是，在场地污水管道规划设计中，通常都假定在一小时内污水流量是均匀的。这样假定与实际情况比较接近，不致影响设计和运转。

污水量的变化情况常用变化系数表示。变化系数有日变化系数、时变化系数和总变化系数：

$$日变化系数 \ K_t = \frac{最高日污水量}{平均日污水量} \tag{1-13}$$

$$时变化系数 \ K_s = \frac{最高日最高时污水量}{最高日平均时污水量} \tag{1-14}$$

$$总变化系数 \ K_z = K_t K_s \tag{1-15}$$

污水量变化系数随污水流量的大小而不同。污水流量越大，其变化幅度越小，变化系数较小；反之则变化系数较大。生活污水量总变化系数一般按表 1-9 采用。当污水平均日流量为表中所列污水平均日流量中间数值时，其总变化系数可用内插法求得。

表 1-9 生活污水量总变化系数

污水平均日流量（L/s）	5	15	40	70	100	200	500	≥1000
总变化系数 K_z	2.3	2.0	1.8	1.7	1.6	1.5	1.4	1.3

3. 居住区生活污水量的计算

场地污水管道规划设计中需要确定居住区生活污水的最高日最高时污水流量，常由平均日污水量与总变化系数求得。

（1）居住区平均日污水量的计算

按规划设计人口数计算，其计算公式为：

$$Q_p = \frac{q_0 N}{24 \times 3600} \tag{1-16}$$

式中 Q_p——居住区平均日污水量，L/s；

q_0——居住区生活污水量标准，L/（人·d）；

N——居住区规划设计人口数，人。

（2）最高日最高时污水量的计算，按式（1-16）算得平均日污水量后，查表 1-9 确定总变化系数，再按下式计算最高日最高时污水量：

$$Q_1 = Q_p K_z \tag{1-17}$$

式中 Q_1——最高日最高时污水量，L/s；

K_z——总变化系数。

4. 工业企业生活污水量的计算

工业企业的生活污水主要来自生产区的食堂、浴室、厕所等。其污水量与工业企业的性质、脏污程度、卫生要求等因素有关。工业企业职工的生活污水量标准应根据车间性质确定，一般采用 25～35L/（人·班），时变化系数为 2.5～3.0。淋浴污水量标准按表 1-3 淋浴用水量中规定确定。淋浴污水在每班下班后一小时均匀排出。

工业企业生活污水量用下式计算：

$$Q_2 = \frac{25 \times 3.0 A_1 + 35 \times 2.5 A_2}{8 \times 3600} + \frac{40 A_3 + 60 A_4}{3600} \qquad (1\text{-}18)$$

式中　Q_2——工业企业职工的生活污水量，L/s；

A_1——一般车间最大班的职工总人数，人；

A_2——热车间最大班的职工总人数，人；

A_3——三、四级车间最大班使用淋浴的人数，人；

A_4——一、二级车间最大班使用淋浴的人数，人。

5. 工业废水量的计算

工业废水量与工业企业的性质、工艺流程、技术设备和供、排水系统的形式有关，并随所在地区气候条件等不同而异。工业废水量通常按工厂或车间的日产量和单位产品的废水量计算，其计算公式如下：

$$Q_3 = \frac{mMK_z}{3600T} \qquad (1\text{-}19)$$

式中　Q_3——工业废水流量，L/s；

m——生产单位产品排出的废水量，L/单位产品；

m——每日生产的产品数量（单位产品）；

T——每日生产的时数，h；

K_z——总变化系数。

此外，工业废水量亦可按生产设备的数量和每台设备每日的废水量计算。

工业废水量资料通常由工业企业提供，给排水规划设计人员应调查核实。若无工业企业提供的资料，可参照附近条件相似的工业企业的废水量确定，必要时可参照表1-10工业废水量参考指标中的数值估算。

表 1-10　工业废水量参考指标

工业分类	废水来源	单位产品废水量（m³）		备注
		国内资料	国外资料	
钢铁	冷却、锅炉、工艺、冲洗	40～347	4.3～688	
石油加工	冷却、锅炉、工艺、冲洗	1.2～71	0.8～91	
印染	工艺、空调、冲洗、锅炉、冷却	13～36	17～44	
棉纺织	空调、锅炉、工艺、冷却	6.3～40	25～45	
造纸	工艺、水力、锅炉、冲洗、冷却	910～1610	10～450	
皮革	工艺、冲洗、冷却、锅炉	95～190	28～164	按 km 计
罐头	原料、冷却、锅炉、工艺、冲洗	5.8～42	0.3～45	
饮料、酒	原料、冷却、锅炉、冲洗、工艺	2.1～96	2.8～24	
制药	冷却、工艺、冲洗、空调、锅炉	133～38000		
水力发电	冷却、水力、锅炉	133～444	152～760	
机械	冷却、锅炉、工艺、冲洗	1.3～96	9～167	

6. 场地污水量

计算场地污水量的方法常用的有累计流量法和综合流量法。在规划设计中，应根据所规划的项目对污水量准确程度的要求选择计算方法。

① 累计流量法。这种计算方法不考虑各种生活污水及各种工业废水高峰流量发生的时

间，而假定各种污水都在同一时间出现最高流量，并采用简单的累加法计算场地污水流量。这样计算所得的流量数值与实际情况相比是偏高的。但是，由于它比较简单，所需资料容易搜集到，所以在场地污水管道规划设计中经常应用。污水管道设计污水流量一般都按累计流量法计算，其计算公式如下：

$$Q = Q_1 + Q_2 + Q_3 \tag{1-20}$$

式中　Q——场地污水管道设计污水流量，L/s；

Q_1——居住区最高日最高时生活污水量，L/s；

Q_2——工业企业最高日最高时生活污水量，L/s；

Q_3——工业废水量（不排入场地污水管道的生产废水量不予计算），L/s。

② 综合流量法。场地生活污水和工业废水的流量时刻都在变化，其高峰流量出现的时间一般也不相同。污水处理厂、排水泵站等，若按累计流量法计算设计流量，由于流量偏大，往往使工程规模增大，投资增加，工期延长，建成后也不能充分发挥设备和构筑物的作用。为了使污水处理厂、排水泵站等设计较为经济合理，其设计流量应按综合流量法计算求得。

综合流量法是根据各种污水流量的变化规律，考虑到各种污水最高时流量出现的时刻，由一日之中各种污水每小时的流量资料，将同一时刻的各种污水流量相加即可求得一日中场地污水各小时的流量，其中最大值即为经过综合求得的最高日最高时污水量。通常按这个流量规划设计场地污水处理厂、排水泵站等。

1.2.6　管径的确定

在规划设计排水管道时，必须通过计算来决定各个管段的口径、坡度和检查井的管地高程。在场地污水管道设计中，通常采用均匀流公式，常用的均匀流基本公式为：

$$Q = wv = \frac{\pi D^2}{4} v \tag{1-21}$$

$$v = \frac{1}{n} R^{2/3} i^{1/2}$$

所以，各管段的管径按下式计算：

$$D = \sqrt{\frac{4Q}{\pi v}} \tag{1-22}$$

式中　D——管段直径，m；

Q——管段流量，m³/s；

v——流速，m/s；

w——水管断面积，m²；

R——水力半径；

i——水力坡度；

n——沟壁粗造系数，混凝土和钢筋混凝土污水管道的沟壁粗造系数一般采用 0.014。

在排水工程实际计算中，已根据上述公式绘制成图表（附图）在计算中可根据流量直接查阅图表，求出管径及相应的流速、坡度。

1.2.7　污水管道的详细设计

1. 污水管道设计要点提示

（1）在水力计算过程中，污水管道的管径一般应沿途增大。但是当管道穿过陡坡地段时，由于管道坡度增加很多，根据水力计算，管径可以由大变小。当管径为 $250\sim300\mathrm{mm}$ 时，只能减小一级，管径大于或等于 $300\mathrm{mm}$ 时，按水力计算确定，但不能超过两级。

（2）在支管与干管的连接处，要求干管的埋深保证支管接入的要求。

（3）当地面高程变化、坡度很大时，可采用跌水井，一般当污水管道跌落差大于 $1.0\mathrm{m}$ 时，应设跌水井。

（4）在城市污水管道详细规划时，不仅要确定管道的平面位置、管径等，还要考虑管道的高程布置。

2. 污水管的计算程序和步骤

（1）第一步规划与定线，即在比例适当并绘有规划总图的地形图上，确定排水区界，按地形排水流域，结合远景发展规划进行排水管网定线，制成绘有排水管线的平面布置图。

（2）第二步对污水管道系统进行水力计算

污水管道水力计算原则：不冲刷、不淤积、不溢流、要通风。

污水管道水利计算程序如下：

① 在平面布置图上编号，量出各设计管段的长度，定出它们的端点的标高，将此注于平面图上，并记入水里计算表中。

② 根据规划人口、排水定额，计算各管段的设计流量，并记入水力计算表中。

③ 根据各管段流量和地面坡度，运用水力计算图表，确定管径和管坡，并计算出各项水力控制参数。如 v、h/D、H 等。

④ 确定各管段两侧端点管底的标高，计算埋设深度。

3. 污水管道规划图的绘制

城市污水管道系统总规划图是排水系统总体规划图的主要组成部分，应根据城市总体规划图绘制，一般只画出污水主干管和干管。在管线上应画出设计管段起终点检查井的位置并编号，注明管道长度、管道断面尺寸及管道坡度。

城市小区污水管道详细规划图，除按总体规划图的要求外，尚需画出支管及工业企业、大型公共建筑等集中污水量出口位置，其比例尺可与城市小区详细规划图的比例尺一致，一般采用 $1/2000\sim1/500$。

1.3　场地供暖管线工程

1.3.1　场地供暖系统组成及其分类

在冬季，室外温度低于室内温度，因而房间里的热量不断地传向室外。为使室内保持所需要的温度，就必须向室内供应相应的热量。这种向室内供给热量的工程设备叫做供暖系统。

场地供暖系统由热源、热力网和热用户三大部分组成。

（1）热源。在热能工程中，热源是泛指能从中吸取热量的任何物质、装置或天然能源。供热系统的热源，是指供热热媒的来源。目前最广泛应用的是区域锅炉房和热电厂。在此热源内，燃料燃烧产生的热能将热水或蒸汽加热。此外也可以利用核能、电能、地热、工业余热作为集中供热系统的热源。

（2）热力网。由热源向热用户输送和分配供热介质的管线系统，称为热力网。

（3）热用户。集中供热系统利用热能的用户，如室内供暖、通风、空调、热水供应以及生产工艺用热系统等。

场地供暖是在某个或几个场地，利用集中热源向工厂、民用建筑供应热能的一种供热方式。根据热源的不同，分为热电厂集中供热系统（即热电合产的供热系统）和锅炉房集中供热系统。也有由各种热源（如热电厂、锅炉房、工业余热和地热等）共同组成的混合系统。

1.3.1.1 热水供暖系统

以热水为热媒的供暖系统，称为热水供暖系统。热源中的水经输热管道流到供暖房间的散热器中，放出热量后经管道流回热源。系统中的水如果是靠水泵来循环的，称为"机械循环热水供暖系统"；当系统不大时，也可不用水泵而仅靠供水与回水的容重差所形成的压头使水进行循环，称为"自然循环热水供暖系统"。

1. 机械循环热水供暖系统

这种系统在热水供暖系统中得到广泛的应用。它由锅炉、输热管道、水泵、散热器以及膨胀水箱等组成。图 1-15 是机械循环热水供暖系统简图。在这种系统中，主要依靠水泵所产生的压头促使水在系统内循环。水在锅炉 1 中被加热后，沿总立管 2、供水干管 3、供水立管 4 流入散热器 5，放热后沿回水立管 6、回水干管 7，被水泵 8 送回锅炉。

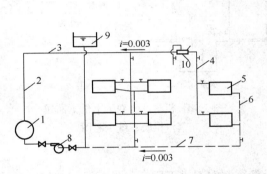

图 1-15　机械循环双管上供下回式
热水供暖系统

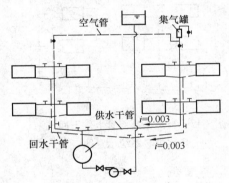

图 1-16　机械循环双管下供下回式
热水供暖系统

图 1-16 是机械循环双管下供下回式热水供暖系统示意图。在这种系统中，供水干管及回水干管均位于系统下部。为了排除系统中的空气，在系统的上部装设了空气管，通过集气罐将空气排除。

2. 自然循环热水供暖系统

图 1-17 是自然循环双管上供下回式热水供暖系统示意图。

在自然循环热水供暖系统中，膨胀水箱连接在总立管顶端，它不仅能容纳水受热后膨胀的体积，而且还有排除系统内空气的作用。在自然循环热水供暖系统中，水流速度很小，为了能顺利地通过膨胀水箱排除系统内的空气，供水干管沿水流方向应有向下的坡度。

这种系统由于自然压头很小，因而其作用半径（总立管到最远立管沿供水干管走向的水平距离）不宜超过 50m，否则系统的管径就会过大。

与机械循环热水供暖系统相比，这种系统的作用半径小、管径大，但由于不设水泵，因此工作时不消耗电能、无噪声而且维护管理也较简单。

综上所述，只有当建筑物占地面积较小，且有可能在地下室、半地下室或就近较低处设置锅炉时，才能采用自然循环热水供暖系统。

1.3.1.2 蒸汽供暖系统

在蒸汽供暖系统中，热媒是蒸汽。按照供热压力的大小，将蒸汽供暖分为三类：供汽的表压力高于 70kPa 时称为高压蒸汽供暖；供汽的表压力等于或低于 70kPa 时，称为低压蒸汽供暖；当系统中的压力低于大气压力时，称为真空蒸汽供暖。

1. 低压蒸汽供暖系统

在低压蒸汽供暖系统中，得到广泛应用的是用机械回水的双管上供下回式系统。图 1-18 是这种系统的示意图。锅炉产生的蒸汽经蒸汽总立管、蒸汽干管、蒸汽立管进入散热器，放热后，凝结水沿凝水立管、凝水干管流入凝结水箱，然后用水泵将凝结水送入锅炉。

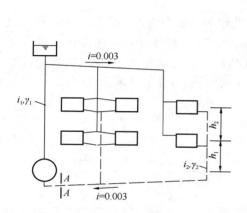

图 1-17　自然循环双管上供下回式
热水供暖系统示意图

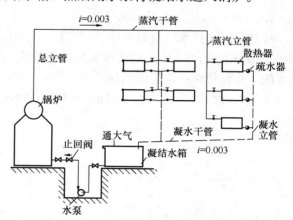

图 1-18　机械回水双管上供下回式
蒸汽供暖系统示意图

2. 高压蒸汽供暖系统

和低压蒸汽供暖系统一样，高压蒸汽供暖系统亦有上供下回、下供下回、双管、单管等型式。但是为了避免高压蒸汽和凝结水在立管中反向流动所发出的噪声，一般高压蒸汽供暖均采用双管上供下回式系统。

工业企业的锅炉房，往往既供应生产工艺用汽，同时也供应高压蒸汽供暖系统所需要的蒸汽。由这种锅炉房送出的蒸汽，压力常常很高，因此将这种蒸汽送入高压蒸汽供暖系统之前，要用减压装置将蒸汽压力降至所要求的数值。一般情况下，高压蒸汽供暖系统的蒸汽压力不超过 3 个相对大气压。

1.3.1.3 热风供暖系统

热风供暖系统以空气作为热媒。在热风供暖系统中，首先将空气加热，然后将高于室温的空气送入室内，热空气在室内降低温度，放出热量，从而达到供暖目的。

可以用蒸汽、热水或烟气来加热空气。利用蒸汽或热水通过金属壁传热而将空气加热的设备叫做空气加热器。利用烟气来加热空气的设备叫做热风炉。

在既需通风换气又需供暖的建筑物内，常常用一个送出较高温度空气的通风系统来完成上述两项任务。

在产生有害物质很少的工业厂房中，广泛应用暖风机进行供暖。暖风机是由通风机、电动机及空气加热器组合而成的供暖机组。暖风机直接装在厂房内。

1.3.2　场地热负荷的确定

在设计供暖系统之前，必须确定供暖系统热负荷，即供暖系统应当向建筑物供给的热量。在不考虑建筑的得热量的情况下，这个热量等于在寒冷季节内把室温维持在一定数值时建筑物的耗热量。如考虑建筑的得热量，则热负荷就是建筑物耗热量与得热量之差值。

对于一般民用建筑和产生热量很少的车间，在计算供暖热负荷时，不考虑得热量而仅计算建筑物的耗热量。

建筑物的耗热量由两部分组成：一部分是通过围护结构即墙、顶棚、地面、门和窗，由室内传到室外的热量；另一部分是加热进入到室内的室外空气所需要的热量。由于确定建筑物耗热量值的某些因素，例如室外空气温度、日照时间和照射强度以及风向、风速等，都是随时间而变的，因此要把建筑物的耗热量计算得十分准确是较为困难的。常将各种不稳定因素加以简化，而用稳定传热过程的公式计算建筑物的耗热量。

场地集中供热系统的热负荷，分为民用热负荷和工业热负荷两大类。

1. 民用热负荷

目前，我国的民用热负荷主要是住宅和公共建筑的采暖热负荷，生活热水和通风热负荷所占比重很小。

（1）采暖热负荷

在冬季，由于室内与室外温度不同，通过房屋的围护结构（门、窗、墙、地板、屋顶等），房屋将产生散热损失。在一定的室温下，室外温度越低，房间的热损失越大。为了保证室内温度符合有关规定，使人们能进行正常的工作、学习和其他活动，就必须由采暖设备向房屋补充与热损失相等的热量。

在采暖室外计算温度下，每小时需要补充的热量称为采暖热负荷，通常以 W 计。

房屋的基本热损失（W）可用下式计算：

$$Q = \sum KF(t_i - t_0)a \tag{1-23}$$

式中　F——某种围护结构的面积，m^2；

　　　K——围护结构的传热系数，$W/(m^2 \cdot K)$；

　　　t_i——室内计算温度，℃；

　　　t_0——采暖室外计算温度，℃；

　　　a——围护结构的温差修正系数。

从传热公式可知，通过建筑物围护结构传出去的热量与室内外空气的温度差成正比。当室内温度保持一定时，室外空气温度越低，则耗热量越大。任何一个理想的供暖系统，都应供给建筑物足够的热量，以弥补建筑物的耗热量。然而室外气象条件（包括温度、湿度、风速、风向等）的变化幅度很大，因此如何确定室外计算温度，就成为计算建筑物热损失十分重要的问题了。我国各地的室外供暖计算温度见附表（五）。

室内计算温度是指室内离地面 1.5～2.0m 高处的空气温度，它取决于建筑物的性质和用途。对于工业企业建筑物，确定室内计算温度应考虑劳动强度的大小以及生产工艺提出的要求。对于民用建筑，确定室内计算温度应考虑到房间的用途、生活习惯等因素。民用及工业辅助建筑和生产车间的室内计算温度，列于附表（三）和附表（四）。

在工厂不生产时间（节假日和下班后），供暖系统维持车间温度为 +5℃ 就可以了。这时的供暖称为值班供暖，它可保证润滑油和水不致冻结。

（2）通风热负荷

用于加热新鲜空气的热量，称为通风热负荷。

通风热负荷可按下式计算：

$$Q_T = n V_i C_r (t_i - t_0) \tag{1-24}$$

式中　Q_T——通风热负荷，W；

　　　n——通风换气次数，次/h；

　　　V_i——室内空间体积，m^3；

　　　c_r——空气容积比热，J/K；

　　　t_i——室内计算温度，℃；

　　　t_0——通风室外计算温度，℃。

（3）生活热水热负荷

日常生活中，洗脸、洗澡、洗衣服和洗器皿等所消耗热水的热量，称为生活热水热负荷。

生活热水热负荷的大小和生活水平、生活习惯、用热人数和用热设备情况等有关。生活热水热负荷可由下式决定：

$$Q_z = \frac{q_z n(t_h - t_c) C_z}{p} \tag{1-25}$$

式中　Q_z——生活热水热负荷，W；

　　　q_z——用水量标准，L/（人·d）；

　　　n——使用热水的人数；

　　　t_h——热水温度，℃；

　　　t_c——冷水温，℃；

　　　C_z——水的热容量，J/K；

　　　P——昼夜中负荷最大值的小时数，h/d。

在用户处装有足够容积的储水箱时，供热系统可以均匀地向储水箱供热，而与使用热水的状况无关，P 可取 24h/d。

在用户处没有储水箱时，供热系统为满足高峰时的用热需要，就应根据热水的使用情况降低 P 值。例如，对于居民住宅、医院、旅馆、浴室和食堂等，一般取 $P = 10 \sim 12h/d$；体育馆、学校等使用热水集中的用户可取 $P = 2 \sim 5h/d$。

（4）热指标

在规划阶段，不具备进行热负荷详细计算的条件，一般采用热指标进行估算民用热负荷。热指标是在采暖室外计算温度下单位建筑面积每小时所需要的热量，用 W/m^2 表示。表 1-11、表 1-12 是北京地区居住建筑和公建类建筑物的热指标，可供参考。

表 1-11　北京市居住类节能与非节能建筑热指标

非节能居住建筑				节能居住建筑	
采暖建筑物热量消耗指标（W/m^2）		采暖设计热指标（W/m^2）		采暖建筑物热量消耗指标（W/m^2）	
选用区间	推荐值	选用区间	推荐值	选用区间	推荐值
40～47	44	55～65	60	26～30	28

表 1-12　北京市公建类建筑的热指标

建筑类型	采暖建筑物热量消耗指标（W/m²）		采暖设计热指标（W/m²）	
	选用区间	推荐值	选用区间	推荐值
学校、办公类建筑	36～41	39	49～57	53
医院、托幼类建筑	40～51	46	55～70	63
旅馆类建筑	45～55	50	61～76	69
商店类建筑	44～51	48	60～70	66
食堂、餐厅类建筑	33～57	45	45～79	62
影剧院、展览馆类建筑	33～52	43	45～71	59
大礼堂、体育馆类建筑	27～72	50	37～99	68

如果已知各类建筑物的热指标，即可求出民用热负荷的总量。

当需要计算较大供热范围的民用总热负荷，又缺乏建筑物的分类建筑面积详细资料时，也可根据建筑面积和平均热指标进行估算。北京市集中供热系统的平均热指标约为75.5W/m²。

2. 工业热负荷

规划中的工厂，可以采用设计热负荷资料或根据相同企业的实际热负荷资料进行估算。当条件不具备时，只能采取同时工作系数进行修正。一般取同时工作系数为 0.8～0.85。

生产热负荷的大小，主要取决于生产工艺过程的性质、用热设备的型式以及工厂企业的工作制度。由于工厂企业生产工艺设备多种多样，工艺过程对用热要求的热介质种类和参数不同，因此生产热负荷应由工艺设计人员提供。

在计算出场地的热负荷量后，就可根据此热负荷量算出热媒流量，再采用控制比摩阻的方法来确定管径及管道的压力损失。

1.3.3　供暖管网的布置和敷设

供热管网是热源至用户间的室外供热管道及其附件的总称，也称热力网。必要时供热管网中还要设置加压泵站。

根据输送介质的不同，供热管网有蒸汽管网和热水管网两种。

1. 供热管网布置的基本形式

热水供暖室外管网布置的基本形式一般有四种，如图 1-19 所示。

在场地平面图上确定供热管线的布置形式和走向，一般称为"定线"，是管网设计的重要工序。定线主要以厂区或街区的总平面布置，该地区的气象、水文、地质，以及地上地下的建筑物和构筑物（如铁路、公路、其他管道、电缆等设施）的现状和发展规划为依据，同时要考虑热力网的经济性、合理性，并注意施工和维修管理方便等因素，来确定管网的布置形式。枝状或辐射状管网比较简单，造价较低，运行方便，其管网管径随着与热源距离的增加而逐步减小。该布置形式的缺点是没有备用供暖的可能性，特别是当管网中某处发生事故时，在损坏地点以后的用户就无法供热。

环状和网眼状管网主干管是互相联通的，主要的优点是具有备用供热的可能性，其缺点是管径比枝状管网大，消耗钢材多，投资大，水力平差计算比较复杂。

在实际工程中，多采用枝状管网形式。因为枝状管网只要设计合理，妥善安装，正确操

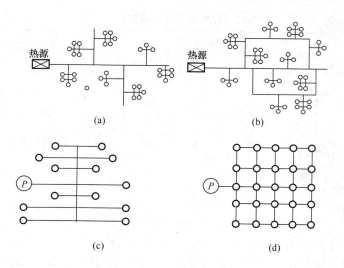

图 1-19　供热管网布置的基本形式
（a）枝状或辐射状；（b）环状；（c）梳齿状；（d）网眼状

作，一般都能无故障地运行。环状和网眼状管网形式极少使用。

某些工厂企业对供暖系统的可靠性要求特别严，不允许出现中断情况。此时除可选用环状管网形式解决外，一般多采用复线枝状管网，即同时采用两根供水管，每根管道按50％～75％的热负荷计算。一旦发生事故仍可保证对重点用户及时供热。

2. 热水供暖管网的布置

（1）当供暖管网布置形式确定后，管线布置力求短直，主干线应通过主要的、负荷大的、用户集中的区域，避免长距离穿越没有热负荷的地段。城市热网供热半径按目前国内设备情况，最大一般不超过 5km。

（2）不同性质的管道不得和供暖管道同沟敷设，如输送易挥发、易燃烧、易爆炸，以及有化学腐蚀性或毒性物质的管道；能同沟敷设的管道，应根据管道的性质分清主次，管径小的应让管径大的，有压管道应让无压管道，没有施工的管道应让施工完毕的管道。并考虑管道有增设扩建的可能性。

（3）支管和干管的连接，或者两个干管的连接，应该充分考虑管道的热膨胀，尽量不以直管形式连接，因为这样连接当支管受热膨胀时将受到很大的推力，管道产生弯曲并容易引起干管上法兰漏气漏水。为了避免发生上述问题，支管应该具有一定膨胀能力，一般以弯管形式与干管相接为宜。

（4）供热管道的布置要尽可能地避开主要交通干道和繁华街道，以免管道承受过大的荷载。工业区的供热管道可沿公路、铁路、厂区围墙或绿化地带及人行道敷设；当管线与铁路平行敷设时，不应将管线或其附属建筑物布置在铁路压力分布线范围之内；与公路平行敷设时，不应敷设在排水沟及快车道下面。管道敷设应尽可能减少穿过铁路、公路、河流和大型渠道；必须穿过时可采取加大管架跨距的措施，如采用拱形管道等；也可以随桥架设，或单独设置管桥；还可以采用倒虹吸管由河底（或渠道底）通过。

城市供暖管道应沿街道一侧敷设，并要考虑上面荷载的影响与地下附件室的布置，管道离建筑物、构筑物的平面净距离见表 1-13。

表 1-13　供热管道距建筑物、构筑物的平面净距离

距离（m） 地点	建构筑物	建筑物	标准轨距铁路钢轨外边缘	道路路面边	道路边沟边	围墙或篱栅	高压电杆	低压及通讯电杆	乔木中心	灌木中心	架空管架基础边
热力管		1.5	3.0	1.0	1.0	1.0	2.0	1.5	1.5	1.5	1.5

（5）供暖管道和其他管道平行或交叉时，为了保证各种管道均能方便地施工、运行和维修，供热管道和其他管道之间应有必要的距离。供热管道与其他地下管道和地上构筑物的最小水平距离见表 3-1；垂直距离见表 4-1。

（6）供暖管网上必须设置必要的阀门，如分段阀门、分支调节阀、放气放水阀等。同时为了消除管道受热而引起的热膨胀，还需设置一定数量一定型式的补偿器。因为这些都涉及到检查井的位置和数量，而设计时力求检查井越少越好。

3．场地供暖管网的敷设

供暖管网的敷设方式可分为架空敷设与地下敷设两大类。架空敷设根据支架高度不同又可分为低支架敷设、中支架敷设、高支架敷设，如图 1-20、图 1-21 所示。地下敷设一般分为有沟敷设和无沟敷设。有沟敷设又分为通行地沟、半通行地沟和不通行地沟三种形式。

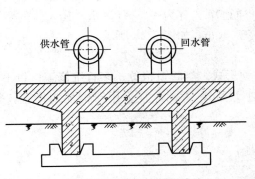

图 1-20　低支架敷设

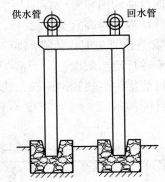

图 1-21　中、高支架敷设

（1）通行地沟敷设

在下列条件下，可以考虑采用通行地沟：

① 管道数目较多时。例如，管道在地沟内任意一侧的排列高度（保温层计算在内）大于或等于 1.5m 时，或者用不通行地沟会使地沟宽度过大时。

② 当管道与公路、铁路交叉，不允许在检修时开挖路面的地段。在通行地沟内有单侧布管和双侧布管两种方式，如图 1-22 所示。但按国家有关规范规定，管道保温层的外壁与沟壁的净距均宜为 100～150mm，与沟底的净距宜为 100～200mm，与沟顶的净距宜为 200～300mm；管道保温层外壁间的净距应根据管道安装和维修的需要确定，一般不宜小于200mm；通行地沟的净高不宜小于 1.8m，通道净宽不宜小于 0.7m。通行地沟内的空气温度，不宜超过 45℃；一般可利用自然通风，当自然通风不能满足要求时，可采用机械通风。

通行地沟每隔 100～150m（不得超过 200m）应设置出入口。当地沟为整体捣制时，在

转弯处和直线段每隔 100m 应设一个尺寸不小于 5.0m×0.8m 的安装孔。

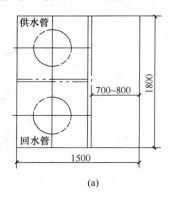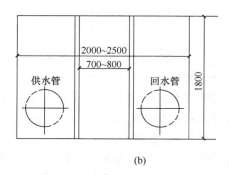

(a)   (b)

图 1-22　通行地沟敷设

（a）单排布置；（b）双排布置

（2）半通行地沟敷设

当供热管道通过不允许经常开挖的地段，或管道数量较多、采用不通行地沟敷设的沟宽受到限制时，宜采用半通行地沟。

在半通行地沟内，管道保温层的外壁与沟壁、沟底、沟顶的净距与通行地沟的要求相同。半通行地沟的净高宜为 1.2～1.4m，通道净宽宜为 0.5～0.6m。其人孔间距不宜大于100m；装有蒸汽管道时，人孔间距不宜大于 60m，如图 1-23 所示。

（3）不通行地沟敷设

这是目前集中供热管网中较常用的一种形式。当管道根数不多且维修工作量不大时，宜采用不通行地沟敷设。地沟宽度不宜超过 1.5m；否则，宜采用双槽地沟形式，如图 1-24所示。

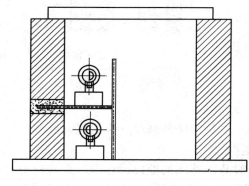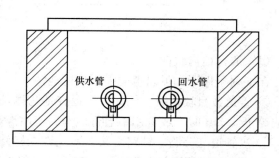

图 1-23　半通行地沟敷设　　　　图 1-24　不通行地沟敷设

在不通行地沟内，管道保温层外壁与沟壁净距宜＞200mm；与沟顶的净距宜＞160mm；与沟底的净距宜＞250mm，与相邻管道（保温层外壁）之间的净距宜＞250mm。

（4）无地沟敷设

无地沟敷设也称直埋敷设，是将热力管网直接埋入地下，管道的保温材料与土壤直接接触。其优点是能大量减少土方量、节省材料、降低造价、缩短施工周期。直埋敷设管网主要缺点是管网维修不便；另外，因保温材料与土壤直接接触，管道受热时，保温层与管道一同膨胀并与土壤发生很大的摩擦力，若设计不当则会使管道在过大的轴向力作用下变形或破坏。直埋敷设管道的保温材料及其防水处理的要求较为严格。以往由于没有强度高、导热系数小的保温材料，直埋敷设方式一直没有大面积采用。无地沟敷设示意图如图 1-25 所示。

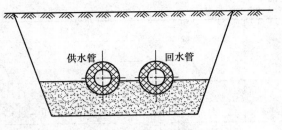

图 1-25　无地沟敷设

1.4　场地燃气工程管线

1.4.1　场地燃气系统的组成

场地燃气供应系统由气源、输配和应用三部分组成，如图 1-26 所示。

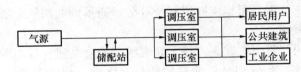

图 1-26　场地燃气供应系统组成示意图

在场地燃气供应系统中，气源就是燃气的来源，一般是指各种人工煤气的制气厂或天然气门站（天然气从远程干线进入城市管网时的配气站简称门站）。输配系统是由气源到用户之间的一系列煤气输送和分配设施组成，包括煤气管网、储气库（站）、储配站和调压室。在场地燃气规划中，主要是研究有关气源和输配系统的方案选择和合理布局等一系列原则性问题。

1.4.2　场地燃气用量的计算

场地燃气的用气量包括居民生活用气量、公共建筑用气量、房屋采暖用气量和工业企业用气量。

1. 场地燃气年用量的计算

（1）居民生活用气量

影响居民生活燃气用量的因素很多，主要有居民的生活水平和生活习惯，社会上主、副食品的成品和半成品供应情况，燃气用具的配置情况，气候条件，有无集中采暖和热水供应等，而且各个城市或各个地区的居民用气量又是不尽相同的。对于已有燃气供应的城市，居民生活用气量通常是根据实际统计资料，按一定的方法进行分析和计算得到的用气定额来确定。对于尚未供应燃气的城市，在规划时可参考附近地区的城市居民生活用气定额，结合本地区的具体情况确定。我国几个城市的居民用气定额见表 1-14。

表 1-14　我国几个城市的居民用气定额

序号	城市名称	无集中采暖设备		有集中采暖设备		煤气低热值（MJ/m³）
		GJ/（人·a）	m³/（人·a）	GJ/（人·a）	m³/（人·a）	
1	北　京	25.12～27.2	150～162	27.2～30.6	162～182	16.747

续表

| 序号 | 城市名称 | 无集中采暖设备 | | 有集中采暖设备 | | 煤气低热值 (MJ/m³) |
		GJ/(人·a)	m³/(人·a)	GJ/(人·a)	m³/(人·a)	
2	上海	19.7~20.1	134~137			14.654
3	南京	20.5~21.8	111~118			18.422
4	大连	15.5~16.8	110~119	19.7~20.9	140~149	14.068
5	沈阳	15.9~17.2	76~82	20.1~21.8	96~104	20.934
6	哈尔滨	16.8~18.0	133~143	24.3~25.1	193~200	12.560
7	成都	21.8~28.1	61~79			35.588
8	重庆	23.0~27.2	65~76			35.588

注：1. 表中的定额为每户装一个煤气表，在住宅内做饭和烧热水的用气量。无表户的用气量大大超过表中定额，计算时应注意。

2. "采暖设备"是指非煤气采暖设备。

（2）公共建筑用气量

公共建筑用气量，一般是根据实际资料统计分析而得到的用气定额来计算。公共建筑用气定额可参考有关文献。

计算公共建筑年用气量时，首先应该了解现状（如公共建筑设施的床位，幼儿园和托儿所的入园、入托人数等）和规划公共建筑的数量、规模（如饮食业的座位、营业额、用粮数），医院、旅馆设施的标准（如入园、入托人数比例，医院、旅馆的床位和饮食业座位的千人指标等），然后结合用气定额进行计算。

当不能取得公共建筑设施的用气统计资料和规划指标时，可向煤炭供应部门搜集上述用户的现状年耗煤量，并考虑自然增长率（据历年统计资料推算增长率），进行计算。在折算时要考虑燃气和烧煤的热效率不同。

（3）房屋采暖用气量

房屋采暖用气量与建筑面积、耗热指标和采暖期长短等因素有关，一般可按下式计算：

$$Q_c = \frac{Fqn \times 100}{Q\eta}$$ (1-26)

式中 Q_c——年采暖用气量，m³/a；

F——使用燃气采暖的建筑面积，m²；

q——耗热指标，W/m²；

n——最大负荷利用小时，h；

Q——燃气的低热值，kJ/m³；

η——燃气采暖系统热效率，%。

由于各个地区的冬季室外采暖计算温度不同，各种建筑物对室内温度又有不同的要求，所以各地的耗热指标 q 是不一样的，一般可由实测确定。η 值因采暖系统不同而异，一般可达70%~80%。

最大负荷利用小时 n 可用下式计算：

$$n = n_1 \frac{t_1 - t_2}{t_1 - t_3}$$ (1-27)

式中 n——采暖最大负荷利用小时，h；

n_1——采暖期，h；

t_1——室内温度，℃；

t_2——采暖期室外空气平均温度，℃；

t_3——采暖期室外计算温度，℃。

（4）工业用气量

工业用气量的确定与工业企业的生产规模、工作班制和工艺特点有关。在规划阶段，由于各种原因，很难对每个工业用户的用气量进行精确计算，往往根据其煤炭消耗量折算煤气用量，折算时应考虑自然增长率、使用不同燃料时热效率的差别。作为概略计算，也可以参照相似条件的城市的工业和民用用气量比例，取一个适当的百分数来进行估算。

若有条件时，可利用各种工业产品的用气定额来计算工业用气量。部分工业产品的用气定额见表 1-15。

表 1-15 部分工业产品的用气定额

序号	产品名称	加热设备	产品产量单位	单位产品耗热量（GJ）	备注
1	炼铁（生铁）	高炉	t	2.93～4.61	由矿石炼铁
2	化铁（生铁）	冲天炉	t	4.61～5.02	将生铁熔化
3	炼钢	子炉	t	6.28～7.54	包括辅助车间
4	化铝	化铝锅	t	3.14～3.35	
5	盐（NaCl）	熬盐锅	t	17.58	
6	洗衣粉	干燥器	t	12.5～15.07	仅干燥用热
7	二氧化钛	干燥器	t	4.19	仅干燥用热
8	黏土耐火砖	熔烧窑	t	4.81～5.86	
9	混凝土砖	熔烧窑	t	8.37～12.77	
10	高铝砖	熔烧窑	t	5.28～5.86	
11	镁铝砖	熔烧窑	t	5.28～5.86	
12	石灰	熔烧窑	t	5.28	
13	白云石	熔烧窑	t	10.26	
14	玻璃制品	熔化、退火等	t	12.56～16.75	
15	白炽灯	熔化、退火等	万只	15.07～20.93	
16	日光灯	熔化、退火等	万只	16.75～25.12	
17	织物烧毛	烧毛机	10km	0.80～0.84	
18	织物预烘热熔	染色预烘热熔机	10km	4.19～5.02	
19	的确良	热定型机	10km	4.19～5.02	
20	蒸汽	锅炉	t	2.93～3.35	
21	电力	发电	kW·h	0.012～0.017	
22	动力	燃气轮机	MJ	0.008～0.009	
23	还原矿	还原熔烧竖炉	t	1.34～1.42	选矿车间

序号	产品名称	加热设备	产品产量单位	单位产品耗热量（GJ）	备注
24	球团矿	子式球团炉	t	1.84～1.88	烧结车间
25	中型方坯	连续加热炉	t	2.30～2.93	锻压延伸
26	小型方坯	连续加热炉	t	1.88～2.30	锻压延伸
27	中板钢坯	连续加热炉	t	4.19	锻压延伸
28	薄板钢坯	连续加热炉	t	1.93	锻压延伸
29	焊管钢坯	连续加热炉	t	4.61	锻压延伸
30	小焊管坯	连续加热炉	t	2.30～2.85	锻压延伸
31	中厚钢板	连续加热炉	t	3.01～3.18	锻压延伸
32	无缝钢管	连续加热炉	t	3.98～4.19	锻压延伸
33	钢球	连续加热炉	t	3.35	锻压延伸

（5）未预见气量

未预见气量主要是指管网的燃气漏损量和发展过程中未预见到的供气量。一般未预见量按总用气量5％计算。

2. 燃气计算用量的确定

燃气的年用量不能直接用来确定场地燃气管网、设备通过能力和储存设施容积。决定场地燃气管网、设备通过能力和储存设施容积时，需要根据燃气的需用情况确定计算用量。其中小时计算流量的确定，关系着管网系统的经济性和可靠性。小时计算流量定得过高，将会增加管网系统的金属消耗和基建投资；定得过低，又会影响用户的正常用气。

确定燃气小时计算流量的方法主要有两种：不均匀系数法和同时工作系数法。对于既有居民和公共建筑用户，又有工业用户的城市，小时计算流量一般采用不均匀系数法，也可采用最大负荷利用小时法确定。对于只有居民用户的居住区，尤其是庭院管网的计算，小时计算流量一般采用同时工作系数法确定。

（1）采用不均匀系数法计算场地燃气管道的计算流量时，可用式（1-28）计算。

$$Q_j = \frac{Q_n}{365 \times 24} K_y K_r K_s \tag{1-28}$$

式中　Q_j——燃气管道的计算流量，m^3/h；

Q_n——年用气量，m^3/a；

K_y——月高峰系数（平均月为1）；

K_r——日高峰系数（平均日为1）；

K_s——小时高峰系数（平均时为1）。

一般情况下　$K_y=1.1～1.3$；

$K_r=1.05～1.2$；

$K_s=2.20～3.20$，当供应户数越多时，越应取低限值；

$K_y K_r K_s=2.54～4.84$。

（2）计算庭院管网燃气计算流量时，可按燃气灶具的额定耗气量和同时工作系数来确定。

$$Q_j = K \sum nq \qquad (1\text{-}29)$$

式中　K——燃气灶具的同时工作系数；

$\sum nq$——全部灶具的额定耗气量，m^3/h；

n——同一类型的灶具数；

q——某一种灶具的额定耗气量，m^3/h。

同时工作系数 K 反映燃气灶具集中使用的程度，它与用户的生活规律、燃气灶具的种类、数量等因素密切相关。各种不同工况的燃气灶具的同时工作系数是不同的，燃气灶具越多同时工作系数越小。

双眼灶同时工作系数 K 见表 1-16。

表 1-16　双眼灶同时工作系数 K

灶具数 n	1	2	3	4	5	6	7	8	9	10	15	20	25	30
同时工作系数 K	1.00	1.00	0.85	0.75	0.68	0.64	0.60	0.58	0.55	0.54	0.48	0.45	0.43	0.40

灶具数 n	40	50	60	70	80	90	100	200	300	400	500	600	1000
同时工作系数 K	0.39	0.38	0.37	0.36	0.35	0.34	0.34	0.31	0.3	0.29	0.28	0.26	0.25

（3）最大负荷利用小时法

工业企业的用气量较居民和公共建筑用气量均匀，其计算流量可按各用户燃气用量的变化叠加后确定。

采暖负荷的计算用量，一般按高峰小时用量计算，即

$$Q'_c = \frac{Q_c}{n} \qquad (1\text{-}30)$$

式中　Q'_c——采暖负荷计算用气量，m^3/h；

Q_c——采暖负荷年用气量，m^3/a；

n——最大负荷利用小时，h/a。

此外，估算民用计算用气量时，也可用最大负荷利用小时法。

最大负荷利用小时，是指在一段时间内，居民和公共建筑（不包括浴室、洗衣房等大型用户）用户在不变的最大需用条件下，连续用完全年用气量的时间，即

$$Q_j = \frac{Q_n}{n} \qquad (1\text{-}31)$$

式中　Q_j——燃气计算用量，m^3/h；

Q_n——年用气量，m^3/a；

n——全年燃气最大负荷利用小时，h/a。

目前，我国尚无 n 值的统计数字。表 1-17 列出估算民用计算用气量的全年燃气最大负

荷利用小时，供参考。

利用公式（1-28）和公式（1-31）也可以间接求得最大负荷利用小时数，即

$$n = \frac{365 \times 24}{K_y K_r K_s} \qquad (1-32)$$

表 1-17 估算民用计算用气量的全年燃气最大负荷利用小时

煤气供应居民数（万人）	0.5	1	2	3	4	5	10	30	50	75	100
n（h/a）	2100	2200	2300	2400	2500	2600	2800	30000	33000	35000	37000

在得到场地燃气用量后，再根据管道长度、压力、使用管材等相关因素就可确定出燃气管道的管径。

1.4.3 气源及选择

1.4.3.1 场地燃气的分类

符合一定要求的可燃气体才能作为场地燃气，因此，了解燃气的性质和分类，了解城市燃气的质量要求，对选择气源都是十分重要。

我国的燃气一般习惯分为天然气、人工煤气和液化石油气三大类。

1. 天然气

天然气一般可分为四种：从气井开采出来的气田气也称纯天然气；伴随石油一起开采出来的石油气称油田伴生气；含石油轻质馏分的凝析气田气；从井下煤层抽出的矿井气。

2. 人工煤气

人工煤气是从固体燃料或液体燃料加工中获取的可燃气体。根据制气原料或制气方法的不同，人工煤气可分为四种，即固体燃料干馏煤气、固体燃料气化煤气、油煤气、高炉煤气。

3. 液化石油气

液化石油气是开采和炼制石油过程中，作为副产品而获得的一部分碳氢化合物。目前我国城市煤气所用的液化石油气，主要来自炼油厂的催化裂化装置。液化石油气的主要组分是丙烷（C_3H_8）、丙烯（C_3H_6）、丁烷（C_4H_{10}）和丁烯（C_4H_8）。

1.4.3.2 气源选择

在场地燃气规划中的一个重要问题是气源的选择。在选择气源时，一般应考虑以下原则：

（1）必须遵照国家的能源政策，因地制宜地根据本地区燃料资源的情况，选择在技术上可靠，经济上合理的气源。

（2）合理利用我国现有气源，做到物尽其用，发挥最大效益，这是发展城市燃气的一条重要途径。应争取钢铁厂、炼油厂、化工厂等将多余的可燃气体供应城市。在选择现有气源时，燃气的质量和供气的可靠性必须满足城市燃气的要求，保证供气量。

（3）对于大、中城市，应根据城市燃气供应系统的规模、负荷分布、气源产量等情况，在可能条件下，力争安排两个以上的气源。

（4）在确定气源的基本制气装置时，应结合场地燃气输配系统中储存设备的情况，考虑建设适当规模的机动制气装置作为调峰手段。

（5）在一个城市中，当选择若干种气源联合运行时，应考虑各种燃气之间的互换性，以保证用户灶具正常工作。

1.4.3.3 场地燃气厂的厂址选择

选择厂址，一方面要从城市的总体规划和气源的合理布局出发，另一方面也要从有利生产、方便运输、保护环境着眼。一般要求如下：

① 气源厂厂址的确定，必须征得当地规划部门和有关主管部门的同意和批准。

② 在满足保护环境和安全防火要求的条件下，气源厂应尽量靠近燃气的负荷中心。

③ 使用铁路运输时，应具有方便的接轨条件，并尽量减少工程量，避免修建巨型桥涵、隧道等。

④ 尽量靠近公路或水路运输方便的地方。

⑤ 厂址标高应高出历年最高洪水位 0.5m 以上。厂址应位于城市的下风方向，减少污染，并留出必要的卫生防护地带。

⑥ 厂址所在地土壤耐压力一般不低于 $15t/m^2$。

⑦ 厂址应避开油库、桥梁、铁路枢纽站、飞机场等重要战略目标。

⑧ 厂址尽量选在运输、动力、机修等方面有协作可能的地区；电源应能保证双路供电。

⑨ 应尽量不占或少占好地良田。

⑩ 结合城市燃气远景发展规划，厂址应留有发展余地。

1.4.4 管网的布置和敷设

1.4.4.1 场地燃气管网系统

场地燃气管网系统是指自气源厂（或天然气远程干线的城市门站）到用户引入管的室外燃气管道，它是由各种压力的燃气管道组成的。

1. 场地燃气管道的压力分级

我国场地燃气管道的压力分级见表 1-18。

表 1-18 我国场地燃气管道的压力分级

燃气管高压力分级	压力（MPa）
低压燃气管道	$P<0.01$
中压 B 燃气管道	$0.1\leqslant P\leqslant 0.2$
中压 A 燃气管道	$0.2<P\leqslant 0.4$
次高压 B 燃气管道	$0.4<P\leqslant 0.8$
次高压 A 燃气管道	$0.8<P\leqslant 1.6$
高压 B 燃气管道	$1.6<P\leqslant 2.5$
高压 A 燃气管道	$2.5<P\leqslant 4.0$

2. 场地燃气管网系统的分类

场地燃气管网系统一般可分为单级系统、两级系统、三级系统和多级系统。

只采用一个压力等级（低压）来输送、分配和供应燃气的管网系统称为单级系统（图 1-27）。由于低压单级系统的输配能力有限，仅适用于较小的范围，适用于小城镇的供气系统。中小型场地的供气系统多为这一类型。

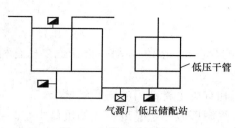

图 1-27　单级系统示意

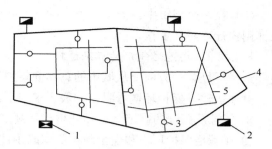

图 1-28　中低压两级系统示意

1—气源厂；2—低压储备增长；3—中低压调压室；

4—中压干管；5—低压干管

　　两级系统中有高低压和中低压系统（图 1-28）两种。中低压系统由于管网承压较低，有可能采用铸铁管，节省钢材。但铸铁管不能大幅度升高运行压力来提高管网通过能力，因此，对发展的适应性小。高低压系统由于高压部分采用钢管，供应规模扩大时可以提高管网运行能力，有较大的机动性，但主要缺点是耗用钢材较多，安全距离要求较大。大型场地（如居住区）多采用两级系统供气。

　　三级系统一般指高、中、低三种燃气管道组成的系统（图 1-29），适用于大城市。这种系统通常是在市内难以敷设高压燃气管道，而中压管道又不能有效地保证长距离输送大量燃气，或者由于敷设中压管道金属消耗量过多和投资过大时采用。在以天然气为主要气源的大城市，城市燃气用量很大。为了充分利用天然气的输送压力，提高城市燃气管道的输送能力和保证供气的可靠程度，往往在城市边缘敷设超高压管道环，从而形成四级、五级等多级系统（图 1-30）。

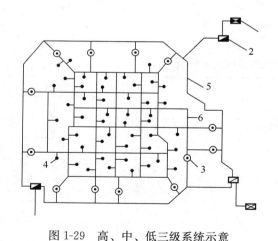

图 1-29　高、中、低三级系统示意

（城市低压网未示出）

1—气源厂；2—高压燃气储备站；3—高中压调压室；

5—高压管道；6—中压管道

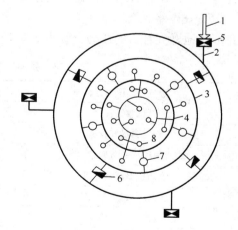

图 1-30　多级系统示意

1—高压管道（5MPa）；2—高压管道（2MPa）；

3—高压管道（0.3MPa）；4—中压管道（0.1MPa）；

5—气源厂和天燃气门站；6—高压储配站；

7—高中压调压室；8—中低压调压室

1.4.4.2　场地燃气管网的布置

　　场地燃气管网的布置，是指在城市燃气管网系统原则上选定之后，决定各个管段的具体位置。布置燃气管网时，首先要保证燃气管网能够安全、可靠地供给各类用户具有正常压力、足够数量的燃气；要尽量缩短线路长度，尽可能节约投资。

燃气管网的布置应根据全面规划，远、近期结合，以近期为主的原则，做出分期建设的安排。燃气管网的布置工作按压力高低的顺序进行，先布置高、中压管网，后布置低压管网。对于扩建或改建燃气管网的地区则应从实际出发，充分发挥原有管道的作用。

1. 管网布置

场地中的燃气管道多为地下敷设。在场地布置燃气管网时，必须服从地下管网综合规划的安排。同时，还应考虑下列问题：

① 燃气干管的位置应靠近大型用户。为保证燃气供应的可能性，主要干线应逐步连成环状。

② 场地燃气管道一般采用直埋敷设。应尽量避开主要交通干道和繁华的街道，以免给施工和运行管理带来困难。

③ 沿街道敷设燃气管道时，可以单侧布置，也可以双侧布置。双侧布置一般在街道很宽、横穿马路的支管很多或输送燃气量较大、一条管道不能满足要求的情况下采用。

④ 低压燃气干管最好在小区内部的道路下敷设，这样既可保证管道两侧均能供气，又可减少主要干道的管线位置占地。

⑤ 燃气管道不准敷设在建筑物的下面，不准与其他管线平行地上下重叠，并禁止在下述场所敷设燃气管道：各种机械设备和成品、半成品堆放场地；高压电线走廊；动力和照明电缆沟道；易燃、易爆材料和具有腐蚀性液体的堆放场所。

⑥ 燃气管道穿越河流或大型渠道时，可随桥（木桥除外）架设，也可采用倒虹吸管由河底（或渠底）通过，或设置管桥。具体采用何种方式应与城市规划、消防等部门根据安全、市容、经济等条件统一考虑确定。

⑦ 燃气管道应尽量少穿公路、铁路、沟道和其他大型构筑物。必须穿越时，应有一定的防护措施。

2. 输气干线布置

输气干线布置一般应考虑如下因素：

① 结合城市的发展规划，避开未来的建筑物。

② 线路应少占良田好地，尽量靠近现有公路或沿规划公路的位置敷设。

③ 输气干线的位置除考虑城市发展的需要外，还应兼顾大城市周围小城镇的用气需要。

④ 线路应尽量避免穿越大型河流和大面积湖泊、水库和水网区，以减少工程量。

⑤ 为确保安全，线路与城镇、工矿企业等建（构）筑物、高压输电线应保持一定的安全距离。

1.4.4.3 场地燃气管线的敷设

室外架空的燃气管道，可沿建筑物外墙或支柱敷设。当采用支柱架空敷设时，应符合下列要求。

1. 管底至人行道路路面的垂直净距不应小于2.2m，管底至道路路面的垂直净距不应小于5m，管底至铁路轨顶的垂直净距不应小于6m。

2. 燃气管道与其他管道共架敷设时，应位于酸、碱等腐蚀性介质管道的上方，与其他相邻管道间的水平间距必须满足安装和维修的要求。

3. 输送湿燃气的管道应采取排水措施，在寒冷地区还应采取保温措施。

1.5 场地电力管线

1.5.1 场地电力系统的组成和布置形式

电力系统包括发电、送电、变电、配电、用电等主体设备和一系列辅助设备，它形成一个有机的整体。辅助设备包括调相调压、继电保护、远动自动、调度通信信息等设施。

1. 场地供电电源的布置

（1）电源的种类

电源一般分为发电厂和变电所两种基本类型。

① 发电厂

火力发电：用燃料燃烧所产生的热能发电。燃料有煤、油、天然气、沼气等。

水力发电：利用水的位能发电。

其他发电厂：风力发电厂、热核发电厂、太阳能发电厂、地下热发电厂等。

② 变电所（大电网供电）

在靠近区域电力系统大电网的地方，或由于资源条件没有自己发电厂，或者发电厂容量不足的，都必须由外地输入电力。输电距离远，电压就用得高一些，到本地区后，在降压后分配给用户使用，因此就需要设置变电所。变电所一般分为两种：

变压变电所：低压变高压为升压变电，高压变低压为降压变电。

变流变电所：直流变交流或交流变直流，也称整流变电所。

变电所的简单生产过程为：把外面引进来的几条线路分别经过开关接到母线上（有的没有母线），再经过变压器的开关到变压器，进行变压。变成所需要的电压后，经过开关引到另一种电压的母线上，再经过开关接上线路，把电力输送出去。

（2）供电电源的布置原则

① 发电厂（或变电所）应靠近负荷中心。这样就可以减少电能损耗和输电线路的投资。因为发电厂（或变电所）距离负荷太远，路线很长，会增加投资。而且距离太长，输电线路中电压损耗也大。

② 需有充分的供水条件。由于大型火电厂用水量很大，能否保证供给它足够的水量，是非常重要的。发电厂的用水主要是用作凝汽器、发电机的空气冷却器、油冷却器等的冷却水，锅炉补给水，除灰、吸尘、热力用户损失的补给水以及除硫用水等。

③ 需保证燃料的供应。发电厂需用的燃料数量很大，这和发电量的多少、汽轮机的型式、燃料的质量等有关。

④ 排灰渣问题。处理灰渣应从积极方面着手，综合利用，减少它的用地面积。

⑤ 运输条件。对于大型发电厂，在建厂时期要运进大量建筑材料和很多发电设备，而且发电厂投入生产以后，还要经常运进燃料和运出灰渣，它们的数量都很可观。因此在选择厂址时，应考虑是否有建设铁路专用线的条件，并使电厂尽可能靠近编组站或靠近有航运条件的河流，以减少建设费用。

⑥ 高压线进出的可能性。大型发电厂以及大型变电所的高压线很多，需要宽阔的地带来敷设应有的出线。它们的宽度由导线的回数以及电压大小来决定。

⑦ 卫生防护距离。发电厂运行时有灰渣、硫磺气体和其他有害的挥发物或气体排出，在发电厂与居住区之间需有一定的隔离地带，靠近生活居住区的电厂，应布置在常年主导风向的下风侧。

⑧ 对水文、地质、地形的要求。发电厂与变电所的厂址都不应设在可能开采矿藏或因地下开掘而崩溃的地区、塌陷地区、滑坡及冲沟地区。发电厂与变电所的厂址的标高应高于最高洪水位。如低于洪水位时，必须采取防洪措施。

⑨ 有扩建的可能性。由于国民经济快速发展，建厂要留有扩建的余地。

2. 变电所布置及变压器容量的选择

（1）变电所分类

按功能分：

① 变压变电所：低压变高压为升压变电，高压变低压为降压变电。通常发电厂的变电所大多为升压变电所，城市地区一般为降压变电所。

② 变流变电所：直流变交流或交流变直流，也称整流变电所。

按职能分：

①区域变电所：为区域性长距离输送电服务的变电所。

②城市变电所：为城市供、配电服务的变电所。

变电所等级：变电所等级通常按电压分级，有 500kV、330kV、220kV、110kV、35kV、10kV 等。通常 220～500kV 变电所为区域性变电所，110kV 及以下的变电所为城市变电所。

（2）变电所选址原则

① 变电所应靠近负荷中心或网络中心。这样就可以缩短配电线路长度，从而减小导线截面，节约材料，降低投资和电能损耗。因为变电所距离负荷太远，路线很长，会增加投资。而且，距离太长，输电线路中电压损耗也大。

② 便于各级电压线路的引入和引出，高压线路走廊与所址同时决定。

③ 防护距离。露天变电站到住宅和公共建筑物的最小距离见表 1-19。露天变电站附近如果有化工厂、冶炼厂或其他工厂排出有害物质，飞到电气装置的瓷瓶上，就会降低瓷瓶的绝缘效能，容易造成短路事故，影响变电所生产，因此，在选择变电所的场址时，还应考虑到其他工厂对它的影响。

表 1-19 从露天变电站到住宅和公共建筑物的最小距离

变压器容量 （kV·A）	距 离 （m）	
	住宅、托幼、职工卧室、诊所	学校、旅馆、宿舍、音乐厅、电影院、图书馆
40	300	250
60	700	500
125	1000	800

④ 对水文、地质、地形的要求。不应设在可能开采矿藏或因地下开掘而崩溃的地区、塌陷地区、滑坡及冲沟地区，这些地区都是不安全的。变电所厂址的标高应高于最高洪水位。如低于洪水位时，必须采取防洪措施。要求一定的土壤承载力。在 7 级以上的地震地区建造时，应有防震措施。

⑤ 在确定变电所的数量及分布方案时，应当在满足允许电压降的条件下，其 35kV 和 10kV 电网建设的总费用最小。为了满足上述要求，在确定变电所数量时，应首先确定 35kV 及 10kV 线路的经济供电半径。

（3）10kV 和 35kV 线路供电半径的计算

变电所的位置多布置在负荷比较集中的地方。由于变电所供电范围广，负荷分散，在进行 10kV、35kV 线路的供电半径计算时，为了简化，假设其负荷为均匀分布。

① 10kV 线路经济供电半径的计算

变电所的 10kV 出线回数一般不多于六回。因为与其他多回数出线的方案比较，只有六回出线具有最好的技术经济指标。据此，导出 10kV 配电线路的经济供电半径的关系式为：

$$\rho = \frac{1500}{L^2} + \frac{1600}{L^3}$$ (1-33)

式中　ρ——供电范围内的平均负荷密度，kW/km²；

　　　L——10kV 配电线路经济供电半径，km。

由上式求得在不同 ρ 的情况下，10kV 配电线路的经济供电半径见表 1-20。

表 1-20　10kV 线路经济供电半径

负荷密度 ρ（kW/km²）	经济供电半径 L（km）
5 以下	20
5～10	20～16
10～20	16～12
20～30	12～8
30～40	10～7
40 以上	＜7

在选取上述 10kV 线路经济供电半径时，相应地 35kV 变电所的供电范围可用下式计算：

$$M = 2\sqrt{3}L^2$$ (1-34)

式中　M——供电范围，km²；

　　　L——经济供电半径，km。

② 35kV 线路允许供电半径的计算

其允许供电半径应按允许电压降确定，进而确定导线截面及经济电流密度。若能满足上述要求，即可认为符合送电线路的技术经济条件。

当 35kV 线路无分支，仅有末端集中负荷时，其允许供电半径的计算式为：

$$L_r \approx \frac{122.5}{2.17\cos\varphi + 0.4\mathrm{tg}\varphi P_{max}}$$ (1-35)

式中　L_r——35kV 线路允许供电半径，km；

　　　$\cos\varphi$——35kV 线路的负荷功率因数；

　　　P_{max}——35kV 线路最大供电负荷，MW。

由上式计算得出在不同功率因数下，35kV 线路允许供电半径与输送容量的关系见表 1-21。

表 1-21 在不同功率因数下 35kV 线路允许供电半径

输送功率 P（MW）		2.0	3.0	5.0	7.0	9.0	10	12
允许供电半径 L_r（km）	$\cos\varphi = 0.9$	49.8	46.1	40.0	35.4	31.8	30.2	27.5
	$\cos\varphi = 0.8$	52.6	46.6	38.0	32.0	27.7	25.9	23.0
	$\cos\varphi = 0.7$	50.6	44.9	34.7	28.0	23.9	24.1	19.4

3. 场地供电平面布置图

（1）点线平衡法

要将电源的电送给用户，就要建设输电线路。输电线路的建设与电压有很大关系，一般来说，电压越高输送同样功率的线路就越经济。一般场地供电分为高压、中压、低压三种网络。高压网络供电给中压网络，中压网络再供电给低压网络。高压变中压的变电所就成为中压网络的电源。中压变低压的变电所（降压配电站）成为低压网络的电源，由低压网络直接供电给用户。

网络的电压，按国家规定的标准电压选用。采用电压的大小也决定于输送功率的大小及距离的远近。

任何一级电网均由线与点（发电厂、变电站）构成。任何一级电网的输出电力必然等于其输入电力。计算这一级电网所需传送的总电力，即可推定其大致的所需线路条数和所需变电站个数。

任何一个变电站的输出电力必然等于其输入电力。其出线与进线的条数与其出、入电力应当相等。变电站的总容量不能过大，否则低压出线过多，造成走廊困难，或造成低压线输送过远而不经济，不如另建一变电站。变电站的总容量与相邻变电站之间的距离，受负荷密度与低压出线的影响。

根据这个原理，按分层分区逐步计算各点应传送的电力，按各级电压的送电线、变电站常用的线号、容量，求出线路的条数和变电站个数，大体上，电网的结构便可原则划定了。

输电线和变电站作为电网的一个组成部分，必然要考虑它们相互间的关系及长期使用的合理性。因此，很多电网采用标准线号、标准变压器台数、标准结线方式等。

降压变电站之间的距离，按低压出线电压及负荷密度决定，如采用 10kV 出线，一般可考虑 5～7km 建一个站。一般变电站高压进线不宜超过 4 回路，低压出线不宜超过 12～14 回路，否则出线走廊困难。如采用电缆出线，可至二十多回路，但也不宜过多。

由于低压网络直接供电给用户，低压网络的电压就应与用户用电器具的电压相同。目前广泛采用的是 380/220V。

（2）场地供电平面布置图

在场地规划平面图上，画上电源、用户的位置以及负荷的大小，制出场地供电负荷分布图，并据此编制场地供电平面布置图（亦称场地电力网络平面布置图）。图中应表示出电源的容量及位置，变电所、配电所的容量和位置，高压线路和中压供电线路的走向及电压等。如有必要还应有路灯网络。图 1-31 为居住区供电外线总图，图 1-32 为变电所布置及 10kV 电源线路图。

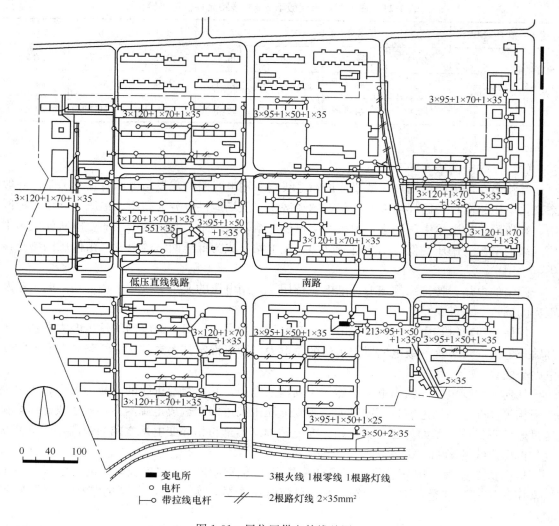

图 1-31 居住区供电外线总图

场地供电平面布置图应满足下列要求：

① 保证用户的用电量。

② 保证用户对供电可靠性的要求，即保证不间断供电。如医院、大型剧院，特别是某些工业企业，不间断供电极为重要。对不能停电的用户，应当由两个电源供电，并且要有备用线路和自动装置。

③ 保证供电的电压质量。电压降低对用户不利，电动机的转速会变慢，电灯的照度也会降低。

④ 接线最简单，运行最方便。

⑤ 投资适当。

⑥ 有发展的可能性，在未来负荷增加时，可不改或小改原有建设。

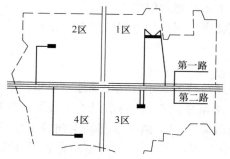

图 1-32 变电所布置及 10kV 电源线路图

⑦ 对网络的发展，能有步骤、分阶段地进行建设。

⑧ 不影响场地的美观。在布置电网时，有可能均采用地下电缆。

根据以上要求，电网的接线可以采用环形、放射、两端供电等方式，也可以采用有配电所的网络。

1.5.2　场地供电负荷计算

负荷是电力管线规划设计中的重要内容，规划设计的正确性与负荷的预测是否准确及供电要求是否合理密切相关。

场地上有很多不同的电力用户，如工厂、机关、学校、住宅、农业等。在计算负荷时，一般将上述用户分为工业用户、市政用户、农业用户三类进行计算。

1. 工业用电负荷的计算

对于工业用电的计算，在场地供电规划中，一般是根据工业企业所提出的用电数字，并根据它的产量进行校核。对工业企业只需取得它的总用电量即可。对于尚未设计的企业或提不出用电量的企业，只能进行估算。编制场地供电规划时，一般采用以下几种计算方法。

(1) 根据典型设计或同类型企业的用电量估计。

(2) 按年生产量与单位产品耗电量计算。采用计算法时，需要搜集有关企业的生产性质、产品类型、年生产量 (m)、单位产品耗电量 (A_m)，即每吨或每台产品需要多少（kW·h）、企业的最大负荷利用小时数 (T_{max})。

年用电量
$$A = A_m m \tag{1-36}$$

最大负荷
$$P_{max} = \frac{A}{T_{max}} = \frac{A_m m}{T_{max}} \tag{1-37}$$

"年最大负荷利用小时数"是衡量用电负荷和发供电设备利用率的一个重要指标，大工业企业可达 5000h 以上。

【例题】某工厂每年生产 8 万吨产品，每吨加工耗电 40kW·h，其最大负荷利用小时数取 1500h，则　$A = A_m m = 40 \times 80000 = 3.2 \times 10^6\, kW \cdot h$。

(3) 需用系数法。各类工业用电负荷的需用系数是其实际用电最大负荷 P_{max} 与用电设备总额定功率 P_n 之比。其表达式为：

$$K_x = \frac{P_{max}}{P_n} \tag{1-38}$$

式中　K_x——需用系数。

$$P_{max} = \frac{A}{T_{max}} = \frac{32000}{15} = 2.1\, MW$$

这种方法比较简单，广泛应用于规划设计和方案估算。在已知用电设备总装配功率而不知其最大负荷和年用电量的情况下，用总装配功率乘以需用系数，可得出最大负荷；然后再乘以最大负荷利用小时数，即可得出年用电量。即

$$P_{max} = P_n K_x \tag{1-39}$$

$$A = P_{max} T_{max}$$

【例题】 已知某厂用电设备总额定装配功率为 5000kW，取需用系数为 0.65，最大负荷利用小时数为 2000h。试计算该厂用电的最大负荷和年用电量。

【解】 $P_{max} = P_n K_x = 5000 \times 0.65 = 3250$ kW

$$A = P_{max} T_{max} = 3250 \times 2000 = 6.5 \times 10^6 \text{ kW} \cdot \text{h}$$

2. 市政生活用电负荷的计算

市政用电包括的范围很广，一般分为：①住宅照明用电；②公共建筑照明用电；③街道照明用电；④装饰艺术照明用电；⑤生活电器用电；⑥小型电动机用电；⑦给水排水用电等七部分。

计算这一类负荷时，应根据搜集到的基础资料，从现状出发来制定定额，同时也要考虑随着生产的发展，居民生活水平逐渐提高的因素。

市政用电的计算方法如下：

按每人指标计算，此法可按类似城市所采用的指标或按本市逐年负荷增长的比例制定指标，即

市政最大负荷 $\qquad\qquad P = P_1 u \qquad\qquad$ (1-41)

市政最大用电量 $\qquad\qquad A = A_1 u \qquad\qquad$ (1-42)

式中　P_1——每人的最大负荷（表 1-22）；

$\qquad A_1$——每人的最大用电量；

$\qquad u$——全市人口数。

表 1-22　各类建筑物的单位建筑面积用电指标

建筑类别	用电指标（W/m²）	建筑类别	用电指标（W/m²）
公寓	30～50	医院	30～70
旅馆	40～70	高等学校	20～40
办公	30～70	中小学	12～20
商业	一般：40～80 大中型：60～120	展览馆	50～80
体育	40～70	演播室	250～500
剧场	50～80	汽车库	8～15

注：表中所列用电指标的上限值是按空调采用电动压缩制冷时的数值。当空调冷水机组采用直燃机时，用电指标一般比采用电动压缩制冷机制冷时的用电指标降低 25～35VA/m²。

3. 农业用电负荷的计算

工业用电负荷及市政用电负荷的计算方法，同样适用于农业用电负荷的计算。下面通过例题可以说明。

【例题】 某村安装有 2.8kW 电动脱粒机 15 台，10kW 碾米机 2 台，4.5kW 磨粉机 3 台，40kW 水泵一台，2.8kW 水泵 10 台，50kW 烘干设备一台，生活用电装置容量 20kW，综合工厂装机容量 100kW，试计算该村用电负荷。

【解】已知该村用电设备装置容量，利用需用系数法求计算负荷比较简单。计算结果列入表1-23中。

表1-23 某村用电负荷计算表

用电设备分类	用电设备台数 n	用电设备容量 P_n(kW)	需用系数 K_x	计算负荷(kW)
排　灌	11	68	0.7	47.6
农副业产品加工	21	125.5	0.65	81.6
综合工厂		100	0.25	25
生活用电		20	0.8	16
总　　计		313.5		170.2

有关农业用电的需用系数和最大负荷利用小时数列入表1-24中，供参考。

表1-24 同类农村用电需用系数 K_x 与最大负荷利用小时参考指标

项　　目	最大负荷利用小时数 (h)	需用系数 K_x	
		一个变电所规模	一个县区范围
灌溉用电	750～1000	0.5～0.75	0.5～0.6
水田	1000～1500	0.7～0.8	0.6～0.7
旱田及园艺作物	500～1000	0.5～0.7	0.4～0.5
排涝用电	300～500	0.8～0.9	0.7～0.8
农副加工用电	1000～1500	0.65～0.7	0.6～0.65
谷物脱粒用电	300～500	0.65～0.7	0.6～0.7
乡镇企业用电	1000～500	0.6～0.8	0.5～0.7
农机修配用电	1500～3500	0.6～0.8	0.4～0.5
农村生活用电	1800～2000	0.8～0.9	0.75～0.85
其他用电	1500～3500	0.7～0.8	0.6～0.7
农村综合用电	2000～3500	—	0.2～0.45

对大型排灌站负荷（单位：kW）可用下式计算：

$$P = \frac{9.18QH}{\eta} \tag{1-43}$$

式中　Q——排灌站的流量，m^3/s；

　　　H——排灌站的总扬程，m；

　　　η——排灌站机泵效率，$\eta = 0.5\sim0.7$。

4. 年递增率法

当各种用电规划资料暂缺的情况下，可采用年递增率法，此法适用于远景综合用电负荷

的框算。计算式为

$$A_n = A(1+F)n \qquad (1-44)$$

式中　A——规划地区某年实际用电量，$kW \cdot h$；

A_n——规划地区框算到 n 年的用电量，$kW \cdot h$；

F——年平均递增率，%；

n——计算年数。

当得到场地总的用电负荷后，就可以依照各个建筑的用电指标，对电力线路进行具体规划布置，已达到最合理的效果。

1.5.3　场地中的高压线路走廊

输电线路的结构有两种形式，一种是埋在地下的电缆，一种为架空线。电缆安全，而架空线是露天的，一般采用裸导线，对于高压电来说，即使不接触，靠近它也有危险。因此有关部门规定了架空线路在各种不同电压下与建筑物、地面以及其他地面物的安全距离。增加电杆及导线的机械强度，以使高压线减少发生断线及倒杆的危险。此外，在电气上也采取一些继电保护措施，当导线折断或绝缘被破坏时，保护装置就会立刻动作，把开关拉开，使这一条线路不再有电。

高压线走廊就是高压线与其他物体之间应当保持的距离。走廊的宽度应以人或物体不受电力线影响为原则。

1. 确定高压线路走向的一般原则

① 线路的走向应短捷，不穿过城市中心地区。节约用地，少占农田，与电台、机场、通信线保持一定距离，以免干扰，见表 1-25。

表 1-25　收讯台与电力线及变电所之间最小距离

干扰源	与天线尖端最小距离（km）
60kV 以上输电线	2.0
35 kV 以下输电线	1.0
高于 35 kV 变电所	2.0

② 线路路径应保证安全。防护区、间隔、通道的宽度，以及线路与各种工程构筑物的平行、交叉跨越的间距，应符合水电部有关规程的规定。

③ 线路走廊不应设在易被洪水淹没的地方。在河边敷设线路时，应考虑到河水的经常冲刷会破坏电杆基础，发生倒杆等事故。

④ 尽量减少线路转弯次数。高压线路的经济档距（电杆与电杆之间的距离）一般为几百米，如转弯太多，增加电杆数，造成不经济。

⑤ 尽量远离空气污浊的地方，以免影响线路的绝缘，发生短路事故。对于有爆炸危险的建筑物，更应避免接近。

2. 确定高压走廊宽度的方法

① 当高压线在狭窄地区或在已有建筑物的地区经过时，从安全角度出发，电力技术管理法规对线路最大偏移时，其与建筑物间的最小距离作了规定，见表 1-26。

表 1-26 架空线与房屋建筑的间距（m）

线路电压（kV）	1～10	35	66～110	220	330
在最大弧度时的垂直距离	3.0	4.0	5.0	6.0	7.0

因此，单回线路的走廊宽度（图 1-33）应为：

$$L = 2L_安 + 2L_偏 + L_导 \quad (1-45)$$

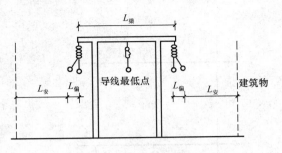

图 1-33 单回线路的高压走廊宽度

式中 L——走廊宽度，m；

$L_安$——边导线与建筑物间的最小水平距离，m；由表 1-27 查得；

$L_偏$——导线最大偏移（当有风时，导线向左右摇摆的距离与杆距、气候条件及导线材料有关），m；

$L_导$——电杆上两外侧导线间的距离，m。

例如，对单回 220kV 线路，$L_安 = 6$m，$L_导 = 6$m，$L_偏 = 6$m，则 $L = 2 \times 6 + 2 \times 6 + 6 = 30$m。

表 1-27 边导线与建筑物间的最小水平距离

线路电压（kV）	<1	1～10	35	66～110	220	330	500
距离（m）	1.0	1.5	3.0	4.0	5.0	6.0	8.5

注：1. 导线与城市多层建筑物或规划建筑物之间的距离，指水平距离；

2. 导线与不在规划范围内的或有建筑物之间的距离，指净空距离。

② 在比较宽敞和没有建筑物的地段，走廊宽度应大于杆高的两倍，即

$$L \geqslant 2H \quad (1-46)$$

式中 L——走廊宽度，m；

H——最高杆塔高度，m。

1.5.4 电力管线的布置和敷设

1.5.4.1 电力管线的布置

1. 城市电网的典型结线方式有以下四种：

① 放射式。供电可靠性低，适用于较小负荷。单个终端负荷、两个或多个负荷均匀分布如图 1-34 所示。

② 多回线式。供电可靠性较高，适用于较大负荷，如图 1-35 所示。多回线式与放射式可组合成多回平行线放射供电式，也可与环式合成双环式、多环式。

③ 环状式（闭式）。供电可靠性高，适用于一个地区的几个负荷中心。环路内一般应有断开的位置，形成环网开断运行方式。环式网络如图 1-36 所示。

④ 格网式。供电可靠性很高，适用于负荷密度很大且均匀分布的低压配电地区。这种结构的电网干线结成网格式，在交叉处固定连接，如图 1-37 所示。

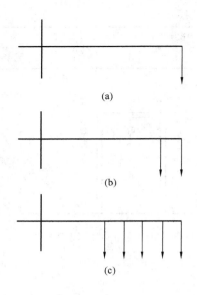

图 1-34 放射式分布负荷

（a）单个终端负荷；（b）两个负荷；

（c）多个负荷

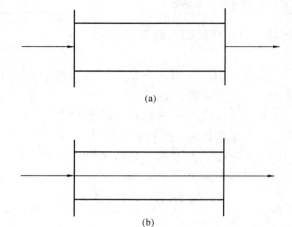

图 1-35 多回线式

（a）双回平行式；（b）多回平行式

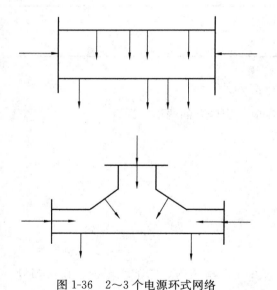

图 1-36 2～3 个电源环式网络

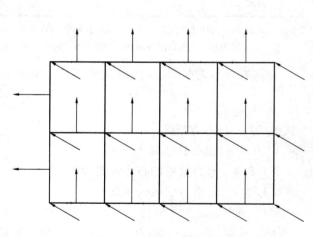

图 1-37 网格式网络

1.5.4.2 电力管线的敷设

电力管线的敷设方式分架空和埋地电缆两种。以往广泛采用的是架空线路，因为它造价低、易找出故障地点和便于修理。随着城市电气化的发展，各种用途的强电和弱电网络的增加，开始采用电缆。地下输电线几乎不受风雨等自然环境的影响，供电可靠性高且使市容美观。但是，其工程费用比架空输电高 10～20 倍，并且事故修复时间也较长。除特殊条件外，新区一律按电缆网络进行规划设计。

1. 架空线（网）

架空线路的主要部件是导线、绝缘子、杆塔和金具。导线是线路的基本部分。导线在传导电流时，必须与地绝缘。绝缘子就担负这一任务。为了连接导线与绝缘子，应使用各种类型及形式的金具。导线架设在空中，并保持导线对地的"限距"。必须有支持物支持它，此支持物通常称为支柱或杆塔。

杆塔以它的材料分类，有木质杆塔、金属杆塔及钢筋混凝土杆塔等。

现将钢筋混凝土电杆敷设的一般做法要求，简单介绍如下：

① 钢筋混凝土电杆规格及埋设深度见表 1-28。

表 1-28　钢筋混凝土电杆规格及埋设深度表

杆长（m）	7	8		9		10		11	12	13
梢径（mm）	150	150	170	150	190	150	190	190	190	190
底径（mm）	240	256	277	270	310	283	323	337	350	363
埋设深度（mm）	1200	1500		1600		1700		1800	1900	2000

注：表中埋设深度系指一般土质情况。

② 电杆根部与各种管道及沟边最小应保持 1.5m 的距离，距消火栓、贮水池等应大于 2m。

③ 拉线与电杆的夹角一般是 45°，如受地形限制可适当减小，但不应小于 30°。拉线位于交通要道或人易触及的地方时，须套涂有红白漆标志的竹管保护。竹管总长 2.5m，埋入地下 300mm。

④ 当架空线路为多层排列时，自上而下的顺序是：高压、动力、照明及路灯。

⑤ 10kV 配电线路不应跨越建筑物，如必须跨越时，应保持适当安全距离。配电线路与建筑物的间距要求如下：

垂直距离（导线最大弧垂时），10kV 线路不小于 3m；1kV 及以下的线路，不小于 2.5m。

水平距离（边线最大偏斜时），10kV 线路，不小于 1.5m；1kV 及以下线路，不小于 1m。

2. 埋地电缆（网）

此处只介绍 10kV 及以下电缆线路的敷设，敷设方法有：直埋电缆、电缆沟、电缆隧道等。

（1）直埋电缆

① 10kV 及以下直埋电缆的深度，一般不小于 0.7m，农田中不小于 1m。

② 直埋电缆线路的直线部分，若无永久性建筑时，应埋设标桩，接头和转角处也均应埋设标桩。

③ 直接埋入地下的电缆，埋入前需将沟底铲平夯实，电缆周围应填入 100mm 厚的细土或黄土，土层上部要用定型的混凝土盖板盖好，中间接头处应用混凝土外套保护，不应将电缆埋设在具有垃圾的土层中。

（2）电缆沟及隧道

① 电缆沟挖掘工作开始前，应将施工地段的地下管线、土质和地形等情况了解清楚。

在有地下管线的地段挖沟时，应采取措施防止损坏管线，在杆塔或建筑物附近挖沟时，应采取防止倒塌措施。

② 电缆沟及隧道中敷设的电缆，应在引出端、终端以及中间接头和走向有变化的地方挂标示牌，注明电缆规格、型号、回路及用途，以便维修。

③ 电缆隧道遇有转弯、分支、积水井以及地形高低悬殊的地点，应设置人孔井。直线段人孔井间距离以不大于100m为宜。

（3）电缆在混凝土管或石棉水泥管中敷设时，应设置人孔井。人孔井的设置距离不应大于50m。电缆地下敷设方式如图1-38、图1-39所示。

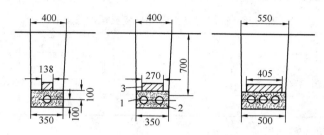

图1-38　电缆直埋敷设

1—电缆；2—沙子或筛过的泥土；3—砖

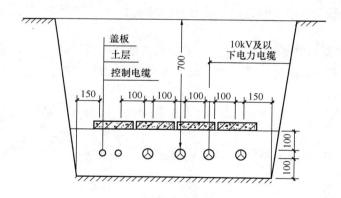

图1-39　10kV及以下电缆沟尺寸

1.6　场地电信管线

1.6.1　电信系统的组成及分类

1.6.1.1　电信系统的基本组成

任何一个最简单的电信系统，不论是有线通信系统，还是无线通信系统，都至少有三个基本组成部分：

① 发送设备。把需要传送的信息（文字、话音、图象等）变成电信号的设备。

② 传输线路。传输电信号的线路或电路（包括有线和无线的电路）。电路的多少，可以衡量通信单位的通信能力。

③ 接收设备。把经过传输线路传送来的电信号复制成原来信息的设备。发送设备把信息转换为电信号，接收设备把电信号转换为信息，它们都是起转换作用的设备，也可以说，电信系统的基本设备就是转换设备和传输设备。

1.6.1.2　电信系统的分类

1. 电话系统

电话系统按其通信方式有普通电话通信方式和数字电话通信方式。

（1）普通电话通信方式

这种方式指通信信号是以模拟声波的电信号传输的。如图1-40所示，电话机中有发话器和受话器，甲地讲话的声波由发话器转换为相应的模拟电信号，经传播线路、交换设备等环节，传至乙地的受话器后还原成声波为乙方收听。实际上通话是双向传输，即由乙地至甲地也可传输。

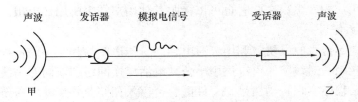

图 1-40　模拟通信示意图

（2）数字电话通信方式

这种方式是将发话器输出的模拟电信号，经模数传唤器变为一系列的"0"和"1"组成的数字信号传送，最后经数模转换器将数字信号转换为模拟信号，由受话器还原成声波，如图 1-41 所示，数字通信方式也是双向传输。

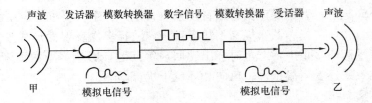

图 1-41　数字通信示意图

2. 电传系统

电传又称用户电报，电传机又称自动电报终端机或用户电报机。

（1）用户终端机的组成

① 显示设备：用来显示报文内容和指令。

② 电子键盘：排列结构与标准打字机相似，但多了一些功能键，用来输入指令和信息。

③ 处理器：是一部专用计算机，包括存储器和固定程序，是终端机的控制中心和存储设备。

④ 打印机：用来打印输入和输出的报文，同时也可打印显示屏幕的信息内容。

（2）电传的设置

应根据建筑物中的具体需要数量向市话局申请电传专线。电传线路的要求与普通市话无区别，每一用户实际所需芯线为 2mm×0.5mm，另外需要提供一只单相 220V 插座以供应电传机电源。

在建筑物中，虽然普通电话机的馈线中一般已留有备用芯对，但对办公楼和公寓式办公楼仍应根据具体情况预留一些电传机用的管线、出线座及电源插座。

（3）电话传真设备

电话传真设备有电话传真机和高速传真收发机，其线路与电话机线路共用。

（4）电传系统的分类

① 普通电传系统

普通电传又称用户电报，电传机又称自动电报终端机或用户电报机。电传是将用户电报终端机发出的电码信息通过普通市话网络中的电传专线联接到地区电传交换总台，然后借助电讯网络拍送给对方的用户电报终端机。凡是装有电报终端机的用户，都可以直接向拥有同样设备的国内外用户拍发电报，同时也可以接收其他用户拍来的用户电报。

② 电话传真系统

电话传真是使用传真收发机，利用普通电话网络传送图片和文字的一种通讯手段。电话传真机和电话机共用一对线路，可以适用于公共电话交换网络和双向专用线路。高速传真收发机可以通过可编程序实现自动拨号，文件内容可存入存储器并自动发送至可编程序自动拨号器所指定的地址。传真收发机中设有自动文件输送器，并具有文件缩放功能。收发时可分别记录年、月、日、开始时间、张数等。

3. 广播系统

广播系统按系统分类可分为室外广播系统、室内广播系统和公共广播系统。

（1）室外广播系统

室外广播系统主要用于体育场、车站、公园、艺术广场、音乐喷泉等。它的特点是服务区域面积大，空间宽广；背景噪声大；声音传播以直达声为主；要求的声压级高，如果周围有高楼大厦等反射物体，扬声器布局又不尽合理，声波经多次反射而形成超过 50ms 以上的延迟，会引起双重声或多重声，严重时会出现回声等问题，影响声音的清晰度和声像定位。室外系统的音响效果还受气候条件、风向和环境干扰等影响。

（2）室内广播系统

室内广播系统是应用最广泛的系统，包括各类影剧院、体育场、歌舞厅等。它的专业性很强，既能非语言扩声，又能供各类文艺演出使用，对音质的要求很高，系统设计不仅要考虑电声技术问题，还要涉及建筑声学问题。房间的体形等因素对音质有较大影响。

（3）公共广播系统

公共广播系统为宾馆、商厦、港口、机场、地铁、学校提供背景音乐和广播节目。近几年来，公共广播系统还兼做紧急广播，可与消防报警系统联动。公共广播系统的控制功能较多。如选区广播与全呼广播功能，强制功换功能和优先广播权功能等。扬声器负载多而分散、传输线路长。为减少传输线路损耗，一般都采用 70V 或 100V 定电压高阻抗输送。声压要求不高，音质以中音和中高音为主。

广播系统按传输分类又可分为无线广播系统和有线共缆调频广播系统。

（1）无线广播系统

无线广播是一种以无线发射的方式来传输广播的设备，具有无需立杆架线、覆盖范围广、无限扩容、安装维护方便、投资省、音质优美清晰的特点。因此无线数字广播具有传统的有线广播无法比拟的优越性。

智能调频广播系统由智能播控系统、数字音频工作站、调频发射接收系统组成。根据无线调频广播的特点，结合工矿企业广播现状与发展方向，采用微电脑锁相、数码纠错、闪速存贮、SCA遥控编码、VB软件编程等先进技术，设计了一套具有国内领先技术水平的全数字智能工矿企业广播系统。本方案本着"先进、实用"的指导思想，按目前我国最先进的无线广播的配置来设计，其指标已达到目前我国地市级专业广播电台的水平。系统采用FM-SCA副载波编码遥控技术，使用一个无线电频率，利用音频载波以外的副载波传输编码控制信号，无需申请控制频率，既节约了频率资源，又实现了对终端点的控制，而且提高了系统的稳定性和可靠性。数字化智能广播系统以其"优质、经济、稳定、实用"等特点，可广泛用于工矿企业管理、工矿企业会议、通知播放及出现紧急情况时播放紧急广播等。

（2）有线共缆调频广播系统

有线共缆调频广播系统就是将音频信号采用FM调频调制的方式，调制在$87\sim108$MHz这一频段内，与有线电视信号混合后，采用同轴电缆或者是光缆进行传输的一种广播信号传输方式，也就是我们常说的FM+CATV共缆传输方式，有线调频广播可以传输立体声调频广播信号，指标高的调频调制器可以达到CD音质。

4. 宽带网络

传统的电话线系统使用的是铜线的低频部分（4kHz以下频段）。而ADSL（非对称数字用户环路技术）采用DMT（离散多音频）技术，将原来电话线路0kHz到1.1MHz频段划分成256个频宽为4.3kHz的子频带。其中，4kHz以下频段用于传POTS（传统电话业务），20kHz到138kHz的频段用来传送上行信号，138kHz到1.1MHz的频段用来传送下行信号。DMT技术可以根据线路的情况调整在每个信道上所调制的比特数，以便充分地利用线路。一般来说，子信道的信噪比越大，在该信道上调制的比特数越多，如果某个子信道的信噪比很差，则弃之不用。ADSL可达到上行640kbps、下行8Mbps的数据传输率。

由上可以看到，对于原先的电话信号而言，仍使用原先的频带，而基于ADSL的业务，使用的是电话语音以外的频带。所以，原先的电话业务不受任何影响。

宽带网络可分为DSL（数字用户环路技术）和ADSL两类。

（1）DSL

DSL（Digital Subscriber Line数字用户环路技术）是基于普通电话线的宽带接入技术，它在同一铜线上分别传送数据和语音信号，数据信号并不通过电话交换机设备，减轻了电话交换机的负载；并且不需要拨号，一直在线，属于专线上网方式。DSL包括ADSL、RAD-SL、HDSL和VDSL等。

（2）ADSL

ADSL（Asymetric Digital Subscriber Loop）技术即非对称数字用户环路技术，利用分频技术，把普通电话线路所传输的低频信号和高频信号分离。3400Hz以下低频部分供电话使用；3400Hz以上的高频部分供上网使用，即在同一条电话线上同时传送数据和语音信号，数据信号不通过电话交换机设备，直接进入互联网。因此，ADSL业务不但可进行高速度的数据传输，而且上网的同时不影响电话的正常使用，这也意味着使用ADSL上网，不需要缴付额外的电话费。

5. 有线电视系统

有线电视系统（电缆电视，Cable Television，缩写CATV）是用射频电缆、光缆、多频道微波分配系统或其组合来传输、分配和交换声音、图像及数据信号的电视系统。

有线电视系统主要由信号源、前端、干线传输和用户分配网络组成。信号源接收部分的主要任务是向前端提供系统欲传输的各种信号。它一般包括开路电视接收信号、调频广播、地面卫星、微波以及有线电视台自办节目等信号。系统的前端部分的主要任务是将信号源送来的各种信号进行滤波、变频、放大、调制、混合等，使其适于在干线传输系统中进行传输。

系统的干线传输部分主要任务是将系统前端部分所提供的高频电视信号通过传输媒体不失真地传输给分配系统。其传输方式主要有光纤、微波和同轴电缆三种。

用户分配系统的任务是把从前端传来的信号分配给千家万户，它是由支线放大器、分配器、分支器、用户终端以及它们之间的分支线、用户线组成。

1.6.2 局址位置的选择

在局址选择时，必须符合环境安全、服务方便、技术合理和经济实用的原则，在实际勘定局址时，还应综合各方面情况统一考虑。一般应注意以下几点：

（1）局址的环境条件应尽量安静、清洁和无干扰影响。

（2）地质条件要好，局址不应临近地层断裂带、流砂层等危险地段。对有抗震要求的地区，应尽量选择对房屋抗震和建设有利的地方，避开不利的地段。

（3）局所位置的地形应较平坦，避免太大的土方工程；选择地质较坚实、地下水位较低，以及不会受到洪水和雨水淹灌的地点。避开回填土、松软土及低洼地带；在厂矿区设局时，还应注意避开雷击区，有可能塌方、滑坡的地方，以及将来有可能挖掘坑、巷道的地点。

（4）局址要与城市建设规划协调配合，应避免在居民密集地区或要求建设高层建筑的地段建局，以减少拆迁原有房屋的数量和工程造价。

（5）要尽量考虑近、远期的结合，以近期为主适当照顾远期。对于局所建设的规模、局所占地范围、房屋建筑面积等，都要留有一定的发展余地。

（6）局所的位置应尽量接近线路网中心，使线路网建设费用和线路材料用量最少。局址还应便于进局电缆两路进线和电缆管道的敷设。如与长话和农话等部门合设时，应适当考虑到长途和农话线路进局的方便和要求。

（7）要考虑维护管理方便，局址不宜选择在过于偏僻或出入极不方便的地方。如市话网为单局制时，市话与长途、农话、邮政和营业等部门常常合设在一起，这时局所位置不应单纯从市话考虑，必须全面分析和研究，一般常在临近城市中心的地方选择局址。

1.6.3 市话网路布置

1. 市话网路布置的基本要求

① 所有用户线路均需通过市话局进行通话接续工作。

② 在保证线路畅通无阻的前提下，尽量节约线路投资。

③ 符合城市规划和电信部门发展计划的要求。

④ 线路走向与道路应有明确的关系。线路应沿道路、公路相对固定的一侧敷设，以便

于检修巡查。一般设在道路的西侧或北侧，当用户多在东侧和南侧时也可改变位置。

⑤ 中继线局应与汇接局成环形网。

⑥ 线径与敷设方式应满足有关技术要求。线径一般为 0.5mm，对数在 30 对以上的主干电缆，应采用地下敷设的方式。在用户多、使用集中的地方，多以管道敷设电缆。在作为远距离的中继线使用时，可在地下直埋铠装电缆。在距离较远、用户较少地方，可采用架空电缆。容量在 300 对以下，作为配线电缆使用时，也可挂于墙上。在偏僻的地方或连接少数不重要用户时，也可采用架空明线。

2. 市话主干电缆及长话线路路由的选择

① 市话主干电缆路由应当短直。其走向应与配线一致，并保证安全、方便敷设、有利于维护和改建，还应充分考虑原有设备的合理使用。

② 地下电缆的敷设应满足防护、开挖的要求。地下电缆不宜敷设在有腐蚀性（如电蚀）水质与土壤的地区，尽可能敷设在人行道下。

③ 长话电缆的选线应具备良好的地形、地质条件。埋设长话电缆应选在地质稳定便于开挖的平坦地带。沿一般公路埋设时，尽量取直，少走曲线。

3. 线缆架设的有关要求

线缆架设的有关要求见表 1-29 和表 1-30。

表 1-29　架空线路杆距及线径

项　　目		轻	中	重	超重
气象负荷区	最大风速（m/s）	25	25	25	25
	结冰时风速（m/s）	15	10～15	10～15	15
	线条结冰厚度（mm）	5	10	15	20
杆距（m）		30～45	35～40	30～40	
镀钵铁线线径（mm）		2～4	2.5～4	3～4	4

表 1-30　水泥电线杆允许负荷

杆高（m）	允许架设数		杆距（m）
	横担（层）	电缆（条）	
6～6.5	1	2	40
7	1	2	40
	3		50
7.5		4	40
	3	2	50
8～8.5	3	2	
	4		50
9	3	4	40
	4		50

1.6.4 管道平面设计

1. 管道路由的选择

电信电缆管道的路由应符合城市地下管线网的总体规划的要求（包括断面的分配等），因此，电缆管道必须有全面的规划，使管道能适应今后市政建设和通信发展的需要，并较好地解决与地上设施和其他地下管线间的相互矛盾。

2. 管道位置的确定

在已经确定的管道路由上选择管道具体位置时，应和城市建设部门密切配合。在确定管道位置过程中，一般考虑下述因素。

① 节约工程投资和有利缩短工期。管道位置应尽量选择在人行道下或绿化地带，如无明显的人行道界限时，应靠近路边敷设。这样使管道承受荷重较小、可埋深较浅，节约工程投资和施工劳力，提高工效和缩短工期。

② 充分考虑到规划要求和现实条件的影响。当两者发生矛盾，如规划要求管道修建的位置处尚有房屋建筑和其他障碍物，目前难以修建或投资过大，可考虑选在车行道下或采用临时过渡性建筑。

③ 应便于施工和维护。管道位置在人行道下或绿化地带，有利于施工和维护。有时不得已选择在车行道下，但应尽量靠近人行道边侧的慢车道上，并需注意雨水的排泄，采取措施使雨水不会流到人孔和管道内。此外，应尽量避免挖掘高级路面，如有可能应选在无高级路面的一侧，以节省投资和有利施工。

④ 应考虑电信电缆管道与其他地下管线和建筑物间的最小净距。不应过于接近或重叠敷设。同时还应考虑到施工和维护时所需的间距，由于人孔和管道挖沟的需要，特别是在十字路口，还应结合其他地下建筑物情况，考虑其所占的宽度和间距，以保证施工。

⑤ 管道位置的中心线应尽量与道路中心线或房屋建筑的红线平行。一般不允许任意由道路的一侧穿越到道路的另一侧。分支管道、引上管道和引入管道应尽量与道路的中心线垂直。

⑥ 管道位置应尽量与架空杆路同侧，以便电缆引上和分支。要设法减少引入管道和引上管道穿越道路和其他地下管线的机会，并减少管道和电缆的长度。

3. 管道的段长

管道段长是两个人孔或手孔间的距离（人孔中心到人孔中心）。管道段长越长，则节省人孔或手孔，建筑费用越低。但对于施工和维护来说，要求管道段长不能过长，因为电缆在管道中穿放时所承受的张力是随电缆长度增加而加大，电缆外护层的磨损率也随着提高。实践证明，直线管道的段长不宜超过150m。如采用摩擦系数较小的塑料管，其段长可适当放宽到200m。在实际应用中，由于线路的分支和引上的需要，道路的形状、地面和地下障碍物等的限制，一般管道段长为120～130m，甚至小于100m。

4. 人孔或手孔

为了便于电缆引上、引入、分歧和拐弯，以及施工和维修电缆的需要，应设置人孔或手孔。

（1）人孔或手孔位置的选择

① 为了便于电缆接续和减少引上电缆或引入电缆长度，一般对于有多条引上电缆汇集点、适于接续引上电缆地点、屋内线路引入点、装设加感线圈的地点、现在和将来电缆可能分歧点，宜设置人孔或手孔。

② 在管道有分歧、拐弯和引入房屋建筑的地方，特别在十字路口或有可能分歧的路口。

③ 在弯曲的街道上，为了减少弯管道建筑数量和长度，或使弯管道有较大的曲率半径，宜在街道的转弯处设置人孔或手孔。

④ 两人孔间的距离不应超过管道允许的最大段长。

⑤ 在穿越铁路或电气铁路时，穿越段的两侧宜设置人孔或手孔，并尽量缩短其间距。

⑥ 在绿化地带设置管道时，人孔位置宜设在绿化花圃的边缘或过街横道的旁边。

⑦ 在地形坡度较大的道路上，人孔宜选择在坡度变换的地方。

⑧ 管道与其他地下管线平行敷设时，人孔位置与其他管线的检查井的位置应错开，并且其他地下管线不应在人孔中穿越。

⑨ 人孔或手孔位置不应选择在下列地点：重要的公共建筑（如车站、娱乐场所等）或交通繁忙的房屋建筑的门口（如汽车房、消防队等）；影响交通的要道路口；在很不牢固的房屋建筑的附近；有可能囤放器材、堆积土壤或其他有覆盖可能的地面；为防止水流入人孔，不应靠近消火栓、水井、污水井等地方。

⑩ 管道建筑距房屋红线较近，在选择人孔位置时，必须查明房屋的坚固程度、承重墙位置、房屋基础的埋深和土质等情况，且考虑施工对房屋是否有影响和采取防护的办法。

（2）人孔或手孔型式的确定

人孔型式和大小的选择，决定于它在管道网中的地理位置和容纳管孔最大容量等。人孔或手孔的型式按电信电缆管道分布情况和偏转角度来选用时，其规定见表1-31。

表1-31　人孔型式按管道分布和偏转角度选用的规定

序号	人孔型式		管道的形状和偏转角度
1	直通型人孔		直线管道，或两段管道相交其偏转角度 $\varphi \leqslant 22.5°$ 时
2	扇型人孔	15°	当 $7.5° \leqslant$ 偏转角 $\varphi \leqslant 22.5°$ 时
		30°	当 $22.5° \leqslant$ 偏转角 $\varphi \leqslant 37.5°$ 时
		45°	当 $37.5° \leqslant$ 偏转角 $\varphi \leqslant 52.5°$ 时
		60°	当 $52.5° \leqslant$ 偏转角 $\varphi \leqslant 67.5°$ 时
		75°	当 $67.5° \leqslant$ 偏转角 $\varphi \leqslant 82.5°$ 时
3	拐弯型人孔		当偏转角 $\varphi \geqslant 82.5°$ 时或将来管道有可能分支处
4	分歧型人孔		当管道分布形状为丁字形、十字形的分歧处
5	局前人孔		市话局出局管道或管道容量较大的分歧处

5. 管道与其他建筑物和管线的间距

各种管线之间应该有一定相隔距离，以保证在施工和维护时不致互相影响。管道与各种管线的隔距（一般以最小净距考虑），应根据埋设管线地方的土质、相邻管线的性质、管径及埋深等具体情况来确定。

电信电缆管道与其他管线平行时的最小水平净距以及交越时的最小垂直净距，一般规定可参见表1-32。

表 1-32　电信电缆管道与其他管线的最小净距

管线名称		最小水平净距（m）	最小垂直净距（m）
已有建筑物		2.0	
给水管	$d \leqslant 300mm$	0.5	0.15
	$300 < d \leqslant 500mm$	1.0	
	$d > 500mm$	1.5	
污水、排水管		1.0①	0.15②
热力管		1.0	0.25
煤气管	压力≤300kPa（压力≤3kg/cm²）	1.0	0.3③
	300kPa＜压力≤800kPa（3kg/cm²＜压力≤8kg/cm²）	2.0	
电力电缆	35kV 以下	0.5	0.5④
	≥35kV	2.0	

① 主干排水管后敷设时，其施工沟边与管道之间的水平净距不应小于 1.5m。

② 当电信电缆管道在排水管下部穿过时，净距不应小于 0.4m，通信管道应做包封。包封长度自排水管道两侧各长 2m。

③ 在交越处 2m 以内，煤气管不应做接合装置及附属设备，如不能避免时，通信管道应做包封。

④ 电力电缆加管道保护时，净距可减为 0.15m。

电信电缆管道与其他建筑物的最小水平净距见表 1-33。

表 1-33　电信电缆与其他管道建筑物的最小净距

项　　目		最小水平净距（m）	最小垂直净距（m）
电力电缆及其与控制电缆间	10kV 及以下	0.10	0.50
	10kV 以上	0.25	0.50
控制电缆间		—	0.50
不同使用部门的电缆间		0.50	0.50
热管道（管沟）及热力设备		2.00	0.50
油管道（管沟）		1.00	0.50
可燃气体及易燃液体管道（沟）		1.00	0.50
其他管道（管沟）		0.50	0.50
铁路轨道		3.00	1.00
电气化铁路轨道	交流	3.00	1.00
	直流	10.00	1.00
公路		1.50	1.00
城市街道路面		1.00	0.70
杆基础（边线）		1.00	—
建筑物基础（边线）		0.60	—
排水沟		1.00	0.50

1.6.5　电缆的敷设

市话电缆的敷设一般有：管道电缆、直埋电缆、架空电缆、墙壁电缆等方式，见表1-34。

表 1-34　市话电缆的敷设

敷设方式	特点	适用场合	不适用场合
管道电缆	优点： 1. 电缆安全； 2. 故障几率少； 3. 维护费用少； 4. 电缆线路隐蔽； 5. 换线方便 缺点： 1. 投资大； 2. 施工复杂	1. 道路较定型，不易造成管道路由废弃； 2. 线路需隐蔽，但不适合直埋时； 3. 特殊、重要电缆线路或中继线； 4. 电缆容量较大（200 对以上）、条数多的路由和进局线路； 5. 不适合其他方式敷设时； 6. 跨越重要铁路、干路或公路时	1. 地下有腐蚀地段； 2. 道路不定形，今后有变化的地段； 3. 地下管线和建筑物较复杂的地段
直埋电缆	优点： 1. 较架空线安全、发生故障少； 2. 维护费用低； 3. 线路隐蔽； 4. 与其他地下管线发生矛盾时易避让； 5. 投资较管道低、施工技术也较简单 缺点： 1. 维护中更换电缆不便； 2. 发生故障后挖土修复时间长； 3. 电缆靠近其他管线易受外界机械损伤	1. 用户较固定，电缆容量和条数不多时； 2. 今后不需加电缆的数量； 3. 特殊重要的电缆线路； 4. 线路需隐蔽，电缆条数不多时； 5. 无条件敷设管道，以及不适宜采用架空线（如有腐蚀性气味）或管道（如地形凹凸不平、坡度大）方式时； 6. 跨越一般铁路、公路或城市道路不宜采用架空电缆时	1. 今后需建成高级路面的道路； 2. 有腐蚀的地段； 3. 地下管线较复杂的地段，且经常有挖掘的可能时
架空电缆	优点： 1. 施工简单； 2. 不受地形限制； 3. 适应用户变化，易改动； 4. 初次工程费用低 缺点： 1. 产生故障几率多，对通信安全有所影响； 2. 易受外界损伤，使用寿命较短； 3. 不利于市容美观； 4. 维护费用较多	1. 同一路由上电缆总容量较小（≤200 对）、电缆条数较少（≤4 条）时； 2. 一般街道及次要电缆路由； 3. 在城市和工业企业边缘地区，且用户分散； 4. 无法采用地下敷设的地区； 5. 电缆路由需调整扩充，且沿途分线、引出线较频繁，或采用墙壁电缆及地下配线有困难时； 6. 在设计的路由上游其他架空杆路可以利用时	1. 附近有腐蚀性气体，或吊车来往较多，架空线路易受损伤的地段； 2. 高压电力线平行、交叉过多时； 3. 跨越重要铁路、主要干道和公路等地段； 4. 经常雷击地区； 5. 树木繁多地区

敷设方式	特点	适用场合	不适用场合
墙壁电缆	优点： 1. 建设费用低； 2. 施工、维修方便 缺点： 1. 线路不如地下敷设安全，易出现故障； 2. 对房屋立面美观有不利影响； 3. 扩建、拆换不方便	1. 电缆容量在 100 对以下； 2. 房屋建筑较坚固、整齐的街区	1. 要求立面美观公共建筑； 2. 今后有扩建或改建要求的地区

（1）直埋电缆地沟的各部分尺寸见表 1-35。地沟各部分的尺寸示意如图 1-42 所示。

表 1-35　直埋电缆的地沟各部分尺寸（m）

敷设电缆的条数	没有采用护土板等加固措施时				采用护土板等加固措施时			
	沟底宽度（b）	沟上部宽度（a），当地沟深度（h）为			沟底宽度（b）	沟上部宽度（a），当地沟深度（h）为		
		0.7	1.0	1.2～1.5		0.7	1.0	1.2～1.5
1～2	0.40	0.50	0.55	0.60	0.50	0.60	0.65	0.70
3	0.45	0.55	0.60	0.65	0.55	0.65	0.70	0.75
4	0.50	0.60	0.65	0.70	0.60	0.70	0.75	0.75

注：1. 表中没有采用护土板等加固措施时的数字，是在一般土质比较坚实，且地沟深度小于 1.5m，地沟的两壁可不采用护土板时的数据。

2. 如果在土质极为松软，有可能塌方的地段，或地沟深度超过 1.5m 时，为保证施工安全，除应用护土板等加固措施外，地沟宽度可根据施工条件和具体情况来确定。表中所列采用加固措施的沟宽数字仅作参考。

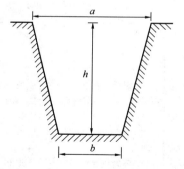

图 1-42　地沟各部分示意图

（2）当电缆条数较多，电缆管道不能容纳的地段都采用隧道。电信电缆采用的隧道分为综合隧道和专用隧道。

① 综合隧道。地下电缆与其他地下管道（如电力电缆）公共使用的综合隧道。综合隧道一般采用混凝土结构或混合结构（侧壁采用砖砌），隧道尺寸较大，维护人员一般可以在隧道中直立行走，所以维护管理较方便，如图 1-43 所示。

② 专用隧道。专用隧道一般断面为矩形，多采用混合结构，盖板采用拱形，盖板顶面离地面的埋深一般为 0.5～0.6m。较小的隧道宽度约 1.0m，高度约 1.2m，维护人员不能在隧道内通行；较大者其宽度为 1.5～5.0m，高度为 2.0～6.0m，维护人员可以在隧道内通行，如图 1-44 所示。

表 1-36 为电缆与电缆沟尺寸配合表，隧道断面尺寸见表 1-37。

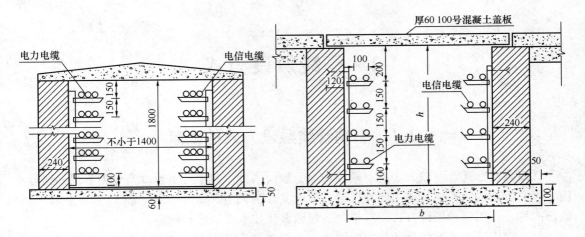

图 1-43 电信电缆与电力电缆在同一电缆沟内分侧敷设方法

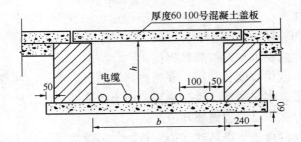

图 1-44 专用电信电缆隧道

表 1-36 电缆与电缆沟尺寸配合表

电缆数目	电缆沟尺寸（mm）	
	b	h
2	200	200
4	400	200
6	600	200
8	1000	400
12	1000	550
16	1000	700
20	1000	850

表 1-37 隧道断面尺寸表

隧道型号	矩形断面尺寸（宽×高）	电缆托板排列方式	收容电缆最大条数
矩形一号隧道	1800×2250 (1800×2110)①	三式电缆托板八层两列	48
矩形二号隧道	1800×3050 (1800×2830)①	三式电缆托板十二层两列	72

① 如电缆托板的间距改为 1800mm 时，矩形一号隧道的净高可改为 2110mm，矩形二号隧道的净高可改为 2830mm。

2 管线敷设方式

2.1 影响管线敷设方式的因素

管线敷设方式，一般分为地下敷设和地上敷设两种。其中地下敷设又分为直埋、通行地沟、半通行地沟和不通行地沟四种。地上敷设又分为高管架、中管架、低管架和沿墙（柱）敷设四种。采用哪种敷设方式，应根据下列因素和技术经济比较确定。

（1）管线输送介质的化学和物理性质，主要考虑介质易燃、易爆、有毒、有害和防冻、散热的要求。

（2）管线输送的压力，是重力自流还是加压输送，以及压力大小。

（3）管线的材质和管径。

（4）管线施工、检修要求和检修频繁程度。

（5）管线沿线地形起伏程度和跨越、穿越铁路、道路、山脊、河谷的情况。

（6）沿线工程地质、水文地质条件。主要考虑土壤冻结厚度，地下水深度，土壤和地下水有无腐蚀性，是否存在不良工程地质现象。

（7）沿线生产设施的性质，以及建（构）筑物、运输线路和管线的密集程度。

（8）所在地区的气温、风速、降水量、积雪厚度等气象条件。

（9）总平面布置的要求等。

2.2 地下敷设方式

在工程地质条件较好、地下水位较低、土壤和地下水无腐蚀性、地形较平坦、风速较大并要求管线隐蔽时，无腐蚀性、毒性、爆炸危险性的液体管道，含湿的气体管道，以及电缆和水力输送管道等，通常采用地下敷设。根据管线的性质，同一路径的管线的数量、施工和检修的条件以及总平面布置的要求，地下管线敷设方式分为直接埋地敷设、管沟敷设两种方式。其中管沟敷设又分为通行地沟敷设、半通行地沟敷设和不通行地沟敷设三种。以下分别介绍各地下敷设方式。

2.2.1 直接埋地敷设

直接埋地敷设包括单管（线）埋地敷设、管组埋地敷设和多管同槽埋地敷设三种，如图 2-1 所示。

直接埋地敷设在工业企业中应用最为广泛。因为它不需要建造管沟、支架等构筑物，施工简单，投资最省，不占用空间，不影响通行，管道的防冻条件和电缆的散热条件也较好。但它也有一定的缺点，主要是管路不明显，增加和修改管线难，管线泄漏不易发现，检修时需要开挖。一般把不需要经常检修、自流怕冻的给水管道、排水管道、城市煤气管道、低黏度的燃油管道、水力输送管道以及同一路径根数较少的电缆，常采用此种方式敷设。直埋敷设沟槽底宽可参照表 2-1 确定,当施工开挖困难时,可适当减小。管道底部的最小总宽度参照表 2-2 确定。沟壁的最大允许坡度参照表 2-3 确定,表中的坡度是没有地下水时的值。

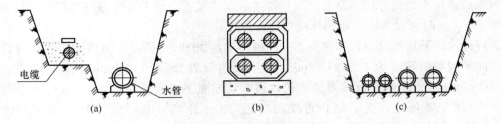

图 2-1　直接埋地敷设

(a)单管埋地;(b)管组埋地;(c)多管同槽埋地

表 2-1　管沟底部每侧工作面宽度(cm)

管道结构宽	混凝土管道基础 90°	混凝土管道基础大于 90°	金属管道	塑料管道
50 以内	40	40	30	30
100 以内	50	50	40	40
250 以内	60	50	40	40
250 以外	60	50	40	40

表 2-2　管沟底宽度尺寸表(m)

管道公称直径 (mm)	埋设深度在 2.5m 以内管沟底宽度 b 值(深度以管内底计算)		
	铸铁管、钢管、石棉水泥管	混凝土管、钢筋混凝土管	陶土管
50~75	0.6	0.8	—
100~200	0.7	0.9	0.7
250~350	0.8	1.0	0.8
400~450	1.0	1.3	0.9
500~600	1.3	1.5	1.1
700~800	1.6	1.8	1.4
900~1000	1.8	2.0	—
1100~1200	2.0	2.3	—
1300~1400	2.2	2.6	—

表 2-3　沟壁最大允许坡度

土名称	边 坡 坡 度		
	人工开挖并将 土抛于沟边上	机 械 挖 土	
		在沟底挖土	在沟上挖土
砂土	1:1.0	1:0.75	1:1.0
亚砂土	1:0.67	1:0.5	1:0.75
亚黏土	1:0.5	1:0.33	1:0.75
黏土	1:0.33	1:0.25	1:0.67
含砾土,卵石土	1:0.67	1:0.5	1:0.75
泥炭岩,白垩土	1:0.33	1:0.25	1:0.57
干黄土	1:0.25	1:0.1	1:0.33
石漕	1:0.05	—	—

注:1. 如人工挖土不把土抛于沟槽上边而随时运走,则可采用机械在沟底挖土的坡度。
　　2. 表中砂土不包括细砂和粉砂,干黄土不包括类黄土。
　　3. 在个别情况下,如有足够依据或采用多斗挖沟机,均不受本表限制。
　　4. 距离沟边 0.8m 以内,不应堆置弃土和材料,弃土堆置高度不宜超过 1.5m。

2.2.2 管沟敷设

1. 通行地沟敷设

当管道通过不允许开挖的路段，或当管道数量多或管径较大，管道一侧垂直排列高度大于或等于 1.5m 时可以考虑采用通行地沟敷设方式。

通行地沟内采用单侧布管和双侧布管两种方法，如图 2-2 所示。通行地沟中，自管道保温层表面到沟壁的距离为 120～150mm，至沟顶的距离为 300～350mm，至沟底的距离为 150～200mm。无论单侧布管或双侧布管，通道的净宽不小于 0.7m，通行地沟的净高不小于 1.8m。并在转角处、交汇处和直线段每隔 200m 距离（装有蒸汽管道时，不宜大于 100m），设一个人孔或安装孔，安装孔长度应能安下长度为 12.5m 的热轧钢管，一般为 0.8m×5m。通行地沟敷设的主要优点是工作人员可以进入沟内对管线进行安装和检修，维护和管理方便。

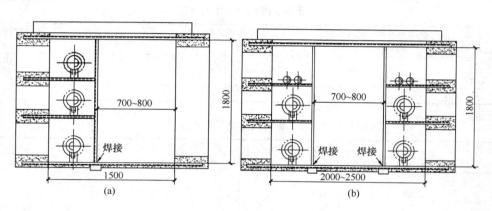

图 2-2 通行地沟敷设
(a) 单排布置；(b) 双排布置

此外，管沟内管线均为多层布设，管线占地面积相对较少。其缺点是投资很大，建设周期长。一般中小型企业较少采用通行地沟，大型企业只是在总平面布置拥挤、管线密集的局部地段，通过论证比较认为经济合理时采用。城市中管线密集的主干道、次干道下面通过论证分析认为合理时也可采用通行地沟。

2. 半通行地沟敷设

当热力管道通过的地面不允许开挖，或当管子数量较多且采用架空敷设又不合理，或采用通行地沟敷设的地沟宽度受到限制时，可采用半通行地沟敷设。半通行地沟的布置如图 2-3 所示。半通行地沟中，自管道或保温层外表面至沟壁距离为 100～150mm，至沟底距离为 100～200mm，至沟顶距离为 200～300mm。半通行地沟宽度为 1.2～1.4m，采用单侧布置时，通道净宽宜为 0.5～0.6m，采用双侧布置时，通道净宽不小于 0.7m，每隔 60m，设置一个检修输入口，入口应高出周围地面。它的优点是工作人员可以弓身进入沟内操作。

与不通行的地沟相比，虽然检修条件有所改善，但管沟耗材较多，投资较贵，工程中应用不太广泛。一般只是在同一路径的电缆根数多时或地下压力水管和动力管数量较多、管径较大或距离较长时，才采用此种敷设方式。

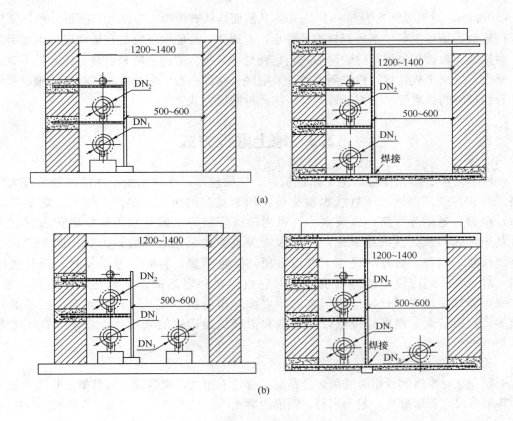

图 2-3　半通行地沟敷设

(a) 三管布置；(b) 四管布置

3. 不通行地沟敷设

不通行地沟用于单层敷设性质相同的管线。其布置如图 2-4 所示。

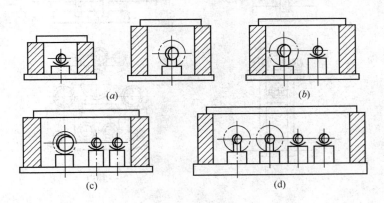

图 2-4　不通行地沟敷设

(a) 单管；(b) 双管；(c) 三管；(d) 四管

不通行地沟中，自管道或保温层外表面至沟壁距离为 100～150mm，至沟底距离为

100～200mm，至沟顶距离为 50～100mm。其剖面形状有矩形、半圆形和圆形三种，常用的不通行地沟为矩形剖面。不通行地沟尺寸小，占地少，并能保证管线在地沟里自由变形。此外，对比架空敷设和采用其他管沟形式，它耗材小，投资省。它的缺点是工作人员不能进入沟内操作，发现事故较难，检修不方便。一般同一路径根数不多的电缆和距离较短、数量较少、直径较细的给水管、蒸汽管等，常采用此种敷设方式。

2.3　地上敷设方式

在地形复杂、多雨潮湿、地下水位较高、冻层较厚、土壤和地下水的腐蚀性较大以及铁路道路较多的厂区，地下管线纵横交错、稠密复杂的地区，蒸汽、煤气、燃油等动力管道，电力、通信等线路，以及水力、风力输送管道等，通常采用架空敷设方式。在湿陷性黄土地区和永久性冻结地区，压力水管等也往往采用架空敷设方式。因为它对管线安装、检修、增添、修改均比地下敷设方便，管路明显、易辨，可以及时发现管线的缺陷和事故，并能适应复杂的地形变化。但它也存在一定的缺点，如在寒冷地区，水管、蒸汽管等需加设保温层；架空管线多时，立面显得拥挤、零乱；有时支架、铁塔消耗材料过多，投资较大。根据管线敷设的地点和沿线交通运输的繁忙程度，架空管线通常采用以下四种敷设方式。

1. 高管架敷设

一般在交通要道和管道跨铁路、公路时，都应采用高管架敷设。高管架上管线一般为多层、共架布设，管架材料一般为钢材、钢筋混凝土等。其布置形式如图 2-5 所示。

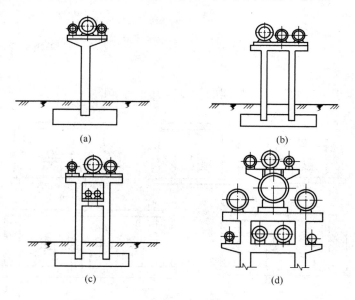

图 2-5　高管架敷设

(a) T形高支架；(b) Ⅱ形高支架；(c) H形高支架；(d) Ⅱ形多层高支架

管道保温层外表面至地面净距一般为 5.0m 以上，困难时，在保证安全的条件下可减至4.5m，至非电气化铁路轨面的垂直净距，一般不小于 5.5m。此种敷设方法优点是管线运行条件好，不影响交通，并可节省较多的管线占地面积，但高管架敷设耗材多，投资较大，采用多层敷设时管道吊装、检修、操作不如低管架敷设方便。一般电力线路采用此种方式架设，动力管道和其他管道主要在跨越铁路、道路较多的地段采用。

2. 中管架敷设

在人行交通频繁地段宜采用中管架敷设。中管架敷设时，管道保温层外表面至地面的距离一般不宜小于 2.5m，当管道跨越铁路或公路时应采用竖向 Ⅱ 形管道进行高管架敷设。中管架敷设的管架材料多为钢材、钢筋混凝土。其布置方式如图 2-6 所示。

此种敷设方式，与高管架敷设相比，耗材少，投资省，施工、检修方便。一般适合于人行交通频繁铁路、道路较少的地段，架设各种动力管道、通信电缆和气力、水力管道时采用。为保证人身安全，各种电力线路一般不允许采用此种敷设方式。

3. 低管架敷设

在山区建厂时，应尽量采用低管架敷设。管道可沿山脚、田埂、围墙等不妨碍交通和不影响工厂扩建的地段进行敷设。为了不妨碍地面流水和避免管道被雨水浸泡，低管架敷设的管道保温层外表面至地面净距一般不宜小于 0.5m。当跨越铁路、公路时，可采用 Ⅱ 形管道进行高管架敷设，Ⅱ 形管道可兼做管道补偿器。低管架敷设的管架材料有砖、钢筋混凝土等。其敷设方式如图 2-7 所示。

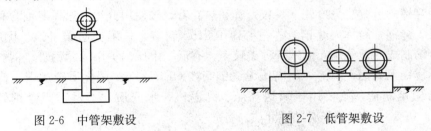

图 2-6　中管架敷设　　　　　　　　图 2-7　低管架敷设

此种敷设方式耗材少，投资省，施工简单，检修方便，但会影响车辆和人行交通。因此，仅适合于山区建厂和不妨碍交通、不影响扩建的厂区边缘地带，架设各种动力管道和气力、水力输送管道时采用。为防止触电、中毒等事故和避免污染环境，各种电力管线、生活下水管和输送有毒、有害介质的管道，不允许采用此种敷设方式。

4. 沿墙（柱）敷设

此种方式是在墙（柱）上预埋支架或打卡子，敷设高度视墙（柱）情况、门窗的高度和车辆、行人安全通过的要求而定。其敷设方式如图 2-8 所示。

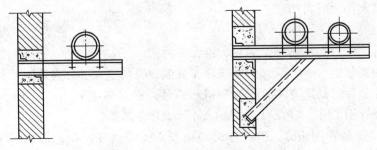

图 2-8　沿墙（柱）敷设

此种敷设方式耗材少，施工简单，投资少，检修方便，并可节省管线占地面积。但仅适合于沿线有墙（柱）可以利用，生产设施与管线相互无影响时采用。由于墙（柱）、支吊架和卡子的承载力小，多用于挂设电力、通信电缆和敷设直径较细的动力管道等。

2.4 常用工程管线的管材和接口

2.4.1 管材及其适用范围

常用工程管线的管材种类包括：钢管、铸铁管、有色金属管、混凝土管、陶管、塑料管、橡胶管等。

1. 钢管

工业管道常用钢管有焊接钢管和无缝钢管。

焊接钢管分直缝焊接钢管和螺旋缝焊接钢管。直缝焊接钢管有：低压流体输送用镀锌钢管，俗称白铁管；低压流体输送用焊接钢管，俗称黑铁管。这两种管子用于输送水、煤气、空气、油等低压流体。螺旋缝焊接钢管有一般低压流体输送用螺旋缝埋弧焊钢管和高频焊钢管，承压流体输送用螺旋缝埋弧焊钢管和高频焊钢管。螺旋缝焊接钢管一般用于输送水、煤气、空气和蒸汽等。

无缝钢管按制造方法分冷轧（冷拔）管和热轧管，按使用分为一般无缝钢管和专用无缝钢管。一般无缝钢管简称无缝钢管，按 GB/T 8162 制造，是用普通碳素钢、优质碳素钢、普通低合金钢制成的。专用无缝钢管种类较多，有低、中压锅炉用无缝钢管、锅炉用高压无缝钢管、不锈钢无缝钢管。锅炉用高压无缝钢管按 GB/T 5310 用优质碳素钢、普通低合金钢和合金结构钢制造，主要用于输送高压、高温汽、水介质。不锈钢无缝钢管按 GB/T 14976 制造，主要用于输送强腐蚀性介质。

2. 铸铁管

铸铁管分为以下几种：

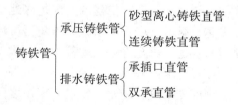

承压铸铁管用于给水和煤气等压力流体的输送，根据工作压力、埋深等条件选用。排水铸铁管多用于废水排放时选用。

3. 有色金属管

有色金属管主要分为：铜管、铝管、铅管三种。

铜管常用的有紫铜管和黄铜管。紫铜管和黄铜管的制造方法分为拉制管和挤制管。

铝管及铝合金管的制造方法有拉制和挤压两种。铝管多用 L_2、L_3、L_4、L_5 牌号的工业铝制造，铝合金管用 LF_2、LF_3、LY_{11} 及 LY_{12} 等铝合金制造。

铅管及铅锑合金管用 Pb_1、Pb_2、Pb_3 纯铅及 $PbSb_{0.5}$、$PbSb_2$、$PbSb_4$、$PbSb_6$、$PbSb_8$ 铅锑合金制造，主要供化学、染料、制药及其他工业部门用作耐酸材料。

4. 混凝土管

混凝土管主要分：自应力混凝土压力管、预应力钢筋混凝土压力管、混凝土及钢筋混凝土排水管。

5. 陶管

陶管分排水陶管及配件和化工陶管及配件。排水陶管及配件用于排输污水、废水、雨水或灌溉用水；化工陶管及配件用于化工部门排输酸性废水及其他腐蚀性介质，均为承插式连接。

6. 石棉水泥管

石棉水泥管有石棉水泥输水管和石棉水泥输煤气管。石棉水泥输煤气管适用于敷设在地下和振动较小的地方，输送工作压力为 0.1MPa 及 0.1MPa 以下的湿煤气（或沼气）。

7. 塑料管

塑料管包括：硬聚氯乙烯（UPVC）管、聚乙烯（PE）管、高密度聚乙烯（HDPE）管、交联聚乙烯（PEX）管、聚丁烯（PB）管、丙烯腈-丁二烯-苯乙烯（ABS）管、氯化聚氯乙烯（CUPVC）管、铝塑复合管、改性聚丙烯（PP-R、PP-C）管、塑钢复合管。各自有不同的耐温耐压性能和优缺点，实践中根据具体情况选用。

8. 橡胶管

橡胶管用途较为广泛，种类也较多，常用于临时性工作场所，主要可分为四类：输送无腐蚀性介质胶管、输油胶管、耐热胶管和输酸、碱液胶管。

管材种类的选择应根据介质种类、介质的工作参数（如压力温度等）以及敷设位置确定。一般情况下，可参考下表 2-4 进行选择。

表 2-4 管材种类的选择

介质	PN（MPa）或 t（℃）	敷设位置	公称直径 DN（mm）														
			≤20	25	32	40	50	65	80	100	125	150	200	250	300	350	400	≥400
饱和蒸汽	PN≤0.8	室内	低压流体输送管										螺旋缝焊接钢管					卷焊钢管
	PN≤1.3	室外	无缝钢管															
凝结水	PN≤0.8	室内																
		室外	不宜使用		低压流体输送管													
热水	t≤130	室内	直缝焊接钢管							无缝钢管								
		室外	不宜使用															
压缩空气	PN≤0.8	室内																
		室外	不宜使用															
燃油	PN<0.5	卸油	不宜使用															
	PN≤2.5	供油	无缝钢管															
氨制冷	PN≤2.0 t≤—40	室内																
煤气	高中低		低压流体输送管															

77

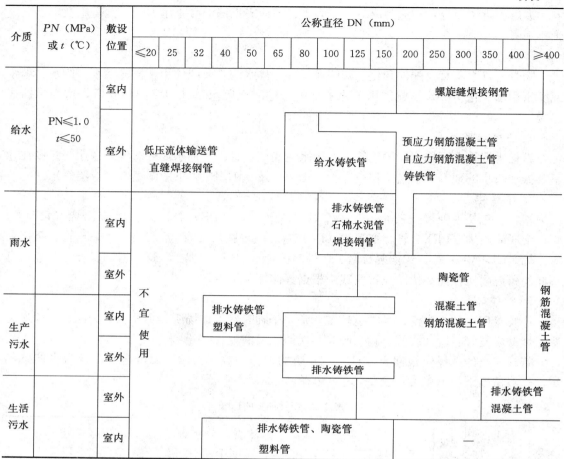

2.4.2 管道接口及其施工方法

典型的管道接口分为：刚性接口、抹带接口、柔性接口和法兰盘接口。接口形式如图2-9所示。各种管材的接口方法和施工要点见表2-5。

表2-5 各种管材的接口方法和施工要点

管材类别	接口方式和方法	施工要点
钢管	1. 对接 焊接 薄壁用平口或 V 型口，厚壁用 X 型口 2. 法兰盘接 有平焊、松套、锥面螺纹等不同形式	焊口两端清除干净，错口量应在规定范围之内。一般采用手工电弧焊接，管内、外壁包括焊口需作防腐处理； 施工后检查焊缝外型和缺陷加以补正； 要求焊口要平整、严密，接口间用垫圈填紧，法兰用螺栓拧固

管材类别	接口方式和方法	施工要点
铸铁管	承插式 1. 刚性接口 （1）内圈用油麻（或橡胶圈），外圈填石棉水泥灰浆（或膨胀水泥灰浆） （2）膨胀水泥砂浆 （3）油麻铅口 2. 柔性接口 橡胶圈	以油麻拧成绳状塞进缝隙处（或用橡胶圈），用钻击紧，外圈抹灰浆填实压紧，进行湿养护； 分层填塞，捣实，外层找平，湿养护； 填进油麻挤紧，化铅灌进接口处，击实； 适用于弱地基区； 用楔形、中缺形或圆形橡胶圈套进插口端，再挤进承口压实
混凝土管 钢筋混凝土管	平口式、企口式 1. 刚性接口 （1）水泥砂浆 （2）钢丝网水泥砂浆 2. 柔性接口 （1）石棉沥青 （2）沥青麻布 （3）沥青砂浆	接口处抹带呈圆弧形或梯形，进行湿养护； 预埋钢丝网在管座内，用水泥砂浆抹第一遍后，兜起丝网，平放在砂浆带面上，再抹第二遍呈凸形，进行湿养护； 用沥青、石棉、细砂混合制成卷材，绕结管口； 沥青、麻布相间，七层做法； 用沥青、石棉粉、砂浆通过模具浇注成型
混凝土管 钢筋混凝土管	承插式 1. 刚性接口 （1）水泥（或膨胀水泥）砂浆 （2）石棉水泥 2. 柔性接口 （1）沥青砂浆 （2）沥青油膏	先用麻（或扎绳）作阻挡圈，向缝隙内填接口材料使紧密，湿养护； 涂冷底子油，塞油麻，装模具，灌浆； 用沥青、松节油、石棉灰、滑石粉拌和浇注
预应力钢筋 混凝土管	承插式 柔性接口：橡胶圈	用圆形、角唇形或楔形橡胶圈套进插口端，挤进承口
陶土（缸瓦）管	承插式 1. 刚性接口 2. 柔性接口 （1）沥青砂浆 （2）环氧聚酰	同混凝土管承插式刚性接口做法； 同混凝土管承插式柔性接口（1）做法； 承口 2/3 深填石棉绳，余 1/3 深分二次堵塞环氧胶泥
石棉水泥管	平口式 1. 刚性接口 套管（石棉或铸铁） 2. 柔性接口 橡胶圈水泥砂浆	间隙内填石棉水泥，做法同铸铁管承插式刚性接口； 在相邻管端各放橡胶圈，拉动套管至预定位置，套管两端用水泥砂浆填塞，进行湿养护

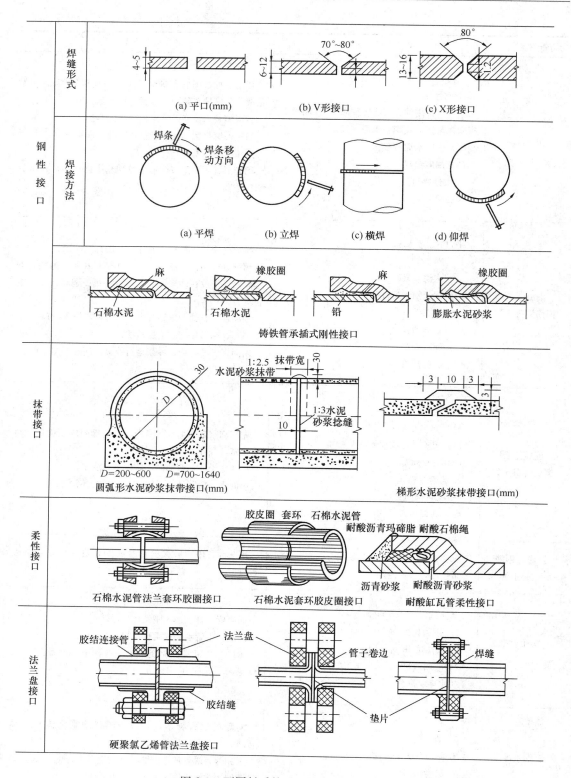

图 2-9　不同材质管道的典型接口形式

2.5　管线的附属设施

2.5.1　给水管道的附属设施

（1）闸门、阀门：多安装在检查井内，启、闭水道之用。

（2）消火栓：分地上的和地下的两种，地下消火栓安装在专门的检查井内，消火栓多安装在干线或支线的引出管上。

（3）止回水阀：是一种防水逆流的装置，安装在只允许水向一个方向流动的地方，给水干线上常常安装此装置。

（4）排气装置：安装在管道纵断面的高点（驼峰处），可自动排出管道中储留的空气。

（5）排污装置：安装在管道纵断面的低点（低凹处），用于排除沉淀物。

（6）预留接头：是为扩建给水管道预先设置在管道上接管子用的接头。

（7）安全阀：是防止"止回水阀"迅速关阀时产生水锤的压力过大，超过管道和设备能承受的安全压力的保护装置，当管道内的压力超过"安全阀"的安全压力时，水即向外自动溢出。

（8）检修井：一般安装管道上各种附属设备用，或维修人员进入井内检修用。

（9）给水管道的管件。给水管道的管件较多，以下是比较常用的部分构件：

① 丁字管：如图 2-10 所示。

② 叉管：如图 2-11 所示。

③ 弯管：如图 2-12 所示。

④ 穿墙套管：如图 2-13 所示。

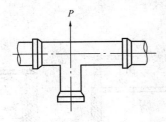

图 2-10　丁字管图

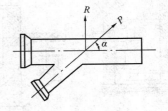

图 2-11　叉管图

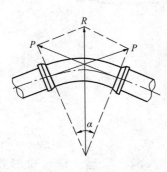

图 2-12　弯管图

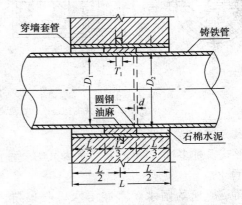

图 2-13　穿墙套管图

2.5.2 排水管道的附属设施

2.5.2.1 排水管道的附属设施

1. 检查井

为了便于检查和清通排水管渠，每隔一段距离应设检查井。相邻检查井之间的管段应在一条直线上。另外，在管径、方向、坡度发生改变处也需设检查井。检查井的构造如图 2-14 所示。

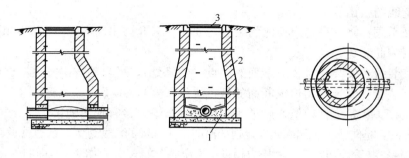

图 2-14　检查井

1—井底；2—井身；3—井盖

2. 跌水井

当检查井中上下游管渠的管底高程差大于 1m 时，应做成跌水井，其形式如图 2-15 所示。

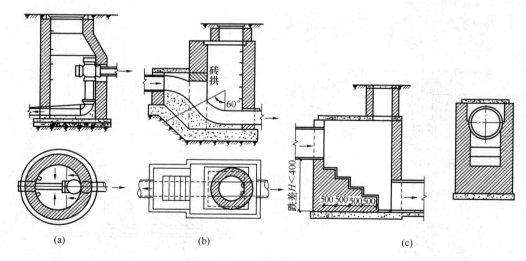

图 2-15　跌水井

（a）竖管式跌水井的构造；（b）溢流堰式跌水井；（c）阶梯式跌水井

3. 溢流井

其形式多种多样，图 2-16 所示为其中一种。

4. 雨水口

地面及街道的雨水，需经雨水口收集再由连接管排入雨水管道。雨水口形式很多，图 2-17 和图 2-18 所示为两种常见雨水口。

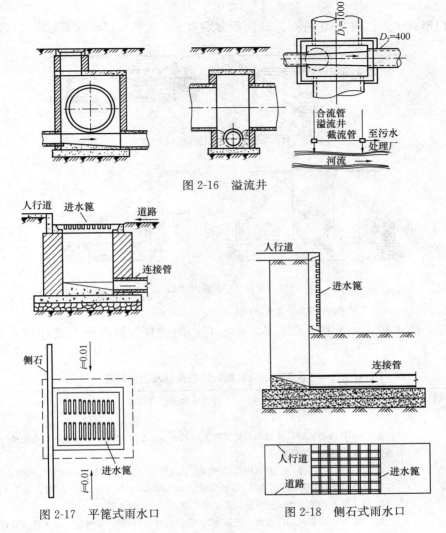

图 2-16 溢流井

图 2-17 平箅式雨水口

图 2-18 侧石式雨水口

5. 倒虹管

排水管道穿越河流等障碍物时，由于本身是重力流，故常常采用倒虹管型式布置，如图 2-19所示。

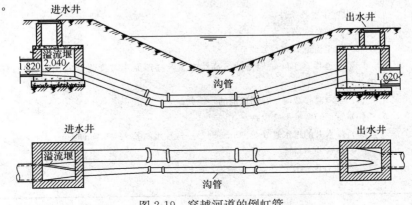

图 2-19 穿越河道的倒虹管

6. 出水口

出水口形式很多，图 2-20 和图 2-21 所示分别为一字式出水口和八字形出水口。

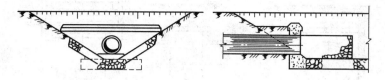

图 2-20　一字式出水口

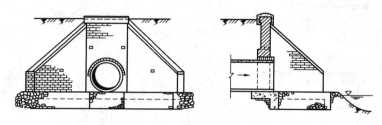

图 2-21　八字形出水口

2.5.2.2　排水管道的附属设施设置的规定

检查井、跌水井、溢流井、跳越井、出水口、倒虹管设置条件及设计要求见表 2-6、表 2-7、表 2-8。

表 2-6　各类附属构筑物的设置条件及设计规定

井　别	设置条件及设计规定
检查井	1. 设在管道交汇处、转弯处、管道断面（尺寸、形状、材质）及基础接口变更处、跌水处及直线管段上每隔一定距离处； 2. 在检查井内连接，一般采用管顶平接，直线管段上的检查井之间的距离见表 2-7；在管道转弯和交接处，水流转弯应大于 90°，当管径 $d \leqslant 300mm$，跌水头 $>0.3m$ 时，不受此限制； 3. 接入检查井的支管（进户管或连接管）数，不宜超过 3 条； 4. 污水检查井井底应设流槽，流槽顶与下游管道的内顶平，不落地；雨水检查井设流槽，流槽与上游管道的 1/2 内径（管中心）平
跌水井	1. 设置位置及条件 (1) 管道跌水高差大于 1.0m； (2) 管道流速太大，需调节处； (3) 管道垂直于陡峭地形的等高线布置，按照原定坡度将要露出地面处；接入较低的管道处； (4) 当淹没排放时，在出口前的一个井； (5) 管道转弯处不宜设跌水井； (6) 跌水井的进水管 $d < 200mm$ 时，一次跌水高差 $H < 6.0m$ 时； (7) 跌水井不得接入支管 2. 跌水井形式有竖管式、竖槽式、阶梯式

井　别	设置条件及设计规定
雨水溢流井	适用于截流式合流制排水系统 (1) 尽可能靠近水体的下游； (2) 最好在高浓度工业污水进水点的上游； (3) 宜在倒虹管前、排水泵站前及处理构筑物前； (4) 宜在水体最高洪水位以上，低于最高洪水位时
跳越井	设在截流管道与雨水管道交接处
潮门井	受潮汐和水体水位影响，为防止潮水和河流的倒灌，潮门井应设在排水管道出水口上游适当位置处
出水口	1. 设置位置 (1) 在江河岸边设置出水口时，应保持与取水构筑物、游泳区、家畜饮用区有一定距离，同时也不影响下游居民点的卫生和饮用； (2) 在城市河渠的桥涵闸附近设置雨水出水口时，应选在构筑物为下游并应保证结构条件和水利条件所需要的距离； (3) 在海岸设置污水出水口时，应考虑潮汐波浪和设施等情况，注意环境卫生； (4) 出水口位置的形式应取得当地卫生监督、水体管理和交通管理等部门的同意 2. 设置高程 (1) 雨水出水口内顶最好不低于多年平均洪水位； (2) 污水出水口应可能淹没在水体水位以下 3. 防冲措施 岸边式出水口与岸边的连接部分要建挡土墙和护坡，底板要铺砌
水封井	1. 设在含油污水管道上，当排水管接纳汽油类污水时以防发生爆炸事故； 2. 水封井设置要求：水封高度 0.25m，水封井底设沉泥槽，深度 0.5～0.6m；井上设通风管，其管径不得小于 100m
倒虹管	1. 设置位置 (1) 污水管穿过河道、旱沟、洼地，或地下构筑物等障碍物不能按原高程直接通过； (2) 尽可能与障碍物轴线垂直，以求缩短长度；穿越处应地质条件良好 2. 条数 (1) 穿过小河道、旱沟、洼地时可敷设 1 条； (2) 穿过河道时一般敷设两条，1 条工作，1 条备用； (3) 穿过特殊重要构筑物时应敷设 3 条，2 条工作，1 条备用 3. 长度、角度、深度 (1) 水平管长度根据穿越物的现状和远景规划确定； (2) 水平管与斜管的夹角一般不大于 30°； (3) 水平管外顶距规划河底不小于 0.5m 4. 流速 (1) 设计流速：一般不小于 0.9m/s，同时不小于进水管内流速； (2) 冲洗流速：不小于 1.2m/s； (3) 合流管道设倒虹管时，应按旱流污水量校核流速 5. 进出水井 (1) 应布置在不受洪水淹没处，必要时可考虑排气设施，井内应设闸槽和闸门； (2) 在倒虹管进水井的前一检查井，应设沉泥槽；考虑检修，进水井宜设事故排除口

表 2-7　直线管道上检查井间距

管径或暗渠净高 （mm）	最大间距（m）	
	污水管道	雨水（合流）管道
200～400	40	50
500～700	60	70
800～1000	80	90
1100～1500	100	120
1600～2000	120	120

表 2-8　雨水口的设置

设置地点	设置原则	设置数量
（1）道路的交叉处和低洼处； （2）建筑物单元出入口附近； （3）建筑物雨落管附近； （4）宜设在汇水点上或截水点上； （5）建筑物前后空地和绿地低洼点的适当位置处	（1）沿街道布置间距 20～40m； （2）设在铺装路面或地面上，宜低 30～40mm； （3）设在土路面或土地面上，宜低 50～60mm； （4）雨水口的深度不宜大于 1.0m，一般 0.6～0.8m；泥沙量大时，可设沉泥槽； （5）雨水口串连的个数不宜多于 3 个； （6）雨水口与检查井或连接井的接管不宜大于 5.0m	（1）设置数量依据来水量而定； （2）设置数量一般应多于计算数量

2.5.3　电信管道附属设施

1. 人孔的主要功能

人孔是通信管道的主要组成部分之一，人孔是各方向管道汇集的场所，各方向的管孔通过人孔互相连接。具体如图 2-22 所示。

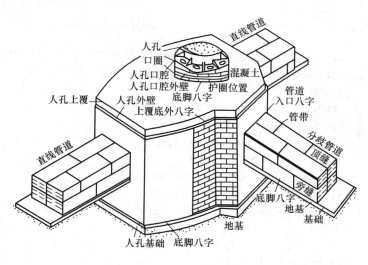

图 2-22　人孔功能示意图

2. 人孔是摆放与布设管孔中的通信电缆、电缆接头、充气门、中继器、负荷箱、光缆盘等设施的场所，如图 2-23 所示。规格、型式和适用场所见表 2-9。

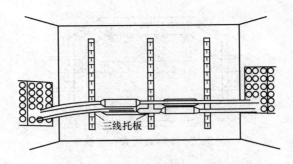

图 2-23 人孔各种设施布设示意图

表 2-9 人（手）孔型式和适用位置

人（手）孔型式	适用位置
直通型人孔	适用于直线通信管道的中间的位置
三通型人孔	适用于直线通信管道上有另一方向分歧通信管道，而在其分歧点上的设置；或局前人孔
四通型人孔	适用于纵、横两条通信管道交叉点上的设置；或局前人孔
斜通型人孔	适用于非直线（或称弧形、弯管道）折点上的设置
90×120 手孔、70×90 手孔	适用于直线通信管道中间的设置
120×170 手孔	适用于直线通信管道上有另一方向分歧通信管道，而在其分歧点上的设置
55×55 手孔	适用于接入建筑物前的设置

3. 人孔由管道的主干电缆分支引出至架空杆路引上，如图 2-24 所示。

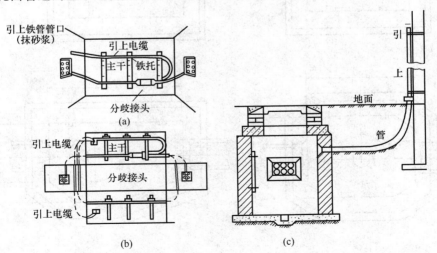

图 2-24 人孔与外部接口示意图

4. 人孔的建筑结构，如图 2-25 所示。

5. 手孔的建筑结构，如图 2-26、图 2-27 所示。

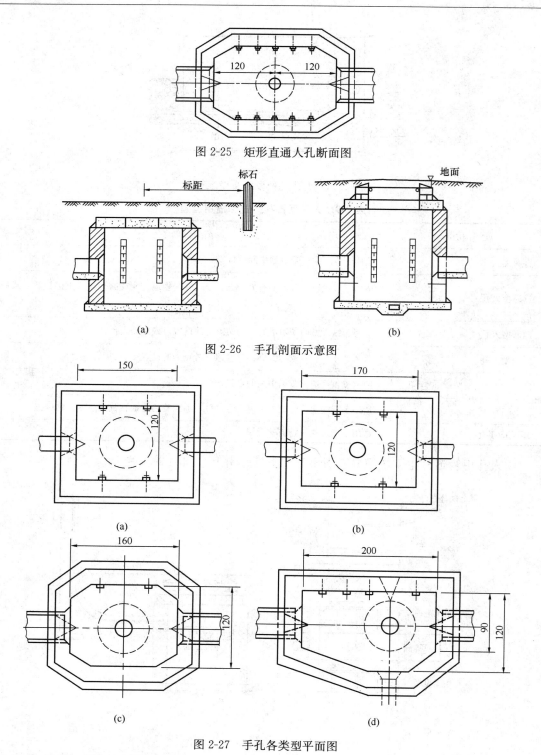

图 2-25 矩形直通人孔断面图

图 2-26 手孔剖面示意图

图 2-27 手孔各类型平面图

2.5.4 热力管道附属设施

1. 阀门

在供热管线上，按阀门的功能和作用分类主要有：①仅作为开启和关闭用的阀门；②调节用阀门,如平衡阀、流量调节阀等;③特殊作用的阀门,如单向阀、安全阀、减压阀。

2. 放气、泄(排)水、疏水装置

为便于运行时顺利排除热水管和凝水管内的空气应设放气装置,放气装置应设置在管网末端和最高点,为检修时排净管内存水应设排(泄)水装置;为及时排除蒸汽管道内的沿途凝结水,应设疏水装置,一般情况下,疏水装置都是安装在低于冷凝水排出设备的位置。

3. 补偿器

供热管道安装时为常温。为防运行时由于管道升温热伸长或温度应力而引起管道变形甚至破坏,须在供热管道上设置补偿器,目的是保证供热系统安全可靠地运行。补偿器的主要类型有:①自然补偿是利用供热管道自身的弯曲管段来补偿热伸长的方式,这是一种最经济的方式,不需要占用其他面积;②方形补偿器是由四个90°弯头构成,这种补偿器的优点是制造方便、工作可靠,其缺点是占地面积大;③专用补偿器,球形、套管等补偿器为专用补偿器;④管道支座是主要支撑管道,有的还要承受水平推力。补偿器应布置在两固定支座之间。

4. 检查室与操作平台

供热管道附件需要维修管理的地方,均要设检查室或检查平台。地下敷设的供热管道检查室布置图如图2-28所示。检查室是一个地下构筑物,需占用一定的地下空间,其大小需根据供热管道的管径规模和管道数量而定。检查室应符合下列规定:

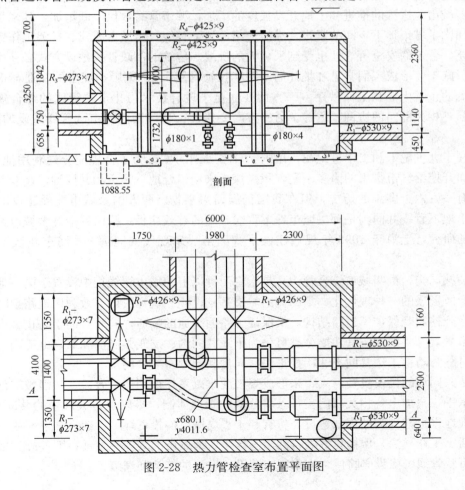

图 2-28 热力管检查室布置平面图

（1）净空高度不应小于 1.8m；

（2）人行通道宽度不应小于 0.6m；

（3）干管保温结构表面与检查室地面距离不应小于 0.6m；

（4）检查室的人孔直径不宜小于 0.7m，人孔数量不少于两个，并应对角布置，人孔应尽量避开检查室内的设备，当检查室净空面积小于 4m² 时，可只设一个人孔；

（5）检查室内至少设一个集水坑，并应置于人孔下方；

（6）检查室地面低于地沟内底不应小于 0.3m；

（7）检查室内爬梯高度大于 4m 时，应设护拦或在爬梯中间设平台。当检查室内需更换的设备、附件不能从人孔进出时，应在检查室顶板上设安装孔。安装孔的尺寸和位置应保证需更换设备的出入和便于安装。检查室内装有电动阀门时，应采取措施，保证安装地点的空气温度、湿度满足电气装置的技术要求。

2.6 我国城市管线敷设方式的发展趋势

城市中的给水、排水、电力、电信、燃气、热力等地下市政管线工程，俗称生命线工程，合理地进行管线综合规划和建设，是维持城市功能正常运转和促进城市可持续发展的关键。随着城市化进程的推进和土地开发强度的增加，城市管线数量不断增加，越来越多的管线敷设加剧了城市地下空间的紧张，纵横交错的地下管线，给城市改建、扩建工作带来了极大的不便。管道的安全可靠性也受到了极大的挑战。传统的市政管线敷设方式必须反复开挖路面进行施工，形成人们常见和批评的所谓"拉锁马路"，严重影响城市的交通与市容，干扰了居民的正常生活和工作秩序。一方面要立足于现有技术强化市政管线的综合规划与设计，加强各相关部门的协调、统筹。另一方面要探索、学习国内外市政管线敷设的新技术、新方法。

早在十九世纪末和二十世纪初，法国、日本等国的城市为了合理充分地利用地下空间，避免路面开挖给城市带来的诸多不利，积极探索采用综合地下管道和共同沟。迄今共同沟的发展已有一百六十多年的历史，但在我国仍属新兴事物。西方国家城市发展建设的经验证明，城市地下管线共同沟是解决城市地下管线难题的有效途径。我国目前许多城市都在开展共同沟的研究，上海于 1993 年规划建设了我国第一条现代共同沟——浦东新区张扬路共同沟。

所谓共同沟，也叫城市综合管沟，是指将两种以上的城市管线集中设置于同一地下人工空间中，所形成的一种现代化、集约化的城市基础设施。这样可以有效利用道路空间，免除路面经常开挖，既保护了道路结构，又保证了路面交通的畅通，同时有助于防止城市灾害和改善城市景观。共同沟按其功能分类可分为干线共同沟、支线共同沟和综合电缆沟，按其施工方法可分为暗挖工法共同沟、明挖工法共同沟和预制拼装共同沟。

但是共同沟的建设投资巨大，未形成规模前难以发挥作用产生效益，我国城市目前的经济发展水平，再加上各相关部门实行条块分割的管理体制，难以进行大规模的共同沟建设。相信合理地进行共同沟的规划建设，将有利于提高城市的投资环境，促进开发开放，保障居民的生活、工作秩序，保持良好的自然生态环境，为城市的立体化发展打下基础。采用共同沟进行市政管线的敷设必将成为未来城市建设、发展的趋势和潮流。

3 场地管线综合平面布置

为了满足生产、生活的需要，建设用地的地上、地下要敷设很多管线（如给水、排水、电力、电信、热力、煤气管线等），这些管线的性质不同、用途各异，而且大多利用道路进行布置，如果不进行综合安排，就可能产生各种管线在平面和空间布置上相互冲突和干扰。如：场地内外管线之间及其与建、构筑物之间的衔接，道路或场地上各种管线的平行敷设与交叉，管线和建筑物（构）筑物在用地上的矛盾，以及拟建管线和现状管线之间的矛盾等问题。因此，各类场地设计，除对建筑物、构筑物、道路等进行布置外，还必须考虑各种工程管线的综合布置，对各种工程管线进行综合考虑，做出统一安排，其工作的简繁程度取决于管线的种类和线路的多少。

3.1 管线综合的意义及目的

3.1.1 管线综合的意义

工程技术管线，就其输送介质的性质、工作条件、管径大小、敷设地点的环境及自然条件而言，任一管线或其任一部分，无不具有特殊性，这是管线综合布置的一个重要特点。管线综合布置是一项技术性、经济性都很突出的工作，为力求达到经济合理、节约用地、满足使用的目的，除应严格执行有关专业管线技术规范标准及其综合布置原则之外，还须深入了解影响管线布置的各种因素，根据对工程实践具体研究，因地制宜地采用灵活、多样的工程措施，合理地选择特定条件下管线走向和间距，正确处理管线的平面及空间的关系，这也是场地设计工作的重要内容之一。

管线综合布置能否做到经济合理是衡量场地设计工作质量的重要依据之一，二者相互之间存在着十分密切的辩证关系。管线综合布置以场地总平面布置为基础，而管线综合布置中提出的各种技术经济问题又为局部调整总平面布局提供依据，进而不断完善场地的总平面布局，使管线综合布置具有更切实的技术经济意义，并充分发挥其积极作用。

3.1.2 管线综合的目的

（1）场地管线综合规划主要是将场地规划区范围内，工程管线在地上、地下空间布置上统一安排，确定其合理的水平净距以及相互交叉时的垂直净距，这对于场地规划、建设与管理都是很重要的。场地管线综合的目的是为了合理地利用场地用地，综合确定场地工程管线地上、地下空间位置，避免工程管线之间及其与相关建筑物、构筑物之间的相互矛盾和干扰，为各管线工程设计和规划管理提供依据。

（2）场地管线综合规划设计，是在收集场地规划地区范围内各项工程管线的现状和规划设计资料（包括收集现状资料和各阶段设计资料）的基础上，加以分析研究统一安排，发现并解决各项工程管线在规划设计上存在的矛盾，使各项工程管线在合理可行的基础上，互相避让各行其道，为工程管线施工以及竣工后的管线管理工作创造有利条件。

（3）场地管线综合规划设计具有复杂性。综合是将单项工程管线协调汇总，在个体合理的基础上实现整体合理。如果单项工程管线规划设计的走向、水平或垂直位置不合理，各管线之间位置冲突，或净距不足，管线综合规划设计部门必需提出调整位置，以及解决矛盾的方案，组织有关单位协商解决。如果单项工程管线的设计自身不存在矛盾，但与其他工程管线在水平和竖向上有冲突，则需要进行协调；若无冲突，需明确肯定。

（4）编制管线综合规划和设计，既要从整体出发，又要照顾局部的要求，因此在综合过程中，必须对不同问题作具体的分析研究，采取各种办法加以解决。只有这样，才能做好工程管线规划与设计。

3.2 管线综合布置的原则与要求

3.2.1 工程管线地下布置的原则与要求

1. 工程管线地下布置的基本原则

（1）规划中各种管线位置要求用统一的坐标系统及标高系统。居住区、厂区、道路及各种管线的平面位置和竖向位置也应采用统一的坐标系统和标高系统，避免发生混乱和互不衔接。如有几个不同的坐标系统和标高系统，必须加以换算，取得统一。

（2）充分利用现状管线。只有当原有管线不适应生产发展的要求和不能满足居民生活需要时，才考虑废弃和拆除。对于沿规划改直、拓宽的道路敷设的现状管线，应相应考虑拆迁和改造，可不受上述要求的限制。

对于建设期间用的临时管线，特别是道路、排水、桥涵等管线，必须予以妥善安排，使其尽可能和永久管线结合起来，成为永久性管线的一部分。

（3）远近结合，为将来发展留有余地。安排管线位置时，特别是确定人行道、非机动车道的宽度时，应考虑到今后埋设在下面的管线数量上的增长，应留有余地，但也要尽可能地节约用地。

在不妨碍今后运行和保证使用安全的前提下，应尽可能缩短管线长度，以节省建设费用。但要避免随便穿越和切割规划的工业、仓库和生活居住用地，避免布置零乱，使今后的建设、管理和维修不便。

（4）在规划各种管线位置时，宜避开土质松软地区、地震断裂带、沉陷区、滑坡危险带以及地下水位高的不利地段。对于地势高差起伏较大的山城地区，应结合场地地形的特点布置工程管线，并应避开地质滑坡和洪峰口。

河底敷设工程管线应选择在稳定河段，埋设深度应按不妨碍河道的通航，保证工程管线安全的原则确定。对于一级至五级的航道河流，管线或管沟应敷设在航道底标高 2m 以下；对于其他河流，管线或管沟应敷设在河底标高 1m 以下；对于灌溉渠等可敷设在渠底标高 0.5m 以下。

（5）在城镇干道、次干道上以及城镇居住区里各种工程管线应尽量地下敷设；在工业区内各种工业、生活等工程管线宜地下敷设。冰冻地区城镇应根据当地土壤冰冻深度，将给水、排水、煤气等有水和含有水分的工程管线深埋；热力管线、电信管线、电力电缆等不受冰冻影响的工程管线满足道路上面荷载要求时可浅埋。非冰冻地区城镇应根据当地土壤性质和道路上面荷载满足强度要求时可浅埋。

2. 地下管线的相对位置关系

（1）地下管线与道路、铁路及建（构）筑物的关系地下管线尽可能布置在人行道、非机动车道和绿化带下面，不得已时才考虑将检修次数较少和埋置较深的管道（如污水管、雨水管、给水管等）布置在机动车道下面。

规划道路下面的工程管线应与道路中心线（或建筑物）平行，各种地下管线从建筑红线或道路红线向道路中心线方向平行布置的顺序，一般根据管线的性能、埋设深度等来决定。原则上可燃、易燃等对房屋基础、地下室及地面建筑有危害的管线，应离建筑物远一点，埋设较深的管线也应远离建筑物。接入支线少、检修周期长、检修时不需要开挖路面的工程管线也宜远离建筑物。

居住区内的管线，首先考虑布置在街坊道路下，其次为次干道，尽可能不将管线布置在交通频繁的主干道、机动车道下，以免施工或检修时开挖路面影响交通。

地下管线应敷设在分支线较多的道路一侧，或将管线分别布置在道路两侧；同一管线不宜自道路一侧转到另一侧；要尽量避免横穿道路；必须横穿时尽量与道路正交，有困难时，其交叉角不宜小于 45°。

直埋式的地下管线一般不允许重叠布置，更不得与铁路、地面管线平行重叠布置；只在特殊情况（如改建、扩建工程）才考虑短距离重叠，但必须将检修多、埋深浅、管径小的敷设在上面，而将有污染的管道敷设在下面。重叠敷设管道之间的垂直距，应考虑施工、检修和埋设深度等要求。

（2）地下管线应与道路红线、中心线按一定顺序平行敷设

一般来说，各种地下管线从建筑红线或道路红线向道路中心线方向平行布置的次序宜为：

①电信电缆；②电力电缆；③配水管线；④电信管线；⑤燃气配气管线；⑥热力管线；⑦燃气管线；⑧输水管线；⑨雨水管线；⑩污水管线。

在各种工程管线走向初步确定以后，应根据场地所处的地理位置和特点，规划工程管线在城镇道路上的固定位置，仅在特殊情况下根据需要并经有关部门同意改变其管线的固定位置，宜安排如下：

东西向道路中心北侧或南北向道路中心西侧：电信管线、燃气管线、污水管线；

东西向道路中心南侧或南北向道路中心东侧：电力管线、热力管线、给水管线、雨水管线。

（3）应符合一定水平间距要求

城市工程管线之间及其与建（构）筑物之间的最小水平净距应符合表 3-1 的规定。当道路宽度、断面以及现状工程管线位置等因素限制难以满足要求时，可根据实际情况采取安全措施后减少其最小水平间距。

工业企业中地下管线的最小水平间距宜符合表 3-2 的规定，其中地下燃气管线、电力管线、乙炔和氧气管与其他管线之间的最小水平净距应符合表 3-2 的规定。

工业企业中地下管线与建筑物、构筑物之间的最小水平间距宜符合表 3-3 的规定，并应满足管线和相邻设施的安全生产、施工和检修的要求。其中位于湿陷性黄土地区、膨胀土地区的管线，尚应符合现行国家有关设计标准的规定。

工业企业不同行业管线综合布置时可参考不同行业的规范与标准，不同行业有关规范规定的排水管、氧气管、乙炔管、热力管与地下管线之间的最小水平间距应符合表 3-4。

管线综合布置时，管线之间或管线与建筑物、构筑物之间的水平距离除了满足表 3-1、表 3-2、表 3-3、表 3-4 等要求距离外，还须符合国防上的规定，电信管线还须符合有关涉外保密的规定。

表3-1　地下工程管线之间最小水平净距（m）

序号	管线名称		1 建筑物	2 给水管 (d≤200mm / d>200mm)	3 污水雨水排水管	4 燃气管 (低压 / 中压B / 中压A / 高压B / 高压A)	5 热力管 (直埋 / 地沟)	6 电力电缆 (直埋 / 缆沟)	7 电信电缆 (直埋 / 管道)	8 乔木(中心)	9 灌木(中心)	10 地上柱杆 (通信照明及<10kV / 高压铁塔基础边 ≤35kV / >35kV)	11 道路侧石边缘	12 铁路钢轨(或坡脚)
1	建筑物		—	1.0 / 3.0	2.5	0.7 / 1.5 / 2.0 / 4.0 / 6.0	2.5 / 0.5	0.5 / 1.0	1.0 / 1.5	3.0	1.5	* / — / —	1.5	—
2	给水管 d≤200mm d>200mm		1.0 3.0	—	1.0 1.5	0.5 / 0.5 / 1.0 / 1.5 / 2.0	1.5	0.5	1.0	1.5	1.5	0.5 / 3.0 / 3.0	1.5	5.0
3	污水、雨水排水管		2.5	1.0 / 1.5	—	1.0 / 1.2 / 1.5 / 2.0 / 2.0	1.5	0.5	1.0 / 1.5	1.5	—	1.5 / 1.5	1.5	1.5
4	燃气管 低压 P≤0.005MPa 中压 0.005MPa<P≤0.2MPa 0.2MPa<P≤0.4MPa 高压 0.4MPa<P≤0.8MPa 0.8MPa<P≤1.6MPa		0.7 1.5 2.0 4.0 6.0	0.5 0.5 1.0 1.5 2.0	1.0 1.2 1.5 2.0 2.0	DN≤300mm 0.4 DN>300mm 0.5	1.0 1.0 1.5 2.0 4.0	0.5 / 1.0	0.5 / 1.0	1.2	—	1.0 / 1.0 / 5.0	1.5 / 2.5	5.0
5	热力管 直埋 地沟		2.5 0.5	1.5	1.5	1.5 / 2.0 2.0 / 4.0	—	2.0	1.0	1.5	1.0	1.0 / 2.0 / 3.0	1.5	3.0
6	电力电缆 直埋 缆沟		0.5 1.0	0.5	0.5	1.0 / 1.0 / 1.5	2.0	—	0.5	1.0	1.0	0.5 / 0.6 / 0.6	1.5	3.0
7	电信电缆 直埋 管道		1.0 1.5	0.5 / 1.0	1.0 / 1.5	0.5 / 1.0 / 1.5	1.0	0.5	—	1.0 / 1.5	1.0	0.5 / 0.6	1.5 / 2.0	2.0
8	乔木(中心)		3.0	1.5	1.5	1.2	1.5	1.0	1.0 / 1.5	—	—	1.5	0.5	—
9	灌木		1.5		1.5		1.0		1.0		—	1.5	0.5	0.5
10	地上杆柱 通信照明及<10kV 高压铁塔基础边 ≤35kV >35kV		*	0.5 3.0	1.5	1.0 1.0 0.5	1.0 2.0 3.0	0.5 0.6 0.6	0.5 0.6	1.5		—	0.5	0.5
11	道路侧石边缘		1.5	1.5	1.5	1.0 / 2.5	1.5	1.5	1.5 / 2.0	0.5	0.5	0.5	—	—
12	铁路钢轨(或坡脚)		0.6	5.0	1.5	5.0	3.0	3.0	2.0	—	0.5	0.5	—	—

注：* 见表4-4。

表 3-2　地下管线之间的最小水平间距 (m)

名称 / 规格	给水管 (mm) <75	给水管 (mm) 75~150	给水管 (mm) 200~400	给水管 (mm) >400	清净雨水管 <800	清净雨水管 800~1500	清净雨水管 >1500	生产与生活污水管 <300	生产与生活污水管 300~400	生产与生活污水管 400~600	生产与生活污水管 >600	热力管 (沟)	燃气 P<0.01	燃气 P≤0.2	燃气 P≤0.4	燃气 P0.8	燃气 P1.6	压缩空气管	乙炔气管	氢氧气管	电力电缆 (kV) <1	电力电缆 (kV) 1~10	电力电缆 (kV) ≤35	电缆沟(管)	通信电缆 直埋电缆	通信电缆 电缆管道
给水管(mm) <75	—	—	—	—	0.7	0.8	1.0	0.7	0.8	0.8	1.0	0.8	0.5	0.5	0.5	1.0	1.5	0.8	0.8	0.8	0.6	0.8	1.0	0.8	0.5	0.5
给水管(mm) 75~150	—	—	—	—	0.8	1.0	1.2	0.8	1.0	1.0	1.2	1.0	0.5	0.5	0.5	1.0	1.5	1.0	1.0	1.0	0.6	0.8	1.0	1.0	0.5	0.5
给水管(mm) 200~400	—	—	—	—	1.0	1.2	1.5	1.0	1.2	1.2	1.5	1.2	0.5	0.5	0.5	1.0	1.5	1.2	1.2	1.2	0.8	1.0	1.2	1.2	1.0	1.0
给水管(mm) >400	—	—	—	—	1.0	1.2	1.5	1.2	1.5	1.5	2.0	1.5	0.5	0.5	0.5	1.5	2.0	1.5	1.5	1.5	0.8	1.0	1.2	1.5	1.2	1.2
清净雨水管 <800	0.7	0.8	1.0	1.0	—	—	—	1.0	1.0	1.0	1.0	1.5	1.0	1.0	1.0	1.5	2.0	1.5	1.5	1.5	1.0	1.0	1.0	1.5	1.0	1.0
清净雨水管 800~1500	0.8	1.0	1.2	1.2	—	—	—	1.2	1.2	1.2	1.2	1.5	1.0	1.0	1.0	1.5	2.0	1.5	1.5	1.5	1.0	1.0	1.0	1.5	1.0	1.0
清净雨水管 >1500	1.0	1.2	1.5	1.5	—	—	—	1.5	1.5	1.5	1.5	1.5	1.0	1.0	1.0	1.5	2.0	1.5	1.5	1.5	1.5	1.5	1.5	1.5	1.5	1.5
生产与生活污水管 <300	0.7	0.8	1.0	1.2	1.0	1.2	1.5	—	—	—	—	1.0(1.0)	1.0	1.2	1.2	1.5	2.0	1.0	1.0	1.0	0.5	0.5	0.5	1.0	1.0	1.0
生产与生活污水管 300~400	0.8	1.0	1.2	1.5	1.2	1.2	1.5	—	—	—	—	1.2	1.2	1.2	1.2	1.5	2.0	1.2	1.2	1.2	0.5	0.5	0.5	1.0	1.0	1.0
生产与生活污水管 400~600	0.8	1.0	1.2	1.5	1.2	1.2	1.5	—	—	—	—	1.2	1.2	1.2	1.2	1.5	2.0	1.2	1.2	1.2	0.5	0.5	0.5	1.0	1.0	1.0
生产与生活污水管 >600	1.0	1.2	1.5	2.0	1.5	1.5	1.5	—	—	—	—	1.5	1.5	1.5	1.5	2.0	2.0	1.5	2.0	2.0	1.0	1.0	1.0	1.5	1.5	1.5
热力管 (沟)	0.8	1.0	1.2	1.5	1.5	1.5	1.5	1.0(1.0)	1.2	1.2	1.5	—	1.0(1.0)	1.0(1.0)	1.0(1.5)	1.0(1.5)	1.5(2.0)	1.0	1.0	1.5	2.0	2.0	2.0	1.0	1.0	1.0
燃气压力 P (MPa) <0.01	0.5	0.5	0.5	0.5	1.0	1.0	1.0	1.0	1.2	1.2	1.5	1.0(1.0)	—	—	—	—	—	1.0	1.0	1.0	1.0	1.0	1.0	1.0	1.0	1.0
燃气压力 P (MPa) ≤0.2	0.5	0.5	0.5	0.5	1.0	1.0	1.0	1.2	1.2	1.2	1.5	1.0(1.0)	—	—	—	—	—	1.0	1.0	1.0	1.0	1.0	1.0	1.0	1.0	1.0
燃气压力 P (MPa) ≤0.4	0.5	0.5	0.5	0.5	1.0	1.0	1.0	1.2	1.2	1.2	1.5	1.0(1.5)	—	—	—	—	—	1.2	1.2	1.2	1.0	1.0	1.0	1.0	1.0	1.2
燃气压力 P (MPa) 0.8	1.0	1.0	1.0	1.5	1.5	1.5	1.5	1.5	1.5	1.5	2.0	1.5(2.0)	—	—	—	—	—	1.5	2.0	2.0	1.5	1.5	1.5	1.0	1.2	1.2
燃气压力 P (MPa) 1.6	1.5	1.5	1.5	2.0	2.0	2.0	2.0	2.0	2.0	2.0	2.0	2.0(4.0)	—	—	—	—	—	2.0	2.0	2.5	1.5	1.5	1.5	1.5	1.5	1.5

续表

名称	给水管 (mm)				排水管 (mm) — 清净雨水管		排水管 (mm) — 生产与生活污水管			热力管(沟)	燃气管压力 P (MPa)					压缩空气管	乙炔管	氢氧气管	电力电缆 (kV)			电缆沟(管)	通信电缆	
规格 / 间距	<75	75~150	200~400	>400	800~1500	>1500	<300	300~600	>600	管(沟)	<0.01	≤0.2	≤0.4	0.8	1.6	1.5			<1	1~10	35		直埋电缆	电缆管道
压缩空气管	0.8	1.0	1.2	1.5	1.0	1.2	1.0	1.0	0.8	1.0	1.0	1.0	1.2	1.5	—	—	1.5	1.5	0.8	0.8	0.8	1.0	0.8	1.0
乙炔管	0.8	1.0	1.2	1.5	1.0	1.2	1.0	1.0	0.8	1.0	1.5	1.5	2.0	2.5	1.5	1.5	—	—	0.8	0.8	0.8	1.5	0.8	1.0
氢气管、氧气管	0.8	1.0	1.2	1.5	1.0	1.2	1.0	1.0	0.8	1.0	1.5	1.5	2.0	2.5	1.5	1.5	—	1.5	1.0	1.0	1.0	1.5	0.8	1.0
电力电缆 (kV) <1	0.6	0.6	0.8	0.8	0.8	1.0	0.6	0.8	0.5	2.0	1.0	1.0	1.0	1.0	1.0	0.8	0.8	1.0	—	—	—	0.5	0.5	0.5
电力电缆 (kV) 1~10	0.8	0.8	1.0	1.0	0.8	1.0	0.8	1.0	0.5	2.0	1.0	1.0	1.0	1.5	1.0	0.8	0.8	1.0	—	—	—	0.5	0.5	0.5
电力电缆 (kV) ≤35	1.0	1.0	1.0	1.0	1.0	1.0	1.0	1.0	1.0	2.0	1.0	1.0	1.5	1.5	1.0	1.0	1.0	1.0	—	—	—	0.5	0.5	0.5
电缆沟 直埋电缆	0.8	1.0	1.2	1.2	1.0	1.2	0.8	1.0	0.6	0.8	0.5	0.5	0.5	0.8	0.8	0.8	0.8	0.8	0.5	0.5	0.5	—	0.5	0.5
电缆沟 电缆管道	0.5	0.5	0.5	0.5	0.8	0.8	0.8	0.8	0.8	0.6	0.5	0.5	0.5	0.8	0.8	0.8	0.8	0.8	0.5	0.5	0.5	—	—	—
通信电缆	0.5	0.5	0.5	0.5	0.8	1.0	0.5	0.8	0.5	1.0	0.5	0.5	0.5	1.0	1.0	1.0	1.0	1.0	0.5	0.5	0.5	0.5	—	—

注:
1. 表列间距均自管壁、沟壁或电力电缆穿防护设施的外缘或最外一层电缆算起。
2. 当热力管(沟)与电力电缆(沟)间距同满足不了本表规定时,应采取隔热措施,特殊情况下,可酌减且最多减少1/2。
3. 局部地段电力电缆穿管保护或加隔板后与给水管道、排水管道、压缩空气管道,与穿管通信电缆的间距可减少到0.5m,与穿管通信电缆的间距可减少0.1m。
4. 表列数据系按给水管在污水管上方制定的。生活饮用水给水管与污水管之间的间距应按本表数据增加50%;生产废水雨水管与给水管之间的间距可减少20%,与通信电缆之间的间距可减少20%,电力电缆之间的间距可减少0.5m。
5. 当给水管与排水管共同埋设的土壤为砂土类,且给水管的材质为非金属或非合成塑料时,给水管与排水管间同距不应小于1.5m。
6. 仅供采暖用的热力管(沟)与给水管、电力电缆及电缆沟之间的间距可减少20%,但不得小于0.5m。
7. 110kV级的电力电缆共同的热力沟与给水管、通信电缆与本表中各类管线按35kV数值增加50%。电力电缆距建筑物、构筑物的距离要求和电缆沟距建筑物、构筑物的距离要求相同。
8. 通信电缆管道同一水平敷设时,其间距可减至0.25m,但管道上部0.3m高度范围内,应用砂类土、松散土填实后再回填土。
9. 括号内为管径公称直径。
10. 表中"—"表示间距未作规定,可根据具体情况确定。
11. 氧气管与同一使用目的的乙炔管,其间距同本表,可根据具体情况确定。
12. 压力大于1.6MPa的燃气管道与其他管线之间的距离尚应符合现行国家标准《城镇燃气设计规范》(GB 50028)的有关规定。

表 3-3　地下管线与建筑物、构筑物之间的最小水平间距（m）

名称	给水管（mm）				排水管（mm）						热力沟（管）	燃气管压力 P（MPa）					压缩空气管	氢气管 乙炔管 氧气管	电力电缆（kV）	电缆沟	通信电缆
					清净雨水管			生产与生活污水管				低压	中压		次高压						
规格 间距	<75	75~150	200~400	>400	<800	800~1500	>1500	<300	400~600	>600		<0.01	B≤0.2	A≤0.4	B 0.8	A 1.6					
建筑物、构筑物基础外缘	1.0	1.0	2.5	3.0	1.5	2.0	2.5	1.5	2.0	2.5	1.5	0.7②	1.0②	1.5②	5.0②③	13.5②	1.5	—④⑤⑥	0.6⑦	1.5	0.5⑦
铁路（中心线）	3.3	3.3	3.8	3.8	3.8	4.3	4.8	3.8	4.3	4.8	3.8	4.0	5.0③	5.0③	5.0③	5.0③	2.5	2.5	3.0（10.0）⑪	2.5	2.5
道路	0.8	0.8	1.0	1.0	1.0	1.0	1.0	0.8	0.8	1.0	0.8	0.6	0.6	0.6	1.0	1.0	0.8	0.8	0.8⑧	0.8	0.8
管架基础外缘	0.8	0.8	1.0	1.0	1.0	1.2	1.2	0.8	1.0	1.0	0.8	0.8	0.8	0.8	1.0	1.0	0.8	1.0	0.5	0.8	0.5
照明、通信基础杆（中心）	0.5	0.5	0.8	0.8	0.8	0.8	0.8	0.8	0.8	0.8	0.8	0.6	0.6	0.6	1.0	1.0	0.8	0.8	0.5	0.8	0.5
围墙基础外缘	1.0	1.0	1.0	1.0	1.0	1.0	1.0	1.0	1.0	1.0	1.0	0.6	0.6	0.6	1.0	1.0	0.8	0.8	1.0②	1.0	0.8
排水沟外缘	0.8	0.8	1.5	1.5	1.5	1.5	1.5	1.2	1.5	1.5	1.2	1.0（2.0）⑨	1.0（2.0）⑨	1.0（2.0）⑦	1.0（5.0）⑦	1.0（5.0）⑨	1.2	1.9（2.0）⑧	1.0（4.0）⑪	1.2	0.8

注：
1. 表列间距除注明者外，管线均自管壁、沟壁或防护设施的外缘或最外一根电缆算起，为公路型时，道路为城市型时，自路面边缘算起；自路面边缘算起，为公路型时，自路肩边缘算起，电缆沟之间敷设管线。
2. 表列埋地管线与建筑物、构筑物基础的间距，均指埋地管道与建筑物、构筑物基础，应按土壤性质计算确定。
3. 当双柱式管架基础与建筑物、构筑物之间敷设管线，可适当缩小本表表列数值，但不得小于本表列数值。
4. 当压力大于1.6MPa的燃气管道与建筑物、构筑物间距离尚应符合现行国家标准《城镇燃气设计规范》（GB 50028）的有关规定。

① 为距建筑物外墙面（出地面处）的距离。
② 受地形限制不能满足要求时，在满足安全防护措施后，采取有效防护措施后，净距可以适当地缩小，且距建筑物外墙面不应小于1.0m，距建筑物外墙面不应小于6.5m，当建筑物外墙面不应小于11.9mm时，当壁厚度不小于9.5mm时，为距铁路路堤坡脚的距离。
③ 为距铁路路堤坡脚的距离。
④ 氢气管道，距有地下室的建筑物基础外缘和通行沟道外缘的水平间距为3.0m；距无地下室的建筑物基础外缘的水平距离为2.0m。
⑤ 乙炔管道，距有地下室的建筑物基础外缘和通行沟道外缘的水平间距为2.5m；距无地下室的建筑物外墙面小于3.0m。
⑥ 氧气管道，距有地下室的建筑物基础外缘和通行沟道外缘的水平距离为2.5m；距无地下室的建筑物基础外缘的水平间距为2.0m。
⑦ 中压管道建筑物、构筑物基础的稳定性，中压管道建筑物、构筑物外墙不应小于3.0m，其中当次高压A管采取有效安全防护措施或当管道埋深大于建筑物、构筑物基础深度时，中压管道采取安全防护措施或当地管道埋设管线。
⑧ 括号内数值适用于：氧气压力≤1.6MPa时，采用1.2m，（塔）的距离；与电杆、与氢气管道>1.6MPa时，采用2.0m。
⑨ 括号内的距离：氧气压力≤1.6MPa时，采用1.2m，（塔）的距离；氧气压力>1.6MPa时，采用2.0m。
⑩ 括号内数值为距离大于35kV电杆、与电杆（塔），括号内为氢气管道（塔）的距离。氧气压力>1.6MPa时，采用3.0m；氧气压力>1.6MPa时，采用2.0m。
⑪ 距离要求和电缆沟建筑物、构筑物的距离要求相同。通信电缆的距离应符合国家现行标准《城镇燃气设计规范》GB 50028 的有关规定。电力电缆排距建筑物、构筑物的距离要求和电缆沟建筑物、构筑物的距离要求相同。表中括号内数值为离高压直流电气化铁路路轨的距离，括号内数值指距离高速电气化铁路路轨的距离。

表3-4　有关规范规定的排水管、氧气管、乙炔管、热力管与地下管线之间的最小水平间距（m）

管线名称		排水规范（排水管）	锅炉房规范（热力管）	氧气站规范（氧气管）	乙炔站规范（乙炔管）	钢铁总图规范（排水管）	化工总图规范（排水管）	机械总图规范（排水管）	电力总图规范（排水管）	有色总图规范（排水管）	工业企业总平面设计规范（排水管）
给水管（mm）	≤200	1.5	1.5	0.8~1.5	0.8~1.5	1.0~1.5①	1.5②	1.5	1.5~3.0	1.5~3.0	0.8~2.0④
	>200	3.0	1.5	0.8~1.2	0.8~1.2	1.0~1.5⑤	—	1.5	—	5.0③	—
排水管		1.5	1.5	1.0	1.0	1.0	1.0	1.5	1.0	1.5	0.8~1.0
煤气管压力 P（MPa）	低压（$P<0.005$）	1.0	1.0	1.2	1.0	1.0	1.0	1.0	1.0	1.0	0.8~1.2
	中压（$0.005<P<0.2$）	1.5	1.0	1.5	1.5	1.5	1.5	1.0	1.0	1.0	0.8~1.2
	高压（$0.2<P<0.4$）	2.0	1.5	2.0	2.0	2.0	2.0	1.5	—	1.5	1.0~1.5
	特压（$0.4<P<0.8$）	5.0	2.0	2.5	2.0	—	—	—	—	2.0	1.2~2.0
	（$0.8<P<1.6$）	—	—			1.5	1.5	1.5	1.5	—	1.0~1.5
热力沟（管）		1.5	2.0	1.5	1.5	0.5~1.0	1.0	1.0	1.0	1.5	0.8~1.0
电信电缆		1.0	2.0	1.0	0.8~1.5	0.5~1.0	1.0	1.0	1.5	1.0	1.0~1.5
电缆沟		—	—	1.5	1.5	0.5~1.0	—	—	—	1.5	0.8~1.0
电力电缆		1.0	2.0	0.8~1.0	0.8~1.5	1.5	1.0	1.0	1.0	1.0	0.8~1.0
压缩空气管		1.5	1.0	1.5	0.8	1.5	1.5	1.5/1.0	1.5	1.5	0.8~1.2
氧气管		1.5	1.5	—	1.5	1.5	1.5	1.5	1.5	1.5	0.8~1.2
乙炔管		1.5	1.5	1.5	—	1.5	1.5	1.5	1.5	1.5	0.8~1.2

① 生活给水管>200mm时采用3.0m。

② 生活给水管与排水下水管间距3.0m。

③ 当给水管与排水管垂直间距>0.5m时采用5.0m。

④ 生活饮用水管与污水管之间的间距可增加50%。

⑤ 当管径>1000~1500mm时采用1.5m。

3. 旧区改造规划管线综合布置的要求

在旧区改造规划设计中，必须了解规划拆迁范围，对符合规范规定可利用的现状工程管线应结合规划予以保留。管径较小，无腐蚀损坏，且有较长管段与规划道路中心线平行的工程管线宜保留，可在规划道路位置允许情况下，另规划一条工程管线。对局部管段弯曲并满足容量要求，但无腐蚀损坏管线，应结合规划道路将弯曲管线调直，其余管线原段利用。

受道路宽度、断面以及现状工程管线位置等因素限制难以满足要求时，可采取如下措施：

① 重新调整规划道路断面或宽度；

② 在同一条干道上敷设同一类别管线较多时，宜考虑专项管沟敷设；

③ 规划建设不同类别工程管线统一敷设的综合管沟；

④ 经地方政府或规划行政主管部门同意根据实际情况采取充分的安全措施后可减少布置管道之间的间距。

4. 管线共沟敷设的原则与要求

（1）在下列情况下，宜将工程管线采用专项管沟、综合管沟集中敷设

① 交通运输十分繁忙和管线设施繁多的机动车道、城镇主干道以及配合兴建地下铁道、立体交叉等工程地段；

② 不允许随时挖掘路面的地段（如政治活动中心和外事活动中心）；

③ 广场和主要道路交叉口；

④ 道路下需同时敷设两种以上管道及多回路电力电缆的情况下；

⑤ 道路与铁路或河流的交叉处；

⑥ 道路宽度无法满足敷设所有工程管线。

（2）管线共沟敷设的原则

① 热力管道不应与电力、通信电缆和压力管道共沟。

② 排水管道应布置在沟底。当沟内有腐蚀性介质管道时，排水管线应位于其上面。

③ 腐蚀性介质管道的标高应低于沟内其他管线。

④ 火灾危险性属于甲、乙、丙类的液体，液化石油气、可燃气体、毒性气体和液体以及腐蚀性介质管道，不应共沟敷设，并严禁与消防水管共沟敷设。

⑤ 凡有可能产生互相影响的管线，不应共沟敷设。

（3）管线共沟敷设的要求

综合管沟内的工程管线应具有经济上和使用上的合理性。综合管沟内的规划设计工程管线相互无干扰的可放置在管沟的一个小室内，相互有干扰的应分别设在管沟内的不同小室内。

电信电缆与高压输电电缆线必须分开设置。

大管径给水管线和排水管线可利用综合管沟的一侧布置，排水管线必须布置在综合管沟内的底部。

敷设干线管道的综合管沟在机动车道下，其中覆土深度必须根据道路施工、行车荷载和综合管沟的结构强度以及当地的冰冻深度确定；敷设支线管道的综合管沟，在人行道、非机动车道下，其埋设深度可较浅。

综合管沟对路面、交通和人民生活影响、干扰较少，凡适宜建设综合管沟的地方应积极

创造条件规划建设综合管沟。

3.2.2 工程管线地上布置的原则与要求

城镇道路上架空杆线位置应结合道路规划横断面布置，必须保障交通和居民的安全以及杆线功能正常运行。

1. 应与场地环境及建筑等相协调

尽量不妨碍建筑物的自然采光和通风，并与建（构）筑物及其环境、空间相协调，兼顾场地的视线美化要求。

2. 不影响场地的交通并避免管线的损伤

架空管线跨越铁路、道路及主要人行道时，应结合道路远期规划横断面布置，其架设高度须保障交通和居民的安全及杆线的正常功能，避免地上管线遭受机械损伤。场地道路上方架空杆线宜设置在人行道上，距路缘石不大于1m的位置；在有分车带的三块板道路上，杆柱宜布置在分车带内。

对于场地内的高压架空线路，一般应在场地的边缘布置，尽量减少其长度，并不应跨越建筑物（特别是屋盖为易燃、可燃性材料的建筑）；否则，应采取可靠的安全措施。同时，亦不应沿着输电线路下面敷设煤气管道。

3. 妥善处理架空管线之间的矛盾

供电杆线与电讯杆线宜分别架设在道路两侧，而与同类的地下电缆位于道路同侧。

照明、供电、电车缆线等线路宜合杆架设，做到一杆多层，但要注意避免其功能上的相互干扰，必要时采取相应的防护措施。同一性质的线路宜合杆架设。

电信线路和供电线路一般不合杆架设。在特殊情况下要合杆架设的需征得电力、电信等有关部门同意，采取相应措施后（如电信线路采用电缆或绝缘皮线等），可合杆架设。同一性质的线路应尽可能合杆。城镇内部，特别是主要街道的电力、电信线路等应尽可能在地下埋设。

架空热力管线、燃气管线不宜与架空输电线、电气化铁路线交叉或在其下通过。

4. 远离易燃、可燃建筑物、构筑物和其他物体

架空主管线应远离火灾危险较大和腐蚀性较强的建筑。易燃、可燃液体及可燃气体管道不宜沿与其无关的建筑物内、外墙或屋顶敷设；不得靠近或穿越可燃材料的结构（如墙、柱、支架、屋顶等）；不得穿越可燃、易燃材料堆场。

5. 输送可燃介质的管线应避免对其他建（构）筑物等产生影响

不应在架空煤气管道下贮存和堆放易燃、易爆物品，或布置有人停留和操作的建筑（如办公室、休息室）及室外设施（如休闲绿地、室外活动场地、汽车库）等。

6. 工程管线跨河通过时，可采用管道桥梁或利用现状及新建桥梁进行架设。可燃、易燃工程管线不宜在交通桥梁上跨越河流。在已建的交通桥梁上可根据桥梁性质、结构强度敷设非可燃、易燃的工程管线，但应在符合有关部门规定的情况下加以考虑。工程管线随新建桥梁跨越河流时，工程管线规划应与新建桥梁设计相结合。管线穿越通航河流时，不论架空还是在河道下通过，均须符合航运部门的规定。

架空跨越不通航河流的工程管线，为保护结构外表面，与50年一遇的最高水位垂直净距不应小于0.5m，跨越重要河流时，还应符合河道管理部门有关规定和遵循各种工程管线技术规程和规范。

采用高支架跨越铁路、交通要道的工程管线其净高不应小于 6.0m，跨过公路时其净高不应小于 4.5m。

各种架空管线与建（构）筑物等的水平净距应符合表 3-5 的规定。工业企业参见表 3-6。

7. 采用低支架、管墩和管枕敷设的地面管线，应避开人流活动较集中的区域，并避免与人流、车流量较大的道路交叉。

表 3-5　架空管线之间及其与建（构）筑物的之间的最小水平净距（m）

名　　称		建筑物 （凸出部分）	道路 （路缘石）	铁路 （轨道中心）	热力 管线
电力	10kV 边导线	2.0	0.5	杆高加 3.0	2.0
	35kV 边导线	3.0	0.5	杆高加 3.0	4.0
	110kV 边导线	4.0	0.5	杆高加 3.0	4.0
电信杆线		2.0	0.5	4/3 杆高	1.5
热力管线		1.0	1.5	3.0	—

注：横跨道路或与无轨电车馈电线平行的架空电力线距地面应大于 9m。

表 3-6　管架与建（构）筑物之间的最小水平净距

建（构）筑物名称	最小水平净距（m）
建筑物有门窗的墙壁外缘或突出部分外缘	3.0
建筑物无门窗的墙壁外缘或突出部分外缘	1.5
道路	1.0
铁路中心线	3.75
人行道外缘	0.5
厂区围墙（中心线）	1.0
照明及通信杆柱（中心）	1.0

注：1. 表中间距除注明者外，管架从最外边线算起；道路为城市型时，自路面边缘算起，为公路型时，自路肩边缘算起。

2. 本表不适用于低架式、地面式及建筑物支撑式。

3. 液化烃、可燃液体、可燃气体介质的管线、管架与建筑物、构筑物之间的最小水平间距应符合国家现行有关设计标准的规定。

3.2.3　管线综合布置的原则

管线综合布置通常以总平面建筑布局为基础，又是场地设计的重要组成部分。管线综合布置也可以要求改变场地总平面中部分建筑物和道路等的布置，进而改善场地的总平面布局。因而，管线综合布置一般应遵循以下一些原则：

1. 应与场地总平面布置统一进行

（1）管线布置须与场地总平面的建筑、道路、绿化、竖向布置相协调

管线布置应尽量使管线之间及其与建（构）筑物之间，在平面和竖向关系上相协调，既要考虑节约用地、节省投资、减少能耗，又要考虑施工、检修及使用安全的要求，并不影响场地的预留发展用地。在合理确定管线位置及其走向的同时，尚应考虑与绿化和人行道的协调关系。

（2）与城市管线妥善衔接

根据各管网系统的管线组成，妥善处理好与城市管线的衔接问题。

（3）合理选择管线的走向

根据管线的不同性质、用途、相互联系及彼此之间可能产生的影响，以及管线的敷设条件和敷设方式，合理地选择管线的走向，力求管线短捷、顺直、适当集中，并与道路、建筑物轴线和相邻管线相平行，尽量缩短主干管线的敷设长度，以减少管线运营中电能、热能的长期消耗。同时，干管宜布置在靠近主要用户及支管较多的一侧。

（4）尽量减少管线的交叉

尽量减少管线之间以及管线与道路、铁路、河流之间的交叉。当必须交叉处理时一般宜为直角交叉，仅在场地条件困难时，可采用不小于45°的交角，并应视具体情况采取加固措施等。

（5）管线布置应与场地地形、地质状况相适应

管线线路应尽量避开塌方、滑坡、湿陷、深填土等不良地质地段。沿山坡、陡坎和地形高差较大地面布置管线时，宜尽量利用原有地形，并注意边坡隐定和防止冲刷。

2. 合理布置有关的工程设施，处理好近远期建设的关系

（1）避免管线附属建（构）筑物之间的冲突

管线附属构筑物（如补偿器、阀门井、检查井、膨胀伸缩节等）应交错布置、避免冲突，并尽量减少检查井的数量，节约建设用地。有条件时，可利用建（构）筑物物凸出部分两侧布置管线。当架空管线较多时，应尽可能共杆架设，并从场地景观出发尽量采用地下埋设，合理利用地上、地下空间。在地下管线较多、用地狭小的场地，应将允许同沟敷设的管线采用合槽、共沟或综合管沟等形式布置。

（2）处理好管线工程的近远期建设

分期建设的场地，管线布置应全面规划、近期为主、集中建设、近远期相结合；近期管线穿越远期用地时，不得影响远期用地的使用。

（3）合理布置改建、扩建工程的管线

改建、扩建工程的管线布置，须注意新增管线不应影响原有管线的使用，并满足施工和交通运输的要求。当间距不能满足要求时，应采取有效防护措施（如施工采用挡板、加设套管等）。在安全可靠的前提下，也可根据具体情况适当缩小其间距。

3. 处理好管线综合的各种矛盾

管线综合布置过程中，当管线在平面或竖向发生矛盾时，一般应按下列原则处理：

① 压力管线让重力自流管线；

② 可弯曲管线让难弯曲或不易弯曲管线；

③ 分支管线让主干管线；

④ 小管径管线让大管径管线；

⑤ 临时性的让永久性的；

⑥ 施工工程量小的让工程量大的；

⑦ 新建的让原有的；

⑧ 检修次数少的、方便的，让检修次数多的、不方便的。

此外，电力与电信管线宜远离布置，可按照电力电缆在道路东侧、南侧，电信电缆在道

路西侧、北侧的原则布置。

4. 有特殊要求的管线布置应考虑相应措施

（1）含有腐蚀、剧毒介质的污水管线

例如含有汞、砷、酚、有机铅、氯乙烯及各种酸碱等的管线，应防止渗漏，远离生产和生活给水管，并使其标高尽量低于其他管线。遇到松软土壤时，应作适当处理，以防止不均匀沉降而使管线断裂。

（2）给水管及有压力的排水管

这种管线的破裂会冲刷邻近建（构）筑物物基础，其与建（构）筑物物之间的净距应根据管线位置和管内水压等具体情况决定。

（3）氧气、乙炔、氢气管线

须考虑其泄漏对其他管线的干扰，应适当加大间距，并不应将其布置在密闭的管沟内，以防止泄漏而形成爆炸性气体或中毒事故。

（4）高温管线

热力等埋地高温管线，应与电力电缆、燃气管线、冷却用水管线等保持一定的净距；不得已而必须交叉时，须在交叉处采取局部隔热措施。

（5）输送腐蚀性介质的管线

这类管线应尽量集中，若采用架空敷设时，宜支撑在专用的管架上；当与其他管线共用管架时，该类管线应布置在其他管线最下方和管架的边侧，其下部不应再敷设其他管线。

5. 管线净距不符合规定时所采取的措施

① 当热力管（沟）与电力电缆沟的水平净距不能满足规定时，应采取隔热措施，以防电缆过热，可缩小间距，但不得小于 0.5m。

② 局部地段电力电缆穿管保护或加隔板后，与给水管、排水管、压缩空气管的水平净距，可减少到 0.5m。

③ 当压缩空气管平行敷设在热力管沟基础上时，水平净距可减少到 0.15m。

④ 电缆与直流电力机车牵引铁路钢轨之间的净距，不能满足 10m 要求时，应将电缆穿入管中或采取其他防腐措施。

⑤ 当给水管道敷设于套管中时，给水管道至建筑物、构筑物基础间距可减少。

⑥ 在改建、扩建工程中，特殊困难情况下，经与有关单位协商后，可考虑管线的重叠敷设，但应使重叠处管线最短，将检修次数多的、埋设浅的、管径小的敷设在上面。

⑦ 当管线间距不能满足要求时，施工时可采用挡板措施。

⑧ 压缩空气管与氧气管或乙炔管在接近同一标高时，水平净距可减少到 0.25m。

3.3　场地管线综合规划的技术术语

（1）压力管线：指管道内流体介质由外部施加力使其流动的工程管线。

（2）重力自流管线：指管道内流动着的介质由重力作用沿其设置的方向流动的工程管线。

（3）可弯曲管线：通过某些加工措施易于弯曲的工程管线。

（4）不易弯曲管线：通过某些加工措施不易弯曲的工程管线。

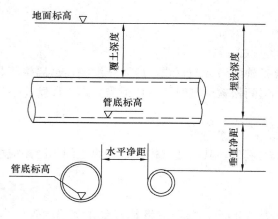

图 3-1 管线敷设术语示意图

（5）管线水平净距：指水平方向敷设的相邻管线外表面之间的水平距离。

（6）管线垂直净距：两个管线上下交叉敷设时，从上面管道外壁最低点到下面管道外壁最高点之间的垂直距离。

（7）管线埋设深度：从地面到管道底（内壁）的距离，即地面标高减去管底标高，如图 3-1 所示。

（8）管线覆土深度：指地面到管道顶（外壁）的距离，如图 3-1 所示。

（9）同一类别管线：指相同专业，且具有同一使用功能的工程管线。

（10）不同类别管线：指具有不同使用功能的工程管线。

（11）专项管沟：指敷设同一类别工程管线的专用管沟。

（12）综合管沟：指敷设不同类别工程管线的专用管沟。

3.4　场地管线综合平面布置

场地管线综合平面布置按设计阶段分为管线综合初步设计和管线综合施工设计。

3.4.1　场地管线综合初步设计

场地管线综合初步设计，是在总平面布置图（建筑物、构筑物、铁路、道路定位图）的基础上，用各种管线的表示符号，将其走向、排列、间距及转点相互位置表示出来。

图中为了突出管线起见，一般常用较粗的实线表示管线，用较细的实线表示建（构）筑物、铁路、道路。在管线综合布置较复杂的地段或具有代表性的地段，为了更明确地表示设计意图，必要时应绘制有关地段的断面图。

管线的种类很多，很难用变化不多的几种线条图例，把全部管线分别表示出来，因此在设计中采用线条上标注字母或在线条上标注字母和数字的图例来表示各种具体的管线，见表 3-7。这些图例符号各专业有相应的规定或习惯标注方法，设计中应按本单位有关规定和习惯标注方法执行。对于一项工程或一个设计项目各专业所用的管线图例应当一致。

表 3-7　管线图例

管　线　名　称		图　　例	说　　　明
给水		J	
排水	雨水	Y	
	污水	W	
电力		L	
热力		R	
通信		I	
燃气		G	

管 线 名 称	图 例	说 明
蒸汽管	—— Z ——	
煤气管	—— M ——	
压缩空气管	—— YS ——	
氧气管	—— YQ ——	
氮气管	—— DQ ——	
氢气管	—— QQ ——	
氩气管	—— YA ——	
氨气管	—— AQ ——	
沼气管	—— ZQ ——	
乙炔管	—— Y₁ ——	
二氧化碳管	—— E ——	
雨水口	1. ▭ 2. ▭ 3. ▭	1. 雨水口 2. 原有雨水口 3. 双落式雨水口
消火栓井	—⊘—	

由于管线综合初步设计图是施工放线的依据，同时在设计和施工方面还起着全面地组织管理工作的作用，所以在绘制过程中，管线综合人员与专业管线人员之间的资料往返、相互协商、综合平衡的工作量很大。具体的绘制程序分以下几步：

（1）管线综合人员首先将总平面布置图，分别提供给各有关的管线专业。该总平面布置图，可以是正式确定的初步设计总平面布置图，最好是总平面布置图（建筑物、构筑物、铁路、道路定位图）。对于其变动较小，精度较高的总平面布置图，宜作各管线专业布置管线的资料图。

（2）各管线专业，在接到由管线综合专业所提供的总平面布置图后，应将本专业所设计的管线及其有关附属的重要设备，根据技术要求和合理的敷设方式，结合总平面布置的具体情况布置在该图上。该图可以按管线专业分别绘制，也可以按某一种管线分别绘制。对于管线在敷设上的特殊要求应明确表示。绘制时要尽可能考虑到管线综合时，对自己布置的管线将会有何影响。各管线专业把这张布置有本专业设计的管线图（或管网图）作为综合管线的原始资料之一，返回给管线综合专业，以便进行各种管线的综合布置。

（3）根据管线综合布置的原则和具体技术要求，管线综合专业进行初步的管线综合布置。把各管线专业提供来的所有管线，布置在一张平面图上。然后将经过综合布置的图再返给各有关的管线专业。再由各有关的管线专业审查本专业所负责设计的管线，经过管线综合专业综合后，是否仍然满足其技术要求。如果按管线综合专业提出的管线综合布置图，设计本管线专业的管线没有问题，能满足其技术要求，就应该服从管线综合布置，初步为本专业的管线确定走向、位置等，准备进行该管线的施工设计。如果按管线综合专业设计的管线综合布置图来设计本管线专业的管线，不能满足其有关的技术要求，就应该向管线综合专业提出具体问题和理由进行协商。

由于管线综合专业在管线综合时，对各种管线之间出现的矛盾用"几让"的原则处理。"让"了的管线，在某些管段或某些技术条件上，可能产生不合理或者不能满足其基本的技术要求。因此这个阶段的管线综合工作，需要多次征求意见，反复研究，协商处理。当问题较多，且涉及面较广时，则需要经过工程负责人，由管线综合专业召集各有关管线设计人员的综合平衡会议来解决。反复协商的最终结果，总图专业提出各管线专业都同意的管线综合方案。据此方案各管线专业应按要求设计各自的管线施工图。

（4）管线综合专业根据各管线专业都同意的管线综合方案，进行干管线控制点的定位计算。该定位计算不包括铁路、道路的定位、如需要铁路、道路的位置坐标时，可查阅有关部分的定位图。

3.4.2 场地管线综合施工设计

场地工程管线施工图是根据各管线专业都同意的管线综合初步设计图进行管线的定位计算，及部分点的检算，该定位计算不包括铁路、道路定位，需要铁路、道路的位置坐标时可查阅有关部分定位图。

3.4.2.1 管线定位

定位计算就是确定各种管线的起点、终点、转点、支架以及管线的附属设备、设施等的坐标。如上水管的起点（或连接点）、阀门井、转点、通入建筑物的终点等；下水管的起点（或者由建筑物引出下水管的点）、检查井（或雨水篦井）、流出场区或排入总干管的连接点，以及与其他地下管线、铁路、道路的交叉点等；煤气管的起点（或连接点）、管架、转点、进入车间（或建筑物）的终点等；输电线路的接点、杆（或塔）、进出建筑物的点。

管线的定位计算，具体情况较多，方法灵活，归纳起来大致有以下几种：

（1）从某一起点开始，该点坐标已定。根据管线与其附近两侧的建（构）筑物、铁路、道路之间的相互平行关系，计算管线上有关点的坐标，如图 3-2 所示。图中煤气管的起始管架坐标确定后，再定煤气管与建筑物之间的平行间距为 10.0m，计算确定 3002、3003、3004 等煤气管架的坐标。

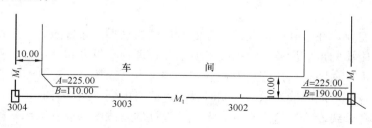

图 3-2　根据与建筑物平行关系计算管线的坐标点

（2）从某一起点开始，该点坐标已定。根据管线上最接近建（构）筑物、铁路、道路的转点与该建（构）筑物、铁路、道路的间距要求，计算管线上有关点的坐标，如图 3-3 所示。图中高压架空线的起始电杆坐标确定后，再定最接近建筑物的电杆距建筑物为 5.0m，计算确定 5002、5003 等电杆的坐标。

（3）从某一起点开始，该点坐标已定。根据建（构）筑物、铁路、道路最突出的点，与

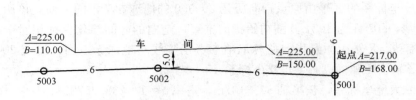

图 3-3　根据最接近建筑物的转点计算管线的坐标点

管线最接近的间距要求，计算管线上有关点的坐标，如图 3-4 所示。该图中生产下水管起始下水井坐标确定后，再定建筑物最突出的点与该生产下水管之间的最接近距离为 5.0m，计算确定 2002 等下水井的坐标。也可以假定 2002 点的坐标，试算建筑物最突出的点与管段最接近的间距，直至满足要求为止。

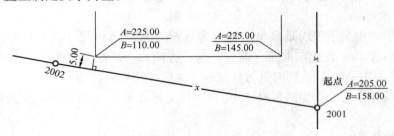

图 3-4　根据与建筑物最突出点接近距离计算管线的坐标点

3.4.2.2　常用坐标系统简介

（1）1954 北京坐标系

1954 北京坐标系属参心大地坐标系，采用克拉索夫斯基椭球参数，长半轴 $a=6378245m$，扁率 $\alpha=1:298.3$。大地原点是苏联的普尔科沃天文台，大地点高程以 1956 年青岛验潮站求出的黄海平均海水面为基准。

（2）1980 西安坐标系

1980 西安坐标系属参心大地坐标系，数值采用 1975 年国际大地测量与地球物理联合会第 16 届大会的推荐值，长半轴 $a=6378140m$，扁率 $\alpha=1:298.257$。大地原点在我国中部地区，推算坐标的精度比较均匀，位于陕西省泾阳县永乐镇，在西安市以北 60km，可简称西安原点。大地点高程以 1956 年青岛验潮站求出的黄海平均海水面为基准。

（3）WGS84 大地坐标系

WGS84 坐标系是一种国际上采用的地心坐标系。坐标原点为地球质心，其地心空间直角坐标系的 Z 轴指向 BIH（国际时间服务机构）1984.0 定义的协议地球极（CTP）方向，X 轴指向 BIH 1984.0 的零子午面和 CTP 赤道的交点，Y 轴与 Z 轴、X 轴垂直构成右手坐标系，称为 1984 年世界大地坐标系统。这是一个国际协议地球参考系统（ITRS），称为 1984 年世界大地坐标系。

WGS84 坐标系，长轴 6378137.000m，短轴 6356752.314m，扁率 $\alpha=1:298.257223563$。

（4）2000 国家大地坐标系

国家大地坐标系的定义包括坐标系的原点、三个坐标轴的指向、尺度以及地球椭球的 4 个基本参数的定义。2000 国家大地坐标系的原点为包括海洋和大气的整个地球的质量中心；

2000 国家大地坐标系的 Z 轴由原点指向历元 2000.0 的地球参考极的方向，该历元的指向由国际时间局给定的历元为 1984.0 的初始指向推算，定向的时间演化保证相对于地壳不产生残余的全球旋转，X 轴由原点指向格林尼治参考子午线与地球赤道面（历元 2000.0）的交点，Y 轴与 Z 轴、X 轴构成右手正交坐标系。

2000 国家大地坐标系，长半轴 6378137m，扁率 $a=1：298.257222101$。

（5）高斯平面直角坐标系

为了方便工程的规划、设计与施工，我们需要把测区投影到平面上来，使测量计算和绘图更加方便。而地理坐标是球面坐标，当测区范围较大时，要建平面坐标系就不能忽略地球曲率的影响。把地球上的点位换算到平面上，称为地图投影。地图投影的方法有很多，目前我国采用的是高斯-克吕格投影（又称高斯正形投影），简称高斯投影。它是由德国数学家高斯提出的，由克吕格改进的一种分带投影方法。它成功解决了将椭球面转换为平面的问题。

此坐标系中：中央子午线是纵坐标轴，为 X 轴，并规定向北（向上）为正方向；赤道是横坐标轴，为 Y 轴，并规定向东（向右）为正方向；两轴的交点为坐标原点；角度从纵坐标轴（X 轴）的正向开始按顺时针方向量取，象限也按顺时针编号。

在工程测量和施工中，我国普遍使用的是 1954 北京或 1980 西安的高斯投影平面直角坐标系。

（6）施工坐标系

施工坐标系亦称建筑坐标系，其坐标轴与主要建筑物主轴线平行或垂直，以便用直角坐标法进行建筑物的放样。施工坐标系的纵轴通常用 A 表示，横轴用 B 表示，施工坐标也称 A、B 坐标。施工坐标系的 A 轴和 B 轴与厂区主要建筑物或主要道路、管线方向平行。坐标原点设在总平面图的西南角，使所有建筑物和构筑物的设计坐标均为正值。施工坐标系与国家测量坐标系之间的关系，可用施工坐标系原点的测量系坐标来确定。在进行施工测量时，上述数据由勘测设计单位给出。施工坐标系与测量坐标系往往不一致，因此，施工测量前常常需要进行施工坐标系与测量坐标系的坐标换算。

3.4.2.3　管线的坐标计算法

第一种是用相对关系定位。先选定一个施工放线的基准，一般是场区内已有的建（构）筑物及其某一固定点，如某建筑物的一个外墙角点。确定设计的管线与该基准点的相对关系，如确定与已有的建筑物的相对关系。

第二种是直接采用原地形图上的测量坐标系统，确定设计的管线的测量坐标。该方法不需要建立新的坐标系统，不出现坐标系统的换算，但因为一般情况下设计的建（构）筑物的纵轴、铁路、道路、管线与测量坐标轴不一定是垂直或平行关系，计算复杂且工作量大，所以不常采用。只有在设计的建（构）筑物、铁路、道路、管线与测量坐标轴正好是垂直或平行关系时才采用。

第三种是建立新的施工坐标系统，确定管线的施工坐标。该方法计算简单，但与外部坐标系统间需要换算。一般情况下这种坐标系统的换算次数较少，所以普遍采用。

以上三种方法，在施工放线时，也是第一种和第三种方法比较方便，尤其是第三种方法对于大中型工程项目显得更优越。因此这里以第三种为基础方法介绍坐标计算。

1. 施工坐标系统的建立与坐标换算

新建立的施工坐标系统的坐标轴要与大多数建（构）筑物的纵轴、铁路、道路管线等保持垂直或平行。要使全部建（构）筑物、铁路、道路管线等处于一个象限内。

x，y 表示测量坐标网，x 为南北方向轴线，x 的增量在 x 轴线上；y 为东西方向的轴线，y 的增量在 y 轴线上。

A，B 表示施工坐标网，A 轴相当于测量坐标网的 x 轴线，B 轴相当于测量坐标网中的 y 轴线。

坐标系统的换算公式，一般有两种：

第一种，如图 3-5（a）所示。当 A、B 坐标系统按 x，y 坐标系统顺时针转 θ 角，则由 x，y 坐标系统换算为 A、B 坐标系统（即已知 P 点在 x，y 坐标系统中的坐标 x_p、y_p，求 P 点在 A、B 坐标系统中的坐标 A_p、B_p）的公式：

$$A_P = \Delta x\cos\theta + \Delta y\sin\theta = (x_p - x_0)\cos\theta + (y_p - y_0)\sin\theta \tag{3-1}$$

$$B_P = \Delta y\cos\theta - \Delta x\sin\theta = (y_p - y_0)\cos\theta - (x_p - x_0)\sin\theta \tag{3-2}$$

反之由 A、B 坐标系统换算为 x，y 坐标系统（即已知 P 点在 A、B 坐标系统中的坐标 A_p、B_p，求 P 点在 x，y 坐标系统中的坐标 x_p、y_p）的公式：

$$x_p = x_0 + \Delta x = x_0 + A_p\cos\theta - B_p\sin\theta \tag{3-3}$$

$$y_p = y_0 + \Delta y = y_0 + B_p\cos\theta + A_p\sin\theta \tag{3-4}$$

第二种，如图 3-5（b）所示。当 A、B 坐标系统按 x，y 坐标系统逆时针转 θ 角，则由 x，y 坐标系统换算为 A、B 坐标系统（即已知 P 点在 x，y 坐标系统中的坐标 x_p、y_p，求 P 点在 A、B 坐标系统中的坐标 A_p、B_p）的公式：

$$A_P = \Delta x\cos\theta - \Delta y\sin\theta = (x - x_0)\cos\theta - (y - y_0)\sin\theta \tag{3-5}$$

$$B_P = \Delta y\cos\theta + \Delta x\sin\theta = (y - y_0)\cos\theta + (x - x_0)\sin\theta \tag{3-6}$$

反之由 A、B 坐标系统换算为 x，y 坐标系统（即已知 P 点在 A、B 坐标系统中的坐标 A_p、B_p，求 P 点在 x，y 坐标系统中的坐标 x_p、y_p）的公式：

$$x_p = x_0 + \Delta x = x_0 + A_p\cos\theta + B_p\sin\theta \tag{3-7}$$

$$y_p = y_0 + \Delta y = y_0 + B_p\cos\theta - A_p\sin\theta \tag{3-8}$$

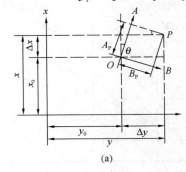 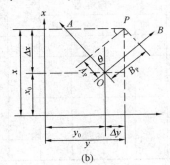

(a)   (b)

图 3-5 坐标系统换算

2. 坐标标注法

以绝对坐标定位时坐标的标注方法一般有三种。一种是在管线少，且不复杂，图的比例大的情况下，把坐标数值或相对关系数值直接标注在图上，如图 3-6 所示。另一种是在管线较多，且复杂，图的比例又小的情况下，图面上只标坐标点的编号，而将具体坐标数值，另外列表（即管线坐标计算表）标注。该表的格式，见表3-8。第三种情况是介于两者之间，管线较多，图的比例足够的情况下，用线坐标标注法在管线的水平和垂直方向分别标注出坐标，如图3-7所示。

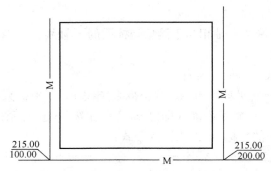

图 3-6　管线坐标的直接标注法

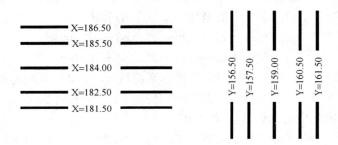

图 3-7　管线坐标的线标注法

以相对坐标定位时，应以建筑物外墙线或轴线作为定位起始基准线，标注管道与该基准线的距离。

表 3-8　管线坐标计算表

序号	管线名称	坐标编号	方向角				线长	增减数值				坐标数值				备注
			方向	度	分	秒		±	ΔA	±	ΔB	±	A	±	B	

计算者：　　　　　　　　　　　　校对者：

编号的方法一般有两种，其一是分别对每一种管线依次连续编号，例如上水管 1，2，3，…，下水管 1，2，3，…，煤气管 1，2，3，…。此种方法虽然比较简单，但不能从一个号值上直接判断是哪一种或哪一条管线上的点。

其二是整个图上坐标点统一编号。一种管线上的坐标点用一个数字开头依次连续编号，例如上水管用1001，下水管用2001，煤气管用3001开头编号。表示管线种类的数目字和表示管线上坐标点的数值位数，保证全部管线和各管线上的全部坐标点，都能编得下且有一定的富余号数。管线综合开始，首先应将各种管线的图例及统一编号的起点号数明确规定下来，供设计中各专业统一使用，见表3-9，这样的编号方法，对所有的每一个坐标点的编号在数值上没有重复，便于直接查找，不容易造成混乱，但数值比较大，位数也比较多。

表 3-9　管线图例及编号起点

管线名称	图例	编号起点
生产上水管	S_1	1001
生活上水管	S_2	1101
生产下水管	X_1	2001
生活下水管	X_2	2101
生产、雨水下水管	X_7	2201
高炉煤气管	M_1	3001
蒸汽管	Z	4001
高压架空线	6	5001
电缆沟	6	6001

3.4.3　场地管线综合部分点的检算

定位计算过程中，管线与管线、管线与建（构）筑物、铁路、道路之间所有各点间的净距，不全是计算确定并标注的。计算确定的或者标注的只是管线定位中的特征点或控制点。对于一些被怀凝净距不符合要求的点，为了防止错误，需进行检算。

1. 埋深不相同的管道之间的水平净距检算

（1）无支撑时，如图3-8所示，两管道之间水平净距按下式计算：

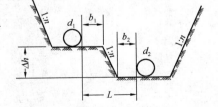

$$L = \Delta h n + B \qquad (3-9)$$

式中　L——两管道之间的水平净距，m；

　　Δh——两管道沟槽槽底之间的高差，m；

　　n——沟槽边坡的最大坡度，见表3-13；

图 3-8　无支撑时地下管道的水平净距

　　B——检算时所取两管道施工宽度之和（$B = b_1 + b_2$），其数值见表3-14。

（2）采用支撑加固沟壁时，两管道之间的水平净距，见表3-15。

2. 管线与建（构）筑物基础之间的水平净距检算

（1）管道埋深低于建（构）筑物基础底面时，如图3-9所示。其水平净距按下式计算：

$$L = \frac{H - h}{\mathrm{tg}\varphi} + b \qquad (3-10)$$

式中　L——管道与建筑物基础之间的水平净距，m；

H——管道埋设深度，m；

h——建筑物基础埋设深度，m；

φ——土壤内摩擦角，见表3-10，度（°）；

b——检算时所取管道施工宽度，见表3-11，m。

并把 L 值与水平距离表作比较，采用其较大值。

（2）管线埋深高于建（构）筑物基础底面时，如图3-10所示。其水平净距按下式计算：

$$L = A + nH + b \tag{3-11}$$

式中　L——管道与建（构）筑物之间的水平净距，m；

A——安全用地宽度，一般大于或等于建筑物护坡宽度，m；

n——沟槽边坡的最大坡度，见表3-13；

H——管道埋设深度，m；

b——检算时所取管道施工宽度，见表3-11，m。

并把 L 值与水平净距离表作比较，采用其较大值。

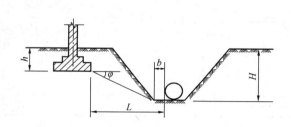

图3-9　管道埋深低于建（构）筑物基础底

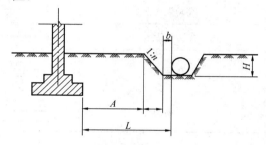

图3-10　管道埋深高于建（构）筑物基础底

表3-10　土壤内摩擦角 φ 值（度）

土壤种类		流动性	塑性	硬性
黏土类	黏土	12	25	37
	重亚黏土	15	28	40
	亚黏土	20	32	40
	粉质亚黏土	10	20	30
砂土类	亚砂土	15～18	20～25	22～27
	粉砂及粉质亚砂土	18～22	22～25	27～33
	细砂	22～28	25～30	27～33
	中砂	25～28	27～30	30～33
	粗砂及砂砾	30～35	30～35	33～37
	砾石及卵石	40	40	40
粉砂土	软泥	10	18	30
	软泥质土壤	12	20	30
	黄土	25	30	—
	黄土型亚黏土	25	30	—

土壤种类		流动性	塑性	硬性
有机质土壤	泥炭土壤	15	20	30
	疏松植物质土	—	33	40
	密实植物质土	—	33	40

表 3-11　管道施工宽度 b（m）

管径（mm）	b 值
100~300	0.4
350~450	0.5
500~1200	0.6

（3）对于埋深大的工程管线至铁路最小水平距离，应按下式计算成净距并与表 3-3 水平距离数值比较，采用其较大值，如图 3-11 所示。

$$L = 1.25 + h + a/2 \geqslant 3.75 \tag{3-12}$$

式中　L——管中心至铁路中心水平距离，m；

　　　h——枕木底至管道底深度，m；

　　　a——开挖管沟宽度，m，见表 3-12。

表 3-12　深度在 1.5m 以内的沟底宽度（m）

管径（mm）	铸铁管、钢管、石棉水泥管	钢筋混凝土管、混凝土管	陶土管
100~200	0.7	0.9	0.8
250~350	0.8	1.0	0.9
400~450	1.0	1.3	1.1
500~600	1.3	1.5	1.4
700~800	1.6	1.8	
900~1000	1.8	2.0	—
1100~1200	2.0	2.3	—
1300~1400	2.2	2.6	

注：1. 当沟槽深度为 2.0m 以内及 3.0m 以内并有支撑时，沟底宽度分别增加 0.1m 及 0.2m；深度超过 3.0m 的沟槽，每加深 1.0m，沟底宽应增加 0.2m。当沟槽为板柱支撑，沟深 2.0m 以内及 3.0m 以内时，其沟底宽度应分别增加 0.4~0.6m。

2. 机械开挖沟槽时，沟底宽度应根据挖土机械的切削尺寸而定。

3. 对于现场浇筑或拼装的混凝土、钢筋混凝土沟渠、砖砌的沟渠及综合安装时的管道沟底宽度，应由施工组织设计确定。

（4）对于埋深大的工程管线至城市型道路最小水平距离，应按下式计算折算成净距并与水平距离表中的数值比较，采用其较大值，如图 3-12 所示。

$$L = m\Delta h + a/2 \tag{3-13}$$

式中　L——管中心至城市型道路的水平距离，m；

　　　a——开挖管沟宽度，m，见表 3-12；

　　　Δh——管沟底与路面之间的高差，m。

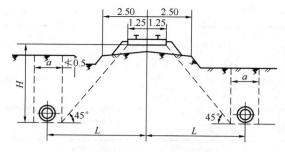

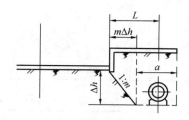

图 3-11　埋深大的工程管线至铁路最小水平距离　　　图 3-12　埋深大的工程管线至城市型
道路最小水平距离

表 3-13　沟槽边坡的最大坡度

土壤名称	边坡坡度 1：n		
	人工挖土并将土抛于沟边上	机械挖土	
		在沟底挖土	在沟边上挖土
砂土	1：1.00	1：0.75	1：1.00
亚砂土	1：0.67	1：0.50	1：0.75
亚黏土	1：0.50	1：0.33	1：0.75
黏土	1：0.33	1：0.25	1：0.67
含砾石、卵石土	1：0.67	1：0.50	1：0.75
泥炭岩、白垩土	1：0.33	1：0.25	1：0.67
干黄土	1：0.25	1：0.10	1：0.33

注：1. 在无地下水的天然湿度的土中开挖沟槽时，如深度不超过下列规定，沟壁可不设边坡：

　　（1）堆填的砂土或砾石土　1.00m；

　　（2）亚砂土或亚黏土　1.25m；

　　（3）黏土　1.50m；

　　（4）特别坚实的土　2.00m。

　　若土壤构造均匀其开挖沟槽深度超过上述规定且在 5.0m 以内时，沟壁最大允许坡度要符合本表规定。

2. 如果人工挖土不把土抛于沟槽边上而随时把土运往弃土场时，边坡坡度应采用机械在沟底挖土一栏的数据。

3. 表中砂土不包括细砂和粉砂；干黄土不包括类黄土。

4. 在个别情况下，如有足够资料和经验或采用多斗挖土机，均可不受本表限制。

5. 距离沟边 0.8m 以内，不应堆置弃土和材料，弃土堆置高度不应超过 1.5m。

表 3-14　管道施工宽度 b (m)

管径（mm）		b 值
d_1（标高在上的管线）	d_2（标高在下的管线）	
200～300	200～300	0.7
200～300	350～450	0.8
200～300	500～1200	0.9
350～450	200～300	0.8
350～450	350～450	0.9
350～450	500～1200	1.0

续表

管径（mm）		b 值
d_1（标高在上的管线）	d_2（标高在下的管线）	
500～1200	200～300	0.9
500～1200	350～450	1.0
500～1200	500～1200	1.1

表 3-15　采用支撑加固沟壁时两管道之间水平净距（m）

管径（mm）	200～300	350～450	500～1200
200～300	0.85	0.95	1.05
350～450	0.95	1.05	1.15
500～1200	1.05	1.15	1.25

3. 管线上的个别点，如检查井、下水井、电线杆塔、建（构）筑物突出部分的角点等，与其他管线、建（构）筑物、铁路、道路的直线段或曲线段，水平净距的检算。

（1）一点与一直线间的水平净距检算，如图 3-13 所示。图中建筑物突出部分的角点 K，距管线 AB 段（A、B 分别为下水道的检查井）的水平净距检算。

检算方法之一是先从建（构）筑物、铁路、道路定位图上查得 K 点的坐标（A，B）。再从管线定位计算中可知检查井 A 的坐标（A_1、B_1）和管段 AB 的方向角，或者检查井 B 的坐标

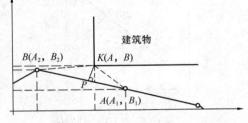

图 3-13　一点与一直线间水平净距检算

（A_2、B_2）和管段 AB 的方向角。从而可计算出建筑物突出部分的角点 K 距管线 AB 段的水平净距。

检算方法之二是先从建（构）筑物、铁路、道路定位图上查得 K 点的坐标（A，B）。再从管线定位计算中可知检查井 A 的坐标（A_1，B_1）和检查井 B 的坐标（A_2，B_2）。计算出管段 AB 的方向角后，从而进一步可计算出建筑物突出部分的角点 K 距管段 AB 的水平净距。

管线上坐标点的检算方法如下：

解法为：已知一条直线，与 C 点（x_1，y_1），求这点到直线的垂直距离，如图 3-14 及图 3-15 所示。

第一种解法，如图 3-14 所示。在该图的三角形 ADC 中：

$$x_1 - x_2 = \Delta x$$

$$y_1 - y_2 = \Delta y$$

$$\theta_1 = \text{arctg} \frac{\Delta y}{\Delta x}$$

所以可得垂直距离 $L = CD$，即：

$$L = \sqrt{\Delta x^2 + \Delta y^2} \sin(\theta_1 - \theta_2) \tag{3-14}$$

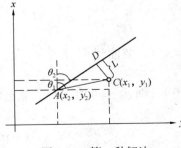

图 3-14　第一种解法

第二种解法，如图 3-15 所示。若表示直线的是两个点的坐标 $A(x_2,y_2)$、$B(x_3,y_3)$，从该图中可得：

$$x_1 - x_2 = \Delta x$$

$$y_1 - y_2 = \Delta y$$

$$\theta_1 = \text{arctg} \frac{y_1 - y_2}{x_1 - x_2}$$

$$\theta_2 = \text{arctg} \frac{y_3 - y_2}{x_3 - x_2}$$

所以可得垂直距离 $L = CD$，即：

$$L = \sqrt{\Delta x^2 + \Delta y^2} \sin(\theta_1 - \theta_2) \tag{3-15}$$

（2）一点与圆曲线之间的水平净距检算，如图 3-16 所示。图中铁路曲线段旁边的一雨水井 P，距铁路曲线的水平净距检算。

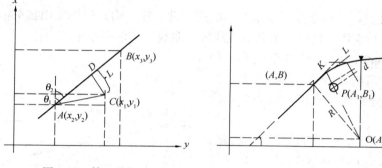

图 3-15　第二种解法　　　　图 3-16　一点与圆曲线间水平净距检算

检算方法是先从建（构）筑物、铁路、道路定位图上查得铁路曲线的任一切线方向角和其上的切点坐标 (A, B)，曲线半径 R。再从管线定位计算中可知雨水井 P 的坐标 (A_1, B_1)。从而可计算圆心 O 的坐标 (A_0, B_0)，连接 OP 且与圆曲线交于一点 K。再计算出 OP 长，进一步计算出雨水井 P 距铁路曲线的水平净距 PK 长。其实际的水平净距 L 应按下式计算：

$$L = R - OP - d$$

式中　　d——为雨水井之半径，若雨水井为矩形或方形，如图 3-17 所示，可查得此矩形或方形的具体尺寸，按最接近曲线的点计算，以此检算。但一般不必这样精确，而只是取矩形或方形的对角线长之半等于 d 值既可，精度符合一般工程要求。

若雨水井在铁路曲线外侧，则 L 应按下式计算：

$$L = OP - R - d$$

管线上坐标点的检算方法如下：

解法为：已知与圆曲线相切的直线，切点坐标 $A(x_1, y_1)$，圆曲线半径 R，一点 $P(x_p, y_p)$，求 P 点到圆曲线的最短距离，如图 3-18 所示。

解法：P 点在圆曲线外侧，与圆曲线相切的直线方向角为 θ_1，则 $\theta_0 = 90° - \theta_1$，那么可根据坐标计算方法，求得曲线圆心的坐标：

$$x_0 = x_1 + \Delta x = x_1 + R\cos\theta_0 \tag{3-16}$$

$$y_0 = y_1 + \Delta y = y_1 + R\sin\theta_0 \tag{3-17}$$

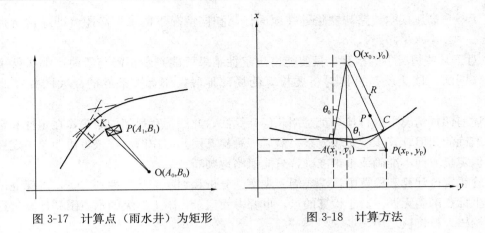

图 3-17 计算点（雨水井）为矩形 图 3-18 计算方法

进一步可根据坐标计算方法，求得 OP 长：

$$OP = \sqrt{(x_0 - x_p)^2 + (y_0 - y_p)^2} \qquad (3-18)$$

所以可得 P 点到圆曲线的最短距离：

$$CP = OP - R$$

若 P 点在圆曲线内侧：

$$CP = R - OP$$

4. 架空线路与其处在地面标高差较大的工程设施间水平净距检算，实际上是处在地面标高差较大的架空线路与其他工程设施间的最小水平净距，不一定能满足在相同地面标高差条件下的最小水平净距要求，需要检算，如图 3-19 所示。图中当高压架空线路与铁路在地面标高相同的情况下，其水平净距符合要求，而导线与铁路间的净距也符合要求。当高压架空线路与铁路在地面标高差较大情况下，若仍保持其水平净距不变，则导线与铁路间的净距就变小，能否满足要求应予以检算。

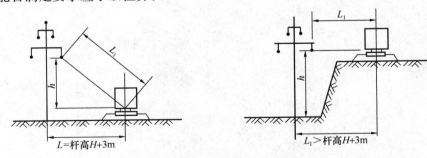

图 3-19 高压架空线路与其在地面标高差较大的铁路间水平净距检算

检算的方法是以高压架空线路与铁路处在地面标高相同的情况下，导线与铁路间的净距，作为高压架空线路与铁路处在地面标高差较大的情况下的水平净距。该水平净距用下式计算：

$$L_1 = \sqrt{h^2 + L^2} \qquad (3-19)$$

式中　L_1——高压架空线路与铁路处在地面标高差较大的情况下的水平净距，m；

　　　h——高压架空线路与铁路最接近的导线距地面的高度，m；

L——高压架空线路与铁路处在地面标高相同情况下的水平净距（即通常所指的最小水平净距），m。

5. 对于某些情况下的检算，只要能得出定性结果就能判断正确与否时，那么就可以采用几何作图法。该法就是直接对将要检算的局部地段，作有关条件的放大图并在此图上量度。

上述前四种情况下进行检算都是用几何计算法，此法检算得到的结果，在定性和定量方面都是准确的，但计算步骤比较复杂。最后一种检算用几何作图法，该方法简单，定性方面准确，但定量方面不准确或很难准确，只能概略地判断。

在管线定位计算和检算中，需要周密观察、分析和判断。从定性到定量，以保证设计中所有的坐标点准确无误。对于检算的点，也要书面记录，附上有关的示意图和计算过程，以备设计校核人员校核之用。

4 场地管线综合竖向布置

4.1 概　述

4.1.1 场地管线综合竖向布置原则

1. 尽量缩小地下管线的埋深

通常，在满足管线最小埋设深度及符合生产要求的情况下，地下管线应力求浅埋，以减少土石方工程量和方便施工。地下管线的布置，应考虑同沟一次开挖的可能性，管底部高差也不宜过大，以保证管线尽可能在原土上敷设，减少基础工程量。

2. 采取必要措施防止地下管线的机械损伤

为避免大件运输或重型设备车辆通过而将地下管线压坏，对于局部遭受重压的管线应当采取必要的加固措施。例如，采用钢筋混凝土雨水管穿越大件运输道路的地方，可改用钢管，并外包 0.2～0.3m 厚的素混凝土（管径＞φ500 的用 0.3m；管径＜φ500 的用 0.2m）。

为方便管线的维护、检算及减少对场地内外交通的干扰，减少管线的安全保护措施，地下管线应尽量避免从场地咽喉区通过。当必须穿越时，应设防护管涵，并在两端设置检查井。

3. 满足地下管线的技术要求

对于重力自流管线的埋设深度，应保证其管线流向的坡度。

4. 尽量采用综合管沟等技术先进的敷设方式

管线直接埋地敷设方式一般占用土地较多，施工进度也直接影响到地面工程的进行，同时也给管线的维护检修带来麻烦，在一定程度上已不适应现代场地建设的生产要求。因此，除管线数量少或必须直接埋地的管线外，在有可能的条件下，宜采用综合管沟的敷设方式，以减少地下管线工程量、方便施工、加快工程建设进度及有利于生产管理等。

4.1.2 地下管线综合竖向布置的要求

1. 确定各种工程管线交叉口的标高，应首先考虑排水管线标高。

2. 对无冻害地区应根据土壤性质，在满足路面上的荷载、管道强度要求条件下，将燃气管线、给水管线、电力电缆、电信电缆、热力管线在排水管线以上穿过；在有冻害地区，对于能满足各种工程管线覆土要求并有条件调整排水管线标高来满足燃气、给水、电力、电信、供热等工程管线在排水管线以上穿过的宜调整排水管线标高。

（1）当城市工程管线交叉敷设时，自地表面向下的排列顺序宜为：①电力管线；②热力管线；③电信电缆或电信管块；④燃气管线；⑤给水管线；⑥雨水排水管线；⑦污水排水管线。

当工业企业各种工程管线交叉时，自地表面向下排列的顺序宜为：①热力管线；②电信电缆或电信管块；③电力电缆（低压电缆应在高压电缆上面越过）；④燃气管线；⑤给水管线；⑥排水管线。

具体要求如下：

① 给水管线应在排水管线上面；

② 可燃气管线应在除热力管线外的其他管线上面；

③ 电力电缆应在热力管线下面，其他管线上面；

④ 氧气管线应在可燃气体管线下面，其他管线上面；

⑤ 有腐蚀性介质的管线及碱性、酸性介质的排水管线应在其他管线下面；

⑥ 热力管线应在可燃气体管线及给水管线上面。

（2）地下工程管线竖向布置的净距要求，应满足地下工程管线交叉时最小垂直净距要求，城市工程管线交叉时最小垂直净距见表 4-1，工业企业参考表 4-2。

表 4-1 地下工程管线交叉时最小垂直净距

序号	净距（m）上面的管线名称		下面的管线名称 1 给水管线	2 污水、雨水排水管线	3 热力管线	4 燃气管线	5 电信管线 直埋	管块	6 电力管线 直埋	管沟
1	给水管线		0.15	—	—	—	—	—	—	—
2	污水、雨水排水管线		0.40	0.15	—	—	—	—	—	—
3	热力管线		0.15	0.15	0.15	—	—	—	—	—
4	燃气管线		0.15	0.15	0.15	0.15	—	—	—	—
5	电信管线	直埋	0.50	0.50	0.15	0.50	0.25	0.25	—	—
		管块	0.15	0.15	0.15	0.15	0.25	—	—	—
6	电力管线	直埋	0.15	0.50	0.50	0.50	0.50	0.50	0.50	0.50
		管沟	0.15	0.50	0.50	0.50	0.50	0.50	0.50	0.50
7	沟渠（基础底）		0.50	0.50	0.50	0.50	0.50	0.50	0.50	0.50
8	涵洞（基础底）		0.15	0.15	0.15	0.15	0.20	0.25	0.50	0.50
9	电车（轨底）		1.00	1.00	1.00	1.00	1.00	1.00	1.00	1.00
10	铁路（轨底）		1.00	1.20	1.20	1.20	1.00	1.00	1.00	1.00

注：大于 35kV 直埋电力电缆与热力管线最小垂直净距应为 1.00m。

表 4-2 地下管线之间的最小垂直净距

间距（m）名称	给水管	排水管	热力管（沟）	地下燃气管线	乙炔管	氧气管	氢气管	电力电缆	电缆沟（管）	电力管线 直埋	管沟
给水管	0.15	0.40	0.15	0.15	0.25	0.15	0.25	0.50	0.15	0.50	0.15
排水管	0.40	0.15	0.15	0.15	0.25	0.15	0.25	0.50	0.25	0.50	0.15
热力管（沟）	0.15	0.15	—	0.15	0.25	0.25	0.25	0.50	0.25	0.50	0.25
地下燃气管线	0.15	0.15	0.15	—	0.25	0.25	0.25	0.50	0.25	0.50	0.25
乙炔管	0.25	0.25	0.25	0.25	—	0.25	0.25	0.50	0.25	0.50	0.15
氧气管	0.15	0.15	0.25	0.25	0.25	—	0.25	0.50	0.25	0.50	0.15
氢气管	0.25	0.25	0.25	0.25	0.25	—	—	0.50	0.25	0.50	0.25

续表

名称＼间距(m)＼名称	给水管	排水管	热力管(沟)	地下燃气管线	乙炔管	氧气管	氢气管	电力电缆	电缆沟(管)	电力管线 直埋	电力管线 管沟
电力电缆	0.50	0.50	0.50	0.50	0.50	0.50	0.50	0.50	0.25	0.50	0.50
电缆沟(管)	0.15	0.25	0.25	0.25	0.25	0.25	0.50	0.25	0.25	0.25	0.25
通信电缆 直埋电缆	0.50	0.50	0.50	0.50	0.50	0.50	0.50	0.50	0.25	0.25	0.25
通信电缆 电缆管道	0.15	0.15	0.25	0.15	0.15	0.15	0.25	0.50	0.25	0.25	0.25

注：1. 表中管道、电缆和电缆沟最小垂直净距，系指下面管道或管沟的外顶与上面管道的管底或管沟基础底之间的净距。

2. 当电力电缆采用隔板分隔时电力电缆之间及其到其他管线（沟）的距离可为 0.25m。

表 4-3　地下工程管线最小覆土深度值

序号	管线名称		最小覆土深度（m） 人行道下	最小覆土深度（m） 车行道下	备注
1	电力管线	直埋	0.50	0.70	10kV 以上电缆应不小于 1.0m
		管沟	0.40	0.50	敷设在不受荷载的空地下时，数据可适当减少
2	电信管线	直埋	0.70	0.80	
		管块	0.40	0.70	敷设在不受荷载的空地下时，数据可适当减少
3	热力管线	直埋	0.50	0.70	
		管沟	0.20	0.20	
4	燃气管线		0.60	0.80	冰冻线以下
5	给水管线		0.6	0.70	根据冰冻情况、外部荷载、管材强度等因素确定
6	雨水管线		0.60	0.70	冰冻线以下
7	污水管线		0.60	0.70	

（3）在采用表 3-1 "地下工程管线之间最小水平净距"、表 4-1 "地下工程管线交叉时最小垂直净距"、表 4-3 "地下工程管线最小覆土深度值"时应注意下列事项：

① 在工作中，应首先以国家有关部门颁布的规范、标准为依据。由于各地具体情况不同，管线性能、用料、施工方法以及建筑物的结构、水文地质条件等的不同，表中数值的采用还应认真考虑本地的实际情况。

② 表中所列为净距数字，如管线敷设在套管或地道中，或者管道有基础时，其净距自套管、地道的外边或基础的底边（如果有基础的管道在其他管线上越过时）算起。

③ 电信电缆或电信管道一般在其他管线上面越过。

④ 电力电缆一般在热力管道和电信管道下面，但在其他管线上面越过。低压电缆应在电缆上面越过，如高压电缆用砖、混凝土块或把电缆装入套管中加以保护时，则低压和高压电缆之间的最小净距可减至 0.25m。

⑤ 煤气管应尽可能在给水、排水管道上面越过。

⑥ 热力管一般在电缆、给水、排水、煤气管道上面越过。

⑦ 排水管道通常在其他管线下面穿过。

⑧ 排水管埋深浅于建筑物基础时，其净距不小于 2.5m，排水管埋深深于建筑物基础时，其净距不小于 3.0m。

⑨ 当污水管的埋深高于平行敷设的生活用水管 0.5m 以上时，其水平净距在渗透性土壤地带不小于 5.0m，如难以做到，可采用表中数值，但给水管须用金属管。

⑩ 并列敷设的电力电缆相互间的净距不应小于下列数值：

A. 10kV 以上（包括 10kV）的电缆与其他任何电压的电缆之间的净距为 0.25m；

B. 10kV 以下的电缆之间和 10kV 以下电缆与控制电缆之间的净距为 0.10m；

C. 控制电缆之间的净距为 0.05m，非同一机构的电缆之间的净距为 0.50m。

在上述 A 和 C 两项中，如将电缆加以可靠的保护（敷设在套管内或装置隔离板等），则净距可减为 0.10m。

⑪ 与现状大树净距为 2.0m。

⑫ 距道路边沟的边缘或路基边坡底均应不小于 1.0m。

4.1.3 架空管线综合竖向布置要求

架空管线是敷设在管架走廊或杆塔上面的管线系统，它具有管线集中，合理利用空间，节约用地，节约投资，有利于管线的维护、检修，以及交叉处理简单，支管连接方便，可大量采用预制构件和机械化施工方法等特点，故在现代化工业建筑场地中应用较广，民用建筑场地的电力、电信管线也多采用这种敷设方式。

在布置架空管线时，须考虑防火、防爆、防毒、安全保护等问题。例如：易燃、可燃液体管道不应架设在厂房墙壁、屋面或走廊内；可燃气体管道不能敷设在可燃性屋顶、墙壁或有爆炸危险、贮存爆炸性材料的建筑外墙边，不能与电力电缆邻近敷设；架空煤气管线不得布置在空调通风系统和空气压缩机的进气口附近，距熔化的金属、矿渣出口或水源地应至少 10m 远等。

架空管线或管架跨越铁路、道路的最小垂直间距应符合表 4-4 规定，工业企业内应符合表 4-5 的规定。

表 4-4　各种架空管线交叉时最小垂直净距表（m）

名称		建筑物（顶端）	道路（地面）	铁路（轨顶）	电信管线		热力管线
					电力线有防雷装置	电力线无防雷装置	
电力管线	10kV 及以下	3.0	7.0	7.5	2.0	4.0	2.0
	35～110kV	4.0	7.0	7.5	3.0	5.0	3.0
电信管线		1.5	4.5	7.0	0.6	0.6	1.0
热力管线		0.6	4.5	6.0	1.0	1.0	0.25

注：横跨道路或与无轨电车馈电线平行的架空电力线距地面应大于 9m。

表 4-5　架空管线及管架跨越铁路、道路的最小净空高度

名　　称	最小净空高度（m）
铁路（从轨顶算起）	5.5，并不小于铁路建筑限界
道路（从路拱算起）	5.0

名　称	最小净空高度（m）
人行道（从路面算起）	2.5

注：1. 表中间距除注明者外，管线从防护设施的外缘算起，管架自最低部分算起；

　　2. 表中铁路一栏的最小净空高度，不适用于电力牵引机车的线路及有特殊运输要求的线路；

　　3. 有大件运输要求或在检修期间有大型起吊设备，以及有大型消防车通过的道路，应根据需要确定其垂直净距。

4.2　场地各单体管线竖向布置

4.2.1　场地污水管道竖向布置

4.2.1.1　场地污水管道竖向布置规定

1. 满足污水管控制点和埋深的规定

（1）污水管控制点

在污水排水区域内，管道的控制点要从三个方面考虑：

① 离出水口最远的一点；

② 具有相当深度的工厂排出口；

③ 某些低洼地区的管道起点。

控制点的埋深，将影响整个污水管道系统的埋深，因此确定控制点的标高，一方面，应根据场地的竖向规划，保证排水区域内各类的污水都能够排出；并考虑发展，在埋深上适当留有余地。另一方面，不能因照顾个别控制点而增加整个管道系统的埋深，对此通常采取一些措施（例如：加强管材强度；填土提高地面高程，以保证最小覆土厚度；设置泵站；提高管位等方法），从而减少控制点管道的埋深，减少整个管道系统的埋深，降低工程造价。

（2）污水管道的埋深

管道的埋深是指从地面到管道内底的距离，管道的覆土厚度是从地面到管顶外壁的距离，如图 4-1 所示。为了降低造价，缩短工期，管道埋设深度越小越好，《室外排水设计规范》（GB 50014—2006）中规定了最小限值，这个最小限值称为最小覆土厚度。污水管道的最小覆土厚度，一般应满足以下三个因素：

① 在寒冷地区，必须防止管道内污水冰冻和因土壤冰冻膨胀而损坏管道。土壤冰冻深度主要受气温和冻结期长短的影响。规划设计时，在考虑冰冻层时，污水管道埋设深度或覆土厚度，应根据流量、水温、水流情况和敷设位置等来确定。

《室外排水设计规范》（GB 50014—2006）规定：无保温措施的生活污水管道或水温与生活污水接近的工业废水管道，管底可埋设在冰冻线以上 0.15m，有保温措施或水温较高的管道，管底在冰冻线以上的距离可以加大，其数值应根据该地区或条件相似地区的经验确定。

② 为防止管壁被车辙压坏，管顶需有一定的覆土厚度，此厚度取决于管材的强度、荷载的大小及覆土的密实程度等。规定车行道下最小覆土厚度不小于 0.7m，在管道保证不受外部重压损坏时，可适当减小。

③ 必须满足管道之间的衔接要求。在气候温暖的平坦地区，管道的最小覆土厚度往往取决于房屋排出管的衔接上的要求，房屋污水出户管的最小埋深通常为 0.55～0.65m，所以污水支管起点深度一般不小于 0.6～0.7m。街道污水管起点埋深（图 4-2）计算如下。

街道污水管的最小埋深的计算公式：

$$H = h + i \cdot L + Z_1 - Z_2 + \Delta h \tag{4-1}$$

式中　H——街道污水管的最小埋深，m；

h——街坊或庭院污水管道起端的最小埋深，m；

Z_1——街道污水管检查井处地面标高，m；

Z_2——街坊或庭院污水管起端检查井处地面标高，m；

i——街坊或庭院污水管和连接支管的坡度，‰；

L——街坊或庭院污水管和连接支管的总长度，m；

Δh——连接支管与街道污水管管内底高差，m。

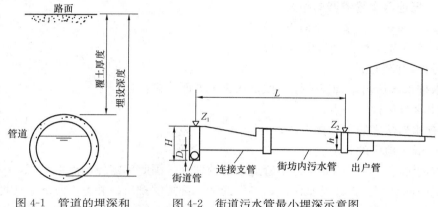

图 4-1　管道的埋深和
覆土厚度示意图

图 4-2　街道污水管最小埋深示意图

对一个具体管段，从上述三个因素出发，可以得到三个不同的管底埋深或管顶覆土厚度值，这三个数值中的最大一个值就是这一管道的允许最小覆土厚度。

根据经验，排水主干管在干燥土壤中，最大埋深不超过 7.0～8.0m，在多水、流砂、石灰岩地层中，一般不超过 5.0m，在满足各方面要求的前提下，理想覆土厚度 1.0～2.0m，在规划设计时，对控制点的选择相当重要，因为这关系到管道系统设计的技术经济指标及施工方法。

2. 满足水力要素的规定

（1）管道充满度：由于城镇污水量每日每时均在变化，难以准确计算。因此，在污水管道设计时需留出部分管道断面，以适应污水量的变化，避免污水溢出管道；另一方面，污水管内的污泥和有的工业污水可能分解出硫化氢等有害气体，污水管内也应留出适当空间，以保证通风排气。

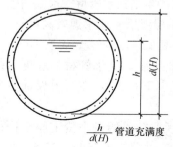

图 4-3　管道充满度

因此，污水管道是按不满流进行设计，即在设计管道时不充满整个管道断面。设计流量在管道内的充满程度，以管道中的水深 h 和管径 d（或渠高 H）的比值表示，称为设计充满度。管道充满度如图 4-3 所示。污水管道的设计充满度应小于或等于最大设计充满度。

在重力流的排水管道中，污水应在非满流的情况下排除，管道上部未充满水流的空间的作用是：使排水中的有害气体能经过管道上部空间或通气管及时排走，不至于大量蓄积后造成气体易燃易爆、管堵、流量减少等危害；或者容纳未被估计到的高峰流量。表 4-6 和表 4-7 分别为污水管道和排水管道的最大规划设计充满度。

雨水管道和合流管道应按照满流规划设计。对于明渠，其超高（渠中最高设计水面至渠顶的高度）应不小于 0.2m。

表 4-6　污水管道最大规划设计充满度

管径或渠高（mm）	最大计算充满度
200～300	0.55
350～450	0.65
500～900	0.70
≥1000	0.75

注：在计算污水管道充满度时，不包括淋浴或在短期内突然增加的污水量，但当管径小于或等于 300mm 时，应按照满流复核。

表 4-7　排水管道最大规划设计充满度

排水管道名称	管径（mm）	最大计算充满度
生活污水管道	≤125	0.5
	150～200	0.6
生产废水管道	50～75	0.6
	100～150	0.7
	≥200	1.0
生产污水管道	50～75	0.6
	100～150	0.7
	≥200	0.8

注：1. 排水沟最大计算充满度为计算断面深度的 0.8。

　　2. 生活污水管道短时排放大量洗涤污水时（如浴室、洗衣房等）可按满流计算。

（2）流量的计算公式如下：

$$Q = Av \tag{4-2}$$

式中　Q——流量，m^3/s；

　　　A——过水断面面积，m^2；

　　　v——流速，m/s。

（3）管道流速：污（废）水在管道内的流速对于排水管道的正常工作有很大的影响。为了使污水中的悬浮物质不致沉淀在管道底，并且使水流能及时冲刷管壁上的污物，管道流速必须有一个最小保证流速，这个流速值称为自清流速，见表 4-8。

表 4-8　排水管道自清流速

管　　别		自清流速（m/s）
排水铸铁管管径 （mm）	≤DN100	0.60
	DN150	0.65
	DN200～DN300	0.70
雨水和合流制排水管道		0.75
明渠（沟）		0.40

注：生活污水金属管道的最大流速为 7m/s，缸瓦管 5m/s，水泥管 4m/s。

排水管道还应遵守最小设计流速的规定：

① 污水管道在设计充满度下为 0.6m/s，如果污水中含有金属、矿物固体或重油杂质的生产污水管道，其最小设计流速宜适当加大。

② 雨水管道和合流管道在满流时为 0.75m/s。

③ 明渠为 0.4m/s。

另一方面，为了防止管壁因受污水中坚硬杂质高速流动的摩擦而损坏，以及防止过大的水流冲击，各种管材的排水管道均有最大允许流速的规定：

① 金属管道为 10m/s；

② 非金属管道为 5m/s；

③ 明渠参见表 4-9。

表 4-9　明渠最大允许流速

土质和构造	水深 h 为 0.4~1.0m 时的流速（m/s）
粗砂或低塑性粉质黏土	0.8
粉质黏土	1.0
黏土	1.2
石灰岩或中砂岩	4.0
草皮护面	1.6
干砌块石	2.0
浆砌砖块或浆砌砖	3.0
混凝土	4.0

注：当水流深度在 0.4~1.0m 范围以外时，表中最大允许流速应乘以下列系数：$h<0.4m$，0.85；$1.0<h<2.0m$，1.25；$h\geqslant2.0m$，1.4。

（4）管道坡度：排水管渠最小设计坡度是指和最小设计流速相应的设计坡度。管渠坡度不仅与流速有关，而且还与水力半径有关。因此，不同口径的污水管道应有不同的最小设计坡度；相同口径的管道因其充满度不同，也可以有不同的最小设计坡度。采用最小管径时，不进行水力计算，没有设计流速，因此就直接规定管道的最小设计坡度。排水管道规定的污水管道的最小管径和设计坡度见表 4-10。

表 4-10　排水管道最小管径和设计坡度

管别		位置	最小管径（mm）	最小设计坡度
污水管	接户管	建筑物周围	150	0.007
	支管	组团内道路下	200	0.004
	干管	小区道路、市政道路下	300	0.003
雨水管和合流管	接户管	建筑物周围	200	0.004
	支管及干管	小区道路、市政道路下	300	0.003
雨水口连接管			200	0.01

注：1. 管道坡度不能满足表中要求时，应有防淤、清淤措施。

2. 进化粪池前污水管最小设计坡度，管径 150mm 为 0.010~0.012，管径 200mm 为 0.010。

3. 污水管道接户管最小管径 150mm 服务人口不宜超过 250 人（70 户）；超过 250 人（70 户），最小管径宜用 200mm。

4. 任何直径的排水管道，其坡度不应大于 0.15。

（5）最小管径

污水管道系统中，上游管段的设计流量很小，若按流量选择管径就较小。但是，过小的管道极易阻塞，清通频繁且不方便，增加污水管道的维护工作量和管理费用。为此，室外排水设计规范规定了污水管道的最小管径，见表 4-10。当按设计流量计算确定的管径小于最小管径时，应采用最小管径。

为简化管道的水力计算，设计时通常按水力计算图表进行。需要时可参考后面附图。

3. 满足水力要素之间协调关系

确定管道的坡度，要考虑采用怎样的最小坡度才能保证在管道中不发生沉淀，又要尽可能使管道埋深小。一般可参照地面坡度，使管道坡度与地面坡度接近，则管埋深较小，施工费用也较低。排水管道的敷设应满足流速和充满度的要求。一般情况下排水管道的最大坡度不得大于 0.15（长度小于 1.5m 的管段可不受此限）。生活污水管道和雨水管道、合流管道的最小设计坡度参见表 4-11。

表 4-11　污水管道的最大允许流速、最大设计充满度、最小设计流速、最小设计坡度

管径 (mm)	最大允许流速 (m/s)		最大设计充满度 (h/d)	在设计充满度下最小设计流速 (m/s)	按设计充满度下最小设计流速控制的最小坡度		最小计算充满度 (h/d)	最小计算充满度下自清流速 (m/s)	按设计充满度下最小设计流速控制的最小坡度	
	金属管	非金属管			坡度	相应流速 (m/s)			坡度	相应流速 (m/s)
150					0.007	0.72			0.005	0.40
200			0.60		0.005	0.74			0.004	0.43
300				0.70	0.0027	0.71	0.25	0.4	0.002	0.40
400			0.70		0.002	0.77			0.0015	0.42
500					0.0016	0.81			0.0012	0.43
600					0.0013	0.82			0.001	0.50
700					0.0011	0.84			0.0009	0.52
800	≤10	≤5	0.75	0.80	0.001	0.88	0.3	0.5	0.0008	0.54
900					0.0009	0.90			0.0007	0.54
1000					0.0008	0.91			0.0006	0.54
1100					0.0007	0.91			0.0006	0.62
1200					0.0007	0.97			0.0006	0.66
1300			0.80	0.90	0.0006	0.94	0.35	0.6	0.0005	0.63
1400					0.0006	0.99			0.0005	0.67
1500				1.00	0.0006	1.04			0.0005	0.70
>1500					0.0006				0.0005	0.70

注：1. 管壁粗糙系数 $n＝0.014$。

2. 计算污水管道充满度时，不包括淋浴水量或短时间内突然增加的污水量，但管径<300mm时，按照满流复核。

3. 含有机械杂质的工业废水管道，其最小流速适当提高。或也可参考后附图（水力计算）来确定各要素之间的关系。

4. 满足排水管道与其他建筑物、地下管线、构筑物的最小垂直净距要求，参见表 4-1。

4.2.1.2 场地污水管道竖向布置

1. 污水管道水流量计算

污水管道水力计算的任务是根据场地污水管道的平面布置图，划分设计管段，确定管段的设计流量，计算确定各管段采用的管径、坡度和管底高程。

划分设计管段与确定管段设计流量，污水管道系统中各管段中的流量是不同的，从管道的上游到下游，其流量随排水面积和设计人口数的增加而增大，为简化设计工作，通常按管道系统中流量变化情况分段计算。

污水管渠系统中，任意两检查井间的连续管段，若采用的设计流量不变，管道坡度也不变，则可选择相同的管径，这种可统一计算的连续管段称为设计管段。设计管段的划分应以支管接入位置和流量变化为依据。通常根据污水管道的平面布置、街区污水支管及工业企业污水管道接入位置等划分为设计管段。设计管段划定后，还应标定设计管段起讫点处检查井的编号，计算各设计管段的排水面积，确定管段设计流量。

设计管段的排水面积主要根据地形及管道布置形式确定。当街坊污水管道采用低边式布置时，通常假定整块街坊面积的污水都排入其低边一侧的管道内；当街坊污水管道采用围坊式布置时，常以街坊角平分线将街坊面积分成四块，每小块街坊面积的污水流入邻近的污水管道。

流入每一设计管段的污水流量包括本段流量和转输流量两部分。本段流量是从该段管道两侧街区流来的污水量。转输流量是从上游管段及旁侧支管流来的污水量。计算起始管段时其转输流量为零。对于一个设计管段而言，其转输流量是不变的。为了计算方便，通常都假定从管道两旁街区或工业企业流来的本段污水流量是集中从管道起端流入设计管段的。本段流量包括沿线流量和集中流量。住宅及中小型公共建筑的污水是沿管道陆续流入城市污水管道的，称为沿线流量。工业企业、大型公共建筑等的污水是集中流入城市污水管道的，称为集中流量。

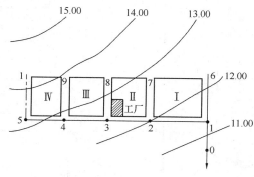

图 4-4　某场地污水管道平面布置

管段设计流量等于本段流量与转输流量之和。下面以某场区污水管道布置图为例，说明管段设计流量的计算方法。

【例题】某场区污水管道布置如图 4-4 所示，各街坊的人口数为：Ⅰ 有 8000 人，Ⅱ、Ⅲ各有 4500 人，Ⅳ 有 6000 人。其中Ⅱ中有一工厂，其污水流量为 15L/s，城市居住区生活污水量标准为 $q_0 = 100$ L/（人·d），试计算各管段设计流量。

解： 居住区生活污水量 q_1 按设计人口数 N 与生活污水量标准 q_0 计算。例如管段 5-4 的设计流量为：

平均日污水量：

$$q_1' = \frac{q_0 N}{24 \times 3600} = \frac{100 \times 6000}{24 \times 3600} = 6.95 (\text{L/s})$$

最高时污水量：

$$q_1 = q_1' \cdot K_z = 6.95 \times 2.24 = 15.6 (\text{L/s})$$

其中 K_z 为总变化系数，可查表 1-9 求得。则各管段的设计流量列于表 4-12。

表 4-12 某场地管段设计流量计算

| 管段编号 | 沿线流量 | | | | | | | 集中流量 | | | 管段设计流量 (L/s) |
| | 本线流量 | | | 转输流量 (L/s) | 平均流量 (L/s) | K_z | q_1 (L/s) | 本段流量 (L/s) | 转输流量 (L/s) | q_2 (L/s) | |
	街坊编号	设计人口 (人)	q_0N (L/s)								
5-4	IV	6000	7.0	—	7.0	2.24	15.6	—	—	—	15.6
4-3	III	4500	5.2	7.0	12.2	2.08	25.4	—	—	—	25.4
3-2	II	4500	5.2	12.2	17.4	1.98	34.5	15.0	—	15.0	49.5
2-1	I	8000	9.3	17.4	26.7	1.90	50.7	—	15.0	15.0	65.7
1-0		—	—	26.7	26.7	1.90	50.7	—	15.0	15.0	65.7

2. 污水管道水力计算

设计流量确定后，便可从上游管段开始进行各管段的水力计算。首先绘出污水管道水力计算简图，在水力计算简图上应标注各设计管段起讫点检查井的编号，管段长度及管道设计流量。然后从管道系统的控制点开始，自上游向下游，列表逐段计算各设计管道的管径、坡度、流速、充满度。再根据管段设计流量，参照地面坡度确定管径。

$$\text{地面坡度} = \frac{\text{地面高程差}}{\text{距离}} \qquad \text{则} \qquad \text{管段 5-4 的地面坡度} = \frac{13.5 - 12.75}{180} = 0.0042$$

而管段 5-4 的设计流量 $q=15.6$ L/s，如果选用 200mm 管径，要使充满度不超过规范规定的 0.55，则坡度必须采用 0.008 大于本管段的地面坡度 0.0042，将使管道埋深较大。为了减小坡度，选用 250mm 管径，当流速为 0.7m/s 时充满度为 0.47，坡度为 0.0041。即流速及充满度都符合要求，以上过程查附表（一）和附表（二）。其次根据管段的设计坡度，计算管段两端的高差。管段两端的高差称为降落量。降落量=管段坡度×管段长度。再次确定管段起端的标高，应注意满足埋深的要求。计算管段的管底高程时，要注意各管段在检查井中的衔接方式，要保证下游管道上端的管底不得高于上游管道下端的管底。最后计算管段起端、终端的埋深及管段的平均埋深，并将其列入管道水力计算表 4-13 中。

表 4-13 污水管道水力计算

| 管段编号 | 管段长度 l (m) | 管段设计流量 q (L/s) | 管径 d (mm) | 坡度 i | 设计流速 v (m/s) | 设计充满度 | | 降落量 il (m) | 高程 (m) | | | | 管底埋深 (m) | | |
| | | | | | | h/d | 水深 h (m) | | 地面 | | 管底 | | | | |
									起点	终点	起点	终点	起点	终点	平均
1	2	3	4	5	6	7	8	9	10	11	12	13	14	15	16
5-4	180	15.6	250	0.0041	0.70	0.47	0.117	0.74	13.50	12.75	12.50	11.76	1.00	0.99	1.00

续表

管段编号	管段长度 l (m)	管段设计流量 q (L/s)	管径 d (mm)	坡度 i	设计流速 v (m/s)	设计充满度 h/d	设计充满度 水深 h (m)	降落量 il (m)	高程（m） 地面 起点	高程（m） 地面 终点	高程（m） 管底 起点	高程（m） 管底 终点	管底埋深（m） 起点	管底埋深（m） 终点	管底埋深（m） 平均
4-3	200	25.4	300	0.0035	0.75	0.49	0.153	0.70	12.75	12.50	11.71	11.01	1.04	1.49	1.27
3-2	200	49.5	400	0.0025	0.78	0.51	0.204	0.50	12.50	12.00	10.91	10.41	1.59	1.59	1.59
2-1	250	65.7	450	0.0023	0.79	0.52	0.230	0.58	12.00	11.30	10.36	9.78	1.64	1.52	1.58
1-0	150	111.6	500	0.0026	0.97	0.57	0.285	0.39	11.30	10.90	9.55	9.16	1.75	0.74	1.25

3. 污水管道纵剖面图的绘制

污水管道纵剖面图，反映管道沿线高程位置，它应和管道平面布置图对应。在纵剖面图上应画出地面高程线、管道高程线（常用双线表示管顶与管底）。画出设计管段起讫点处检查井及主要支管的接入位置与管径。在管道纵剖面图的下方应注明检查井的编号、管径、管段长度、管道坡度、地面高程和管底高程等。

污水管道纵剖面图常用的比例尺为：横向 1/1000～1/500，纵向 1/100～1/50。污水管道纵剖面图如图 4-5 所示。

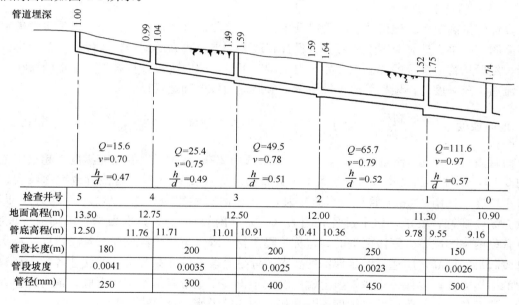

图 4-5 污水管道纵剖面

4.2.2 场地雨水管道竖向布置

1. 雨水管流量计算

$$Q = \psi \cdot F \cdot q \tag{4-3}$$

式中　Q——管段的设计流量，L/s；

　　　F——管段的设计排水面积，ha；

　　　q——管段的设计降雨强度，L/(s·ha)；

　　　ψ——径流系数。

降雨强度又称暴雨强度，可通过各地区的暴雨强度公式计算：

$$q = \frac{167A_1(1+c\lg P)}{(t+b)^n} \qquad (4-4)$$

式中　　t——降雨历时，min；

　　　　P——设计降雨重现期，年；

A_1、c、n、b——地方参数，根据统计方法进行计算，表 4-14 所列举的是我国某些城市的 A_1、c、n、b 值。

表 4-14　我国某些城市的 A_1、c、n、b 值

城市名称	A_1	c	n	b
北京	11.98	0.811	0.711	8
石家庄	10.11	0.898	0.792	7
太原	8.66	0.867	0.796	5
赤峰	9.50	1.350	0.80	10
哈尔滨	28.74	1.00	0.98	15
长春	9.5	0.80	0.76	5
沈阳	11.88	0.77	0.77	9
大连	11.37	0.66	0.80	8
济南	28.14	0.753	0.898	17.5
南京	17.90	0.671	0.8	13.3
苏州	17.29	0.794	0.81	18.8
合肥	21.55	0.76	0.84	14
杭州	60.92	0.844	1.038	25
南昌	8.92	0.69	0.64	14
郑州	18.40	0.892	0.824	15.1
汉口	5.886	0.65	0.56	4.0
长沙	23.47	0.68	0.86	17.0
广州	14.50	0.533	0.668	11.0
桂林	25.32	0.402	0.841	13.5
兰州	6.826	0.96	0.3	8
乌鲁木齐	1.167	0.82	0.63	7.8
自贡	26.29	0.59	0.804	19.4

从式（4-4）可以看出：

降雨强度又与降雨历时有关，一般历时越长、强度越小。

管段的集水时间由两部分组成：地面集水时间（t_1）和在管段中的流行时间（t_2）。地面集水时间与地形、地面铺装、地表植被和场地大小等因素有关，一般采用 5～15min。考虑管段中水流为逐步达到设计流速的，而且各管段同时达到设计流速的情况基本不会出现，因此《室外排水设计规范》（GB 50014—2006）规定，暗管的集水时间：

$$t = t_1 + 2t_2 \qquad (4-5)$$

明渠的集水时间：

$$t = t_1 + 1.2t_2 \tag{4-6}$$

式中　t_2 ——在设计流速下水流通过管段的流行时间。

雨水管渠的任务是为了及时排除地面雨水，最理想的情况是能排除当地的最大暴雨径流量。要达到此目的，就需要根据最大暴雨的径流量来决定管道断面。而这种最大径流量在历史上得经过许多年才能出现一次，显然不能用它作为管段设计的依据，否则管道的断面尺寸就很大，提高了管道的造价，平时又不能充分发挥作用。所以雨水管道的设计就应该按适当的、若干年才出现一次的降雨量来进行，这种若干年出现一次的期限就称为重现期 P。雨水管渠设计降雨重现期 P 的适用范围见表4-15。

表 4-15　国内各城市采用的设计降雨重现期（年）

城市	降雨重现期
北京	一般地形的居住区或城市区间道路 0.33～0.5 不利地形的居住区或一般城市道路 0.5～1.0 城市干道、中心区 1～2 特殊重要地区或盆地 3～10，立交路口 1～3
上海	市区 0.5～1 某工业区的生活区 1，厂区一般车间 2，大型、重要车间 5
无锡	小巷 0.33，一般 0.5，新建区 1
常州	1
南京	0.5～1
杭州	0.33～1
宁波	0.5～1
济南	1
天津	1
齐齐哈尔	0.33～1
佳木斯	1
哈尔滨	0.5～1
吉林	1
长春	0.5～2
营口	郊区 0.5，市区 1
白城	郊区 0.5，市区 1
四平	1
通辽	0.5
鞍山	0.5
浑江	1
兰州	0.5～1
西宁	0.33～0.5
广州	1～2，主要地区 2～20
长沙	0.5～1
成都	1
重庆	小面积小区 1～2 面积（30～50）×10^4 m² 　小区 5 大面积或重要地区 5～10

城市	降雨重现期
武汉	1
西安	1~3
唐山	1
保定	1~2
昆明	0.5
贵阳	3
沙市	1

径流系数 φ 是径流量与降雨量的比值：

$$\varphi = \frac{径流量}{降雨量}\qquad\qquad(4\text{-}7)$$

影响径流系数的因素很多，最主要的影响因素是排水面积的地面性质。地面上的植物生长和分布情况，地面上的建筑面积或道路路面的性质等对径流系数有很大的影响。地面坡度越陡，流入雨水管渠的水量越大，径流系数越大。

径流系数也受降雨历时的影响，降雨时间越长，地面已经湿透，渗入地下的水量越小，流入雨水管渠的水量就越多。同时，径流系数还受降雨强度的影响，暴雨的径流系数较小雨的径流系数大。

径流系数一般凭多年的实践经验采用。《室外排水设计规范》（GB 50014—2006）建议参照表 4-16 采用。

表 4-16　径流系数 φ 值

地面种类	φ 值
各种屋面、混凝土和沥青路面	0.85~0.95
大块石铺砌路面或沥青表面处治的碎石路面	0.55~0.65
级配碎石路面	0.40~0.50
干砌砖石和碎石路面	0.35~0.40
非铺砌土路面	0.25~0.35
公园或绿地	0.10~0.20

2. 雨水管水力计算的主要参数及相互之间关系

① 设计充满度

水力计算中，雨水管渠一般按满流进行设计。雨水明渠的超高不得小于 0.2m。

② 设计流速

为防止雨水管渠内发生沉淀，须采用较高的设计流速。雨水管渠设计的一般规定见表 4-17，一般雨水管渠（满流时）的最小设计流速为 0.75m/s。明渠发生沉淀后为易于清理，可采用较低的设计流速。明渠的最小设计流速为 0.4m/s。雨水暗管的最大容许流速为 5m/s。

③ 最小管径和最小设计坡度

为便于管道的清理和养护，《室外排水设计规范》（GB 50014—2006）规定了雨水管道的最小管径，街道下的雨水管道为 250mm，街坊和厂区的为 200mm。

为防止管道内发生淤积,《室外排水设计规范》(GB 50014—2006)规定了雨水管渠的最小坡度,管径为 200mm 的管段最小设计坡度为 4‰,管径为 250mm 的管段最小设计坡度为 3‰,雨水口连接管的最小设计坡度为 5‰。

表 4-17 雨水管渠设计的一般规定

项 目	一般规定	
	雨水管道	雨水明渠
充满度	充满度一般按满流计算	标高,一般不宜小于 0.3m,最小不得小于 0.2m
流速	最小设计流速一般不小于 0.75m/s,起始管段地形平坦,最小设计流速不小于 0.6m/s,最大允许流速同污水管道	最小设计流速不得小于 0.4m/s,最大允许流速见表 4-9
最小管径、断面、坡度	雨水支管最小管径 300mm,最小设计坡度 0.002,雨水口连接管最小管径 200mm,设计坡度不小于 0.01	底宽,梯形明渠最小 0.3m;边坡,铺砌明渠一般采用 1:0.75～1:1,土明渠一般采用 1:1.5～1:2
覆土厚度或挖深	最小覆土厚度在车行道下一般不小于 0.7m,局部条件不许可时,必须对管道进行包封加固,在冷冻深度<0.6m 的地区也可采用无覆土的地面式暗沟,最大覆土厚度与理想覆土厚度同污水管道	明渠应避免穿过高地;当不得已需局部穿过时,应通过技术经济比较,然后再确定该段采用明渠还是暗渠
管渠连接与构筑物的连接	管道在检查井内连接,一般采用管顶平接,不同断面管道必要时也可采用局部管段管底平接,在任何情况下,进水管底不得低于出水管底	明渠接入暗管,一般有跌差,其护砌及端墙、格栅等做法按出水口处理;并在断面上设渐变段;暗管接入明渠,也宜安排适当跌差,其端墙及护砌做法按出水口处理

3. 雨水管水力计算及纵断面图绘制

与污水管相似,可参考污水管。

4.2.3 场地给水管道竖向布置

(1) 在非冰冻地区管道埋深主要由外部荷载、管材强度和地质条件决定。

(2) 一般钢管、铸铁管在城区道路下埋设,管顶覆土深度在 700mm 以上;在郊外田野敷设,管顶覆土应在耕种深度以下,深度至少 300mm。

(3) 非金属管道在城区道路下埋设,管顶覆土至少 1000～1200mm。

(4) 冰冻地区的管道埋设,当管径 $d=300～600$mm 时,管底在冰冻线以下 $0.75d$,当 $d>600$ 时,管底在冰冻线以下 $0.5d$。

(5) 根据我国气候特点,我国北部适当增加埋管深度较为安全。京津地区管顶埋深 1.2m 左右,哈尔滨地区管顶埋深 1.8m 左右。

(6) 给水管网或检查井外缘,与建构筑物或铁道路或其他管线的最小垂直净距,应符合表 4-1、表 4-4 的规定。

4.2.4 场地热力管道竖向布置

(1) 对于直径等于或小于 500mm 的热力网管道宜采用直埋敷设,当敷设于地下水位以下时，直埋管道必须有可靠的防水层。管道跨越水面、峡谷地段时，在桥梁主管部门同意的前提下，可在永久性的公路桥上架设。管道架空跨越通航河流时，应保证航道的净宽与净高符合国家内河通航标准的规定。管道架空跨越不通航河流时，一般情况下管道保温结构表面与50年一遇的最高水位垂直净距不应小于0.5m。

（2）地下敷设热力网管道的覆土深度应符合下列要求：

① 管沟盖板或检查室盖板覆土深度不宜小于0.2m；

② 当采用不预热的无补偿直埋敷设管道时，其最小覆土深度不应小于表4-18的规定。

表4-18　热力网管道最小覆土深度

管径（mm）		50～125	150～200	250～300	350～400	450～500
覆土深度（m）	车行道下	0.8	1.0	1.0	1.2	1.2
	非车行道下	0.6	0.6	0.7	0.8	0.9

（3）地下敷设热力网管道和管沟宜设坡度，其坡度不小于0.002。进入建筑物的管道应坡向干管。

（4）地下敷设热力网管道和管沟或检查室外缘，直埋敷设或地上敷设管道的保温结构表面与建筑物、构筑物、道路、铁路、电缆、架空电线和其他管道的垂直净距应符合表4-1、表4-4的规定。

（5）采暖管道的敷设，应有一定的坡度。对于热水管，汽水同向流动的蒸汽管和凝结水管，坡度宜采用0.003，不得小于0.002；对于汽水逆向流动的蒸汽管，坡度不得小于0.005。如因条件限制，热水管道（包括水平单管串联系统的散热器连接管）可无坡度敷设，但管中的水流速度不得小于0.25m/s。

4.2.5 场地燃气管道的竖向布置

燃气管道的埋设深度，在冰冻线以下0.1～0.2m，必须考虑到地面车辆负荷震动的影响，埋设在车行道下时，不得小于0.8m，非车行道下不得小于0.6m。在穿过河道外露敷设时则需加以保护和保暖，以免损伤和冰冻。穿越铁路必须用钢套管。

地下燃气管道与建（构）筑物基础相邻管道之间的最小垂直净距见表4-19。

国内燃气管道的埋设深度（至管顶）见表4-20。

表4-19　地下燃气管道与构筑物或相邻管道之间垂直净距（m）

序号	项　目		地下煤气管道（当有套管时，以套管计）
1	给水管、排水管或其他燃气管道		0.15
2	电缆	直埋	0.50
		在导管内	0.15
3	热力管的管沟底（或顶）		0.15
4	铁路轨底		1.20
5	有轨电车轨底		1.00

在燃气中常含有水汽，为了排除由水汽形成的冷凝水，燃气管道的敷设坡度应不小于0.002，并在燃气管低的地点设置凝液灌。

表 4-20　国内燃气管道的埋设深度（至管顶）（m）

地点	条件	埋设深度	最大冻土深度	备注
北京	主干道　　干线 　　　　　支线 非车行道	≥1.20 ≥1.00 <0.80	0.85	北京市地下煤气管道设计施工 验收技术规定
上海	车行道 人行道 街坊泥土路	0.80 0.60 0.4	0.06	上海市煤气公司地下煤气管道 施工设计规范（试行本）
大连		≥1.00	0.93	
鞍山		1.40	1.08	
沈阳	DN250 以下 DN250 以上	≥1.20 ≥1.00		
长春		1.80	1.69	
哈尔滨	向阳面 向阴面	1.80 2.30	1.97	
中南地区	车行道 非车行道 水田下 街坊泥土路	≥0.80 ≥0.60 ≥0.60 ≥0.40		城市煤气管道工程设计、 施工、验收规程
四川省 企业 标准	车行道，直埋 套管 非车行道 郊区旱地 郊区水田 庭院	0.80 0.60 0.60 0.60 0.80 0.40		城市煤气输配及应用工程设计、 安装、验收技术规程

4.2.6　场地电力电缆竖向布置

（1）直埋电缆敷设于非冻土地区，电缆直埋深度为：电缆外皮至地下构筑物基础不小于 0.3m；电缆外皮至地面深度不小于 0.7m；当位于车行道或耕地下时应适当加深，不小于 1m。

（2）直埋敷设于冻土地区时，埋入冻土层以下，当无法深入时可在土壤排水性好的干燥冻土层或回填土中埋设，也可采用其他防止电缆受到损伤的措施。

（3）直接敷设的电缆严禁位于其他地下管道的正上方或下方。

（4）直接敷设的电缆与铁路、公路或街道交叉时，要加保护管，保护范围超出路基、街道路面两边以及排水沟边 0.5m 以上。

（5）直接敷设的电缆引入构筑物，在贯穿墙孔处设置保护管，对管口实施阻水堵塞。

（6）电缆埋设与构筑物的关系见表 4-21。

表 4-21　电缆与电缆、管道、道路、构筑物等相互间容许最小距离（m）

电缆直接敷设时的配置情况		平行	交叉
控制电缆之间		—	0.5①
电力电缆之间或与控制电缆之间	10kV 及以下电力电缆	0.1	0.5①
	10kV 以上电力电缆	0.25②	0.5①
不同部门使用的电缆		0.5②	0.5①
电缆与地下管沟	热力管沟	2③	0.5①
	油管或易燃气管道	1	0.5①
	其他管道	0.5	0.5①
电缆与铁路	非直流电气化铁路路轨	3	1.0
	直流电气化铁路路轨	10	1.0
电缆与建筑物基础		0.6③	—
电缆与公路边		1.0③	
电缆与排水沟		1.0③	
电缆与树木的主干		0.7	
电缆与 1kV 以下架空线电杆		1.0③	
电缆与 1kV 以上架空线杆塔基础		4.0③	

① 用隔板分隔或电缆穿管时不得小于 0.25m；

② 用隔板分隔或电缆穿管时不得小于 0.1m；

③ 特殊情况时，减小值不得小于 50％。

4.2.7　场地电信管道竖向布置

1. 管道的埋深

（1）管道埋深的考虑因素

管道的埋深与荷重大小、地下水位高低、冰冻层厚度、管道坡度、其他地下管线等有关。管道的埋深是否合适，直接影响管道建筑本身的安全以及施工的工程量。在设计时，一般应综合考虑以下因素：

① 管道敷设的位置不同（如绿化地带、人行道和车行道），其荷载也不同。如荷载小，管道埋深可浅些。

② 管道敷设位置与附近其他地下管线和房屋建筑的隔距大小。如离房屋较近，为避免影响房屋基础，管道埋深可适当浅些。

③ 管道所用的管材强度和建筑方式不同，埋深也不一样。

④ 管道进入人孔的位置，应有利于维护和施工。一般规定管道顶部或底基分别距人孔上覆或人孔底基面的净距不小于 0.3m。引上管道应在人孔的上覆下 200～400mm 范围以内。

⑤ 管道如分期敷设时，应满足远期扩建管孔所需的最小埋深要求。

⑥ 道路今后改建时，路面高程的变化不致影响管道最小埋深。

⑦ 地下水位的高低和水质情况。如地下水位较高，且水质不好的地带，为保证管道电缆的安全和节约防水工程费用，管道可适当埋浅。

⑧ 冰冻层的厚度和其他软土情况。例如，电缆管道应尽量埋在冰冻层以下；土层土壤为软土层，则管道应埋深些。

⑨ 与其他地下管线互相穿越时，为了达到允许的最小埋深的要求，可以改变管道所占

的断面高度；或采取其他保护措施，如混凝土包封或混凝土盖板等。

（2）管道埋深的规定

一般情况下，管道埋深为 0.8～1.2m。除采取特殊技术措施外，一般不应低于表 4-22 中规定的数值。

表 4-22　管道的最小允许埋深

管种	管顶至路面的最小隔距（m）			
	人行道和绿化地带	车行道	电车轨道	铁路轨底
混凝土管	0.50	0.70	1.00	1.50
塑料管	0.50	0.70	1.00	1.50
钢管	0.20	0.40	0.70①	1.20
石棉水泥管	0.50	0.70	1.00	1.50

① 钢管穿越电车轨道应采取沥青绝缘包封。表中数据是考虑电缆管道采取包封后的要求。

（3）人孔的埋深

人孔的埋深应考虑以下几点因素：

① 必须满足人孔的结构和尺寸的要求；

② 管道进入人孔的位置和管道电缆在人孔中布放应合理；

③ 能够适应今后道路改建后路面高程的变化，一般在铁口圈下垫几层砖来适应变化。

2. 管道的坡度

为避免污水或雨水渗漏到管道中，在管孔内产生淤积，造成电缆腐蚀或管孔淤塞的现象，因此，两人孔间的管道应有一定的坡度，使管道中的积水能流入人孔而便于清除。管道的坡度应符合以下要求：

① 管道的坡度一般应为 3‰～4‰，最小不宜低于 2.5‰。

② 为使电缆及接头在人孔中有适宜的曲率半径和合理布置，在不过度影响管道坡度和埋深等要求下，应尽量使人孔内两边管道的相对管孔高程接近一致，在一般情况下，相对位置的管孔高差不应大于 0.5m。

4.3　场地管线综合的竖向布置

前节步骤基本解决了管线自身及管线之间，管线和建筑物、构筑物之间平面上的矛盾，本节是检查路段、交叉口工程管线在竖向上分布是否合理，管线交叉时垂直净距是否符合有关规范要求。若有矛盾，如何制订竖向综合调整方案，经过与各专业工程详细规划设计人员共同协调，修改各专业竖向布置，确定管线综合竖向布置。

4.3.1　场地管线竖向综合

在管线的竖向设计上，主要是交叉口管线综合的设计问题。按照管线综合竖向设计的原则，尽量缩小地下管线的埋深，合理确定管线的高程，采取措施防止管线的机械损伤等，管线之间首先考虑重力自流管线，然后调整其他管线。

4.3.1.1　管线交叉点垂直净距计算

（1）非重力自流管线在交叉口的管底标高及埋深计算如下：

交叉点处管线的管底标高为：

$$H = H_{地} - \phi - h_0$$

交叉点处管线的管底埋深为：

$$\Delta H = H_{地} - H$$

式中　$H_{地}$——地面标高；

　　　ϕ——管径；

　　　h_0——单体管线路段覆土深度。

（2）重力自流管线交叉点处管底标高及埋深计算如下：

已知：交叉点处地面标高为 $H_{地}$，管段起点标高为 $H_{起}$，交叉点距该管段起点的距离为 L，管段设计坡度为 i，管线的管径为 ϕ，示意图如图4-6所示。

因此：交叉点处管线的管底标高为：

$$H = H_{起} - L \cdot i$$

交叉点处管线的管底埋深为：

$$\Delta H = H_{地} - H$$

（3）无论是重力自流管线，还是非重力自流管线，计算得出其埋设深度后便可得出两管线交叉点的垂直净距：

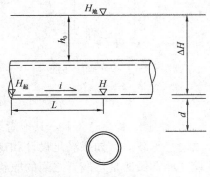

图4-6　管线要素

$$d = \Delta H_{下} - \Delta H_{上} - \phi_{下}$$

式中　$\Delta H_{上}$——交叉点上面管线的埋设深度（$\Delta H_{上} = H_{地} - H_{上}$）；

　　　$\Delta H_{下}$——交叉点下面管线的埋设深度（$\Delta H_{下} = H_{地} - H_{下}$）；

　　　$\phi_{下}$——交叉点下面管线的管径。

4.3.1.2　管线竖向交叉调整

1. 管线竖向交叉设计调整

对每个交叉点上下管线的间距进行检验，将计算出的交叉点垂直净距 $d = \Delta H_{下} - \Delta H_{上} - \phi_{下}$ 与规范中工程管线交叉时的最小垂直净距 $h_{规}$ 进行比较，若满足 $d \geqslant h_{规}$，则 $H_{上}$、$H_{下}$ 为确定交叉点上下管线的管底标高，否则按下式进行调整：

$$H'_{下} = H_{上} - h_{规} - \phi_{下}$$

对于相互交叉的任意两种管线的性质，分以下三种情况：

（1）重力自流管与重力自流管相互交叉，若不成立，返回排水专业重新进行管段水力计算。

（2）非重力自流管与非重力自流管相互交叉，若不成立，则对埋深较深的管线进行调整。

（3）重力管与非重力管相互交叉，若不成立，在满足最小覆土深度及技术要求的情况下可适当抬高非重力管，或已达到最小覆土深度时向下移动非重力管线。

2. 管线竖向交叉施工调整

当管线交叉时，在施工中常采用的做法有如下几种：

1）新建排水管道与其他管道（线）交叉，高程未发生冲突的处理措施如下：

① 新建排水管道在下，其他管道在上，通常采用槽底砌砖墩的方法对上面管线进行保护（图4-7）。当上面管线较多，且管径较大（如大管径的供水管、排水管），采用开槽施工填挖土方过大，且对已建管道保护有困难时，宜采用顶管法施工排水管道（图4-8）。

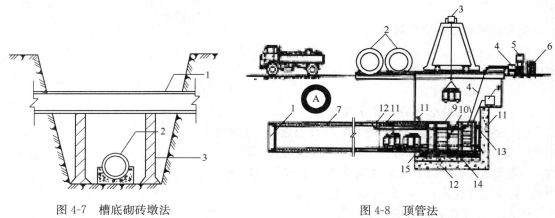

图 4-7　槽底砌砖墩法
1—已有管道；2—新建管道；3—砖墩

图 4-8　顶管法
A—已有管道；1～15—顶管法施工机具

② 新建排水管道在上，其他管线在下时，应先测算上、下管道之间的间距和交叉处的槽底地基承载力，如果满足设计和规范要求，上方排水管道可直接施工，否则须进行必要的处理，通常做法是将两者之间的原状土全部挖除，填充中粗砂并振动压实后再施工上面的排水管道，必要时还可以在排水管道的管基下增设保护垫层。

2）新建排水管道与其他管道（线）交叉，高程发生冲突的处理措施如下：

① 双（多）孔法。在管底设计标高不变的情况下，可采用较小管径的双（多）孔管道代替原设计排水管道，达到降低管顶标高要求，保证其他管线从上面通过（图 4-9）。一般情况下，替代孔数应小于四孔，管径应>300mm。根据实践经验，如果替代管材采用高密度聚乙烯双壁波纹管（HDPE 波纹管）实际过水效果更好。这主要因为该管内壁粗糙系数 n 仅为 0.009，小于粗糙系数 n 为 0.014 的水泥混凝土管，在实际运用中，建议采用小一型号管径替代即可。

② 暗渠法。采用现场浇筑制作矩形钢筋混凝土暗渠的施工方式进行施工（图 4-10）。现场可根据交叉管线侵占过水断面的尺寸和排水管道流量、流速来确定暗渠顶板高程和横断面加宽尺寸，以保证其他管线不直接穿越和排水管道的水利条件。

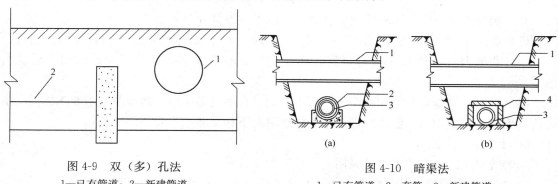

图 4-9　双（多）孔法
1—已有管道；2—新建管道

图 4-10　暗渠法
1—已有管道；2—套管；3—新建管道；
4—矩形钢筋混凝土暗渠

③倒虹管法。当排水管道与其他管道的高程冲突严重，不能按原高程径直通过时宜采用此法（图 4-11），铺设时应尽可能与障碍管线轴线垂直且上行、下行斜管与水平管的交角一

般应小于30°。因该法容易引起淤塞，须建造进水、出水井。进水井应设置事故排出口，其前的检查井应设沉泥槽，另外当管内设计流速不能达到0.9m/s，则建成使用后应定期对倒虹管冲洗，冲洗流速不小于1.2m/s。

④检查井法。当排水管道和其他管线直接相交不可避免的情况下，如果穿越管线管径较小，可采用检查井法解决。排水管道断开后用检查井连接，其他管线则加套管保护后按原高程从井内穿过（图4-12）。

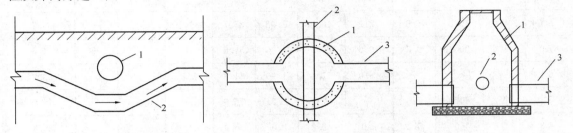

图4-11　倒虹管法

1—已有管道；2—新建管道

图4-12　检查井法

1—检查井；2—已有管道；3—新建管道

4.3.2　场地管线竖向综合示例

图4-13中W为污水管道；Y为雨水管道；S为给水管道。

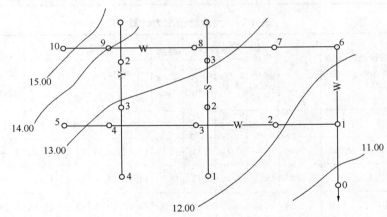

图4-13　场地管线竖向设计

各专业工程所提供的相关竖向资料如下：

上水管道：沿地面敷设，埋深1-2，2-3，3-4各管段均在距地面标高1.1m敷设，管径200mm。

污水管道资料：

表4-23　某场区管段设计流量计算

管段编号	沿线流量						集中流量			管段设计流量(L/s)
	本线流量			转输流量(L/s)	平均流量(L/s)	K_z	q_1(L/s)	本段流量(L/s)	转输流量(L/s)	q_2(L/s)	
	街坊编号	设计人口(人)	q_0N(L/s)								
10-9	Ⅷ	6000	7.0	—	7.0	2.24	15.6	—	—	—	15.6

管段编号	沿线流量							集中流量			管段设计流量(L/s)
	本线流量			转输流量(L/s)	平均流量(L/s)	K_z	q_1(L/s)	本段流量(L/s)	转输流量(L/s)	q_2(L/s)	
	街坊编号	设计人口(人)	q_0N(L/s)								
9-8	Ⅶ	4500	5.2	7.0	12.2	2.08	25.4	—	—	—	25.4
8-7	Ⅵ	5000	5.8	12.2	18.0	1.98	35.7	—	—	—	35.7
7-6	Ⅴ	8000	9.3	18.0	27.3	1.90	51.8	—	—	—	51.8
6-1	—	—	—	18.0	27.3	1.90	51.8	2.1	—	2.1	53.9
5-4	Ⅳ	6000	7.0	—	7.0	2.24	15.6	—	—	—	15.6
4-3	Ⅲ	4500	5.2	7.0	12.2	2.08	25.4	—	—	—	25.4
3-2	Ⅱ	4500	5.2	12.2	17.4	1.98	34.5	15.0	—	15.0	49.5
2-1	Ⅰ	8000	9.3	17.4	26.7	1.90	50.7	—	15.0	15.0	65.7
1-0	—	—	—	54.0	54.0	1.75	94.5	—	17.1	17.1	111.6

表 4-24 污水管道水力计算

管段编号	管段长度 l(m)	管段设计流量 q(L/s)	管径 d(mm)	坡度 i	设计流速(m/s)	设计充满度		降落量(iL)(m)	高程(m)				管底埋深(m)		
						h/d	水深 h(m)		地面		管底		起点	终点	平均
									起点	终点	起点	终点			
1	2	3	4	5	6	7	8	9	10	11	12	13	14	15	16
10-9	180	15.6	250	0.0041	0.70	0.47	0.117	0.74	14.60	14.00	13.60	12.86	1.00	1.14	1.07
9-8	200	25.4	300	0.0035	0.75	0.49	0.153	0.70	14.00	13.40	12.81	12.11	1.19	1.29	1.24
8-7	200	35.7	350	0.0035	0.80	0.47	0.164	0.70	13.40	12.80	12.06	11.36	1.34	1.44	1.39
7-6	250	51.8	400	0.0030	0.84	0.49	0.196	0.75	12.80	12.10	11.31	10.56	1.49	1.54	1.52
6-1	300	53.9	400	0.0030	0.85	0.51	0.204	0.90	12.10	11.30	10.55	9.65	1.55	1.65	1.60
5-4	180	15.6	250	0.0041	0.70	0.47	0.117	0.74	13.50	12.75	12.50	11.76	1.00	0.99	1.00
4-3	200	25.4	300	0.0035	0.75	0.49	0.153	0.70	12.75	12.50	11.71	11.01	1.04	1.49	1.27
3-2	200	49.5	400	0.0025	0.78	0.51	0.204	0.50	12.50	12.00	10.91	10.41	1.59	1.59	1.59
2-1	250	65.7	450	0.0023	0.79	0.52	0.230	0.58	12.00	11.30	10.36	9.78	1.64	1.52	1.58
1-0	150	111.6	500	0.0026	0.97	0.57	0.285	0.39	11.3	10.9	9.55	9.16	1.75	1.74	1.75

污水管道纵剖面图常用的比例尺为：横向 1/1000～1/500，纵向 1/100～1/50。污水管道纵剖面图如图 4-14 所示。

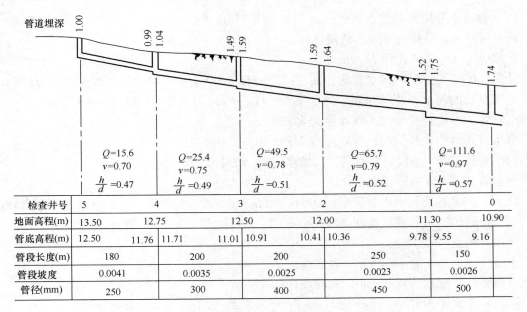

图 4-14　污水管道纵剖面

雨水管资料：

表 4-25　雨水干管流量计算表

| 设计管段编号 | 管长 L（m） | 汇水面积 F（$10^4 m^2$） | 管内雨水流行时间（min） | | 单位面积径流量（$L/s10^4 m^2$） | 设计流量 Q（L/s） | 管径 d（mm） | 坡度 i（‰） |
			$t_2 = \Sigma \frac{L}{60v}$	$\frac{L}{60v}$				
1	2	3	4	5	6	7	8	9
1-2	150	1.69	0	3.29	55.98	94.58	400	2.1
2-3	100	4.07	3.29	1.98	40.29	163.98	500	1.9
3-4	100	6.67	5.27	1.98	35.05	233.78	600	1.5

表 4-26　雨水干管水力计算表

| 设计管段编号 | 流速 v（m/s） | 管道输水能力 Q（L/s） | 坡降 $i \cdot L$（m） | 设计地面标高（m） | | 设计管内底标高（m） | | 埋深（m） | |
				起点	终点	起点	终点	起点	终点
1	2	3	4	5	6	7	8	9	10
1-2	0.76	96.00	0.315	12.030	12.060	10.730	10.415	1.30	1.65
2-3	0.84	165.00	0.190	12.060	12.060	10.315	10.125	1.75	1.94
3-4	0.84	240.00	0.150	12.060	12.040	10.025	9.875	2.04	2.27

汇总以上各专业所提供的资料，管线竖向综合如下：

1. 首先给图 4-14 中交叉点编号①②③④，其中①④为雨水管道与污水管道交叉；②③为污水管道与给水管道交叉。

2. 综合①交叉点，从所给定资料可以读出：

交叉点处地面标高 $H_{地} = 12.70\text{m}$；

污水管道 4 号检查井距离交叉点处为 $L = 50\text{m}$；

污水管道 4 号检查井起点管底标高 $H_起=11.71\text{m}$；

污水管道 4-3 号检查井间的管段坡度 $i=0.0035$；

污水管道 4-3 段的管径 $\phi300\text{mm}$。

计算：①交叉点处的污水管底标高，$H_上=H_起-L\cdot i=11.71-50\times0.0035=11.54\text{m}$；

交叉点处的污水管管底埋深，为 $\Delta H_上=H_地-H_上=12.7-11.54=1.16\text{m}$；

雨水管 3 号检查井距交叉点处距离为 $L=70\text{m}$；

雨水管 3 号检查井的起点管底标高 $H_起=10.025\text{m}$；

雨水管管道 3-4 号检查井间的管段坡度 $i=0.0021$；

雨水管管道 3-4 段的管径 $\phi600\text{mm}$。

计算：交叉点处的雨水管管底标高 $H_下=H_起-L\cdot i=10.025-70\times0.0021=9.878\text{m}$；

交叉点处的雨水管管底埋深 $\Delta H_下=H_地-H_下=12.70-9.878=2.822\text{m}$；

可以算出交叉点①处：

上面管线：污水管 $\phi300\text{mm}$，管底埋深 1.16m；

下面管线：雨水管 $\phi600\text{mm}$，管底埋深 2.822m；

则：垂直净距为 $d=\Delta H_下-\Delta H_上-\phi_下=2.822-1.16-0.6=1.062\text{m}>h_规=0.15\text{m}$。

查地下管线间垂直净距规范知：所计算的垂直净距大于表中所规定的最小垂直净距，满足要求。

3. 综合②号交叉点，从所给资料可读出：

交叉点处地面标高 $H_地=12.50\text{m}$；

污水管道 3 号检查井距离交叉点处为 $L=50\text{m}$；

污水管道 3 号检查井起点管道标高 $H_起=10.91\text{m}$；

污水管道 3-2 号检查井间的管段坡度 $i=0.0025$；

污水管道 3-2 段的管径 $\phi400\text{mm}$。

计算：②交叉点处的污水管管底标高，$H_下=H_起-L\times i=10.91-50\times0.0025=10.785\text{m}$；

交叉点②处的污水管管底埋深，为 $\Delta H_下=H_地-H_下=12.50-10.785=1.715\text{m}$；

给水管管段 2—1 段管底埋深 $\Delta H_上=1.1\text{m}$；

给水管 2—1 管段管径 $\phi200\text{mm}$。

可以算出交叉点②处：

上面管线：给水管 $\phi200\text{mm}$，管底埋深 1.1m；

下面管线：污水管 $\phi400\text{mm}$，管底埋深 1.715m；

则：垂直净距为 $d=\Delta H_下-\Delta H_上-\phi_下=1.715-1.1-0.4=0.215\text{m}<h_规=0.4\text{m}$。

查地下管线间垂直净距规范知，②号交叉点处的垂直净距不符合要求，出现矛盾，然后再根据管线综合出现矛盾时，用几让原则和垂直方向综合管线的相互顺序来解决。

管线发生冲突时，要按具体情况来解决，一般应遵循的原则是：

(1) 还未建设的管线让已建成的管线，或是规划管线让现状管线；

(2) 临时性管线让永久性管线；

(3) 小管径管线让大管径管线；

(4) 压力管线让重力自流管线；

（5）可弯曲管线让不易弯曲管线；

（6）支管线让主干管线。

各工程管线交叉时，自地表面向下排列顺序宜为：①电信电缆或电信管块；②热力管线；③电力电缆；④燃气管线；⑤给水管线；⑥排水管线。

已知压力管线让自流管，给水管线在污水管线上面，可修改给水管线，与给水专业设计人员协商，采取措施在满足最小覆土深度及技术要求的情况下可适当抬高给水管道，假如给水管抬高 0.2m，则给水管距地面埋深 0.9m。

则交叉点②处给水管的管底标高 12.5－0.9＝11.6m；

交叉点②处的垂直净距 1.715－0.9－0.4＝0.415m；

0.415m＞0.4m（规范规定最小垂直净距）；

所以，满足要求。

4. 但以上的计算过程，表示方法零乱，可简化如下表 4-27 和表 4-28：

表 4-27　交叉点① （m）

名称	截面		管底标高
污水管	0.3		11.54
雨水管	0.6		9.878
垂直净距	1.062	地面标高	12.70

表 4-28　交叉点② （m）

名称	截面		管底标高
给水管	0.2		11.6
污水管	0.4		10.785
垂直净距	0.415	地面标高	12.50

5. 依此方法可算出交叉点③④及其他交叉点处的管线标高及垂直净距。

4.3.3　场地管线综合交叉点的竖向图表示方法

此图纸的作用主要是检查和控制交叉管线的高程-立面位置，图纸比例大小及管线的布置和综合平面图相同（在综合平面上复制而成，但不绘地形，也可不注坐标），并在道路的每个交叉口编上号码，便于查对。具体如图 4-15 所示。

管线种类多且比较复杂的交叉点，应将比例尺放大（一般为 1/500）。将管道直径，地面控制高程直接注在平面上，然后将管线交叉点上两相邻管的外壁标高引出，注于图上空白处。这样可以清楚地看到管线的全面情况。

管线交叉点标高的表示方法有以下几种：

（1）在每一个管线交叉点处画一垂距简表，详见表 4-29，然后把地面标高、管线截面大小、管底标高以及管线交叉处的垂直净距等项填入表中，如图 4-15 中的第①号道路交叉口所示。如果发现交叉管线发生冲突，则将冲突情况和原设计的标高在表下注明，而将修正后的标高填入表中，表中管线截面尺寸单位一般用 mm，标高等均用 m。这种表示方法的优点是使用起来比较方便，缺点是管线交叉点较多时往往在图中绘不下。

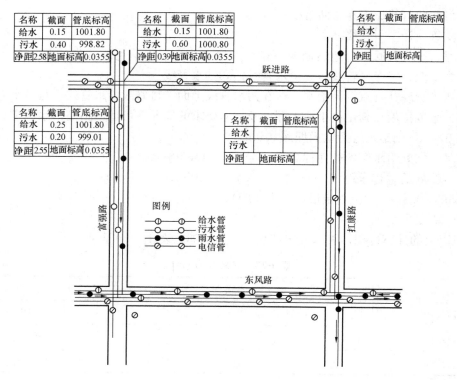

名称	截面	管底标高
给水	0.15	1001.80
污水	0.40	998.82
净距	2.58	地面标高	0.0355

名称	截面	管底标高
给水	0.15	1001.80
污水	0.60	1000.80
净距	0.39	地面标高	0.0355

名称	截面	管底标高
给水		
污水		
净距		地面标高	

名称	截面	管底标高
给水	0.25	1001.80
污水	0.20	999.01
净距	2.55	地面标高	0.0355

名称	截面	管底标高
给水		
污水		
净距		地面标高	

图例

○—①—○ 给水管
○—②—○ 污水管
●—●—● 雨水管
□—□—□ 电信管

图 4-15　管线交叉点标高

表 4-29　垂距简表 (m)

名　　　称	截　　面	管底标高
净距 (m)	地面标高	

（2）先将管线交叉点编上号码，而后依照编号将管线标高等各种数据填入另外绘制的交叉管线垂距表，表 4-30 中，有关管线冲突和处理的情况则填入垂距表的附注栏中，修正后的数据填入相应各栏中。这种方法的优点是可以不受管线交叉点标高图图面大小的限制，缺点是使用起来不如前一种方便。

（3）一部分管线交叉点用垂距在标高图上（如图 4-15 中的①号道路交叉口），另一部分交叉点编上号码，并将数据填入垂距表 4-30 中（如图中③和④号道路交叉口）。当道路交叉口中的管线交叉点很多而无法在标高图中标注清楚时，通常又用较大的比例（1/1000 或 1/500）把交叉口画在垂距表的第一栏内（表 4-30）。采用此法时，往往把管线交叉点较多的交叉口，或者管线交叉点虽少但在竖向发生冲突等问题的交叉口，列入垂距表中。用垂距表表示的管线，它们的交叉点表示清楚，很少发生问题。

（4）不绘制交叉管线标高图，而将每个道路交叉口用较大的比例（1/1000 或 1/500）分别绘制，每个图中附有该交叉口的垂距表。此法的优点是由于交叉口图的比例较大，比较清晰，使用起来也比较灵活，缺点是绘制时较费工，如果要看管线交叉点的全面情况，不及第一种方法方便。

表 4-30　交叉管线垂距表

道路交叉口图	交叉口编号	管线交点编号	交点处的地面标高	上面				下面				垂直净距（m）	附注
				名称	管径（mm）	管底标高	埋设深度（m）	名称	管径（mm）	管底标高	埋设深度（m）		
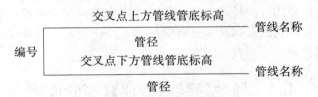	3	1		给水				污水					
		2		给水				雨水					
		3		给水				雨水					
		4		雨水				污水					
		5		给水				污水					
		6		电信				给水					
	4	1		给水				污水					
		2		给水				雨水					
		3		给水				雨水					
		4		雨水				污水					
		5		给水				污水					
		6		雨水				污水					
		7		电信				给水					
		8		电信				雨水					

（5）如果图纸上管线简单，且交叉点少，比例大时，也可把场地管线平面综合图和竖向综合图放于一张图上，先给交叉点编上号，并在图下附上每个管线交叉点处的标高，如：

$$\text{编号}\begin{array}{l}\dfrac{\text{交叉点上方管线管底标高}}{\text{管径}}\quad\text{——管线名称}\\[2mm]\dfrac{\text{交叉点下方管线管底标高}}{\text{管径}}\quad\text{——管线名称}\end{array}$$

具体如图 4-16 所示。

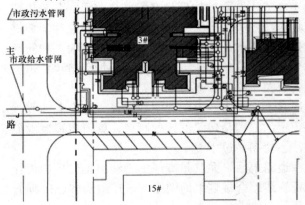

图 4-16　场地管线平面综合图和竖向综合图放在一起

147

（6）不采用管线交叉点垂距表的形式，而将管道直径，地面控制高程直接标注在平面图上（图纸比例 1/500）。然后将管线交叉点两管相邻的外壁高程用线分出，标注于图纸空白处。这种方法适用于管线交叉点较多的交叉口，优点是既能看到管线的全面情况，绘制时也较简便实用灵活，如图 4-17 所示。

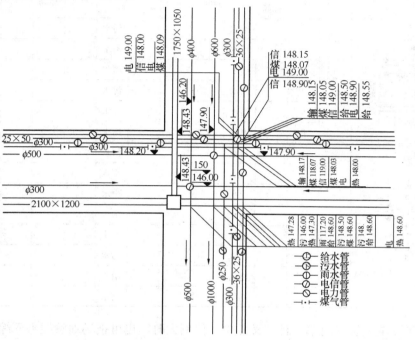

图 4-17　交叉点管线标高图

表示管线交叉点标高的方法较多，采用何种方法应根据管线种类、数量，以及当地的具体情况而定。总之，管线交叉点标高应具有简单明了，使用方便等特点，不拘泥于某种表示方法，其内容可根据实际需要而有所增减。

4.4　场地管线综合道路横断面图

该图绘制较为简单，通常采用 1/50，1/100 或 1/200 的比例将布置在该路段的各种管线逐一配入道路横断面中，标注管线种类及其相对位置关系等必要数据。这一过程往往需要经过仔细考虑和反复比较，有关问题应妥善安排，合理解决。如：在配置管线位置时，树冠易与架空线路发生干扰，树根易与地下管线发生矛盾。这些问题一定要合理地加以解决。道路横断面的各种管线与建筑物的距离，应符合各有关单项设计规范的规定。

绘制城市工程管线综合总体规划图时，通常不把电力和电信架空线路绘入综合总体规划图（或综合平面图）中，而在道路横断面图中定出它们与建筑红线的距离，就可以控制它们的平面位置。把架空线路绘入综合规划图后，会使图面过于复杂。

工业区、厂区中的架空线路不一定架设在道路上面，尤其是高压电力线路架设以后再迁移就有一定困难，因此一般都将它们绘入工程管线综合规划平面图中（低压电力线路除外）。

4.4.1　工程管线道路标准横断面图

工程管线道路标准横断面示意图如图 4-18 所示。图纸比例通常采用 1/200，图面内容主要包括：

（1）道路红线范围内的各组成部分在横断面上的位置及宽度，如机动车道、非机动车道、人行道、分隔带、绿化带等；

（2）规划确定的工程管线在道路中的位置；

（3）道路横断面的编号。

4.4.2　修订道路标准横断面图

工程管线综合施工设计时，有时由于管线的增加或调整设计所作的布置，需根据综合管线平面图，对原来配置在道路横断面中的管线位置进行补充修订，管线道路横断面图的数量较多，通常是分别绘制，汇订成册，其图纸比例和内容与标准道路横断面图相同。

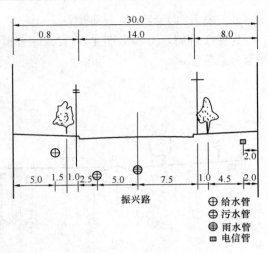

图 4-18　工程管线道路标准横断面示意图

关于所绘图纸的种类，可根据具体情况而有所增减。有时，根据管线在道路中的布置情况，采用较大的比例尺，按道路逐条地进行综合和绘制图纸。总之，应根据实际需要并在保证质量的前提下，尽量简化综合工作。

4.4.3　现状道路横断面图

规划设计阶段的管线综合完成以后，建设管理部门要对这些工程加强管理。修建完工以后，应根据每项工程的竣工图编制管线工程现状图。管线工程现状图（以下简称现状图）是极其重要的，因为它反映了各种管线在实地上的情况；通过现状图就能对地上、地下的管线情况了如指掌。建设单位在已敷设管线的地段选厂，或进行修建，申请接管线时，城市建设部门可向他们提供现状资料，以便设计和施工时参考，避免由于不了解情况而发生损坏其他管线等事故。对于后建的管线工程也要根据现状情况而安排它们的位置。

管线工程现状图并不是等各项工程竣工后才着手编制，而是继每项工程（或一项工程某一段）竣工验收后，就将它绘到现状图上。现状管线改建完成后，也须根据竣工图修正现状图。现状图通常采用较大的比例尺来绘制，自 1/2000～1/500 不等，视场地大小、管线繁简等情况而定。如果场地较小、管线较简单，有时将现状建筑和现状管线合绘在一张图上，否则，则分别绘制。图中要详细表明管线的平面位置和标高、各段的坡度数值、管线截面大小、管道材料、检查井的大小和井内各支管的位置和标高，检查井间距离、相邻管线之间的净距等。此外，还可制订一些表格，以记录图中无法详细绘入的必要资料。

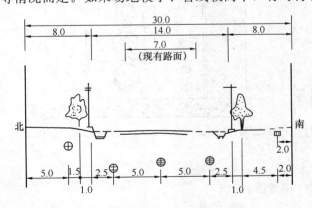

图 4-19　现状道路工程管线横断面图

同一道路的现状横断面图和规划横断面图均应在图中表示出来，表示的方法，或用不同的图例和文字注释绘在一个图中（图 4-19），或将二者分上下两

149

行（或左右并列）绘制。

为便于理解，可参见图 4-20 管线综合道路横断面图、图 4-21 总管道示意图、图 4-22 国外部分总管示例。

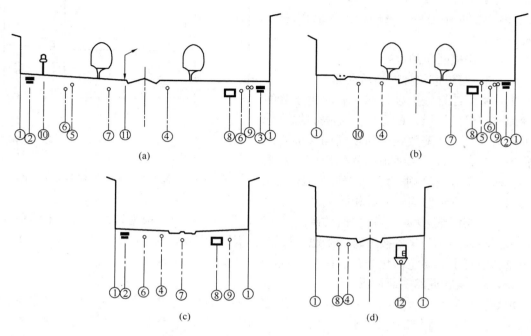

图 4-20　管线综合道路横断面图

(a) 厂内干道管线布置；(b) 建物间（有铁路）管线布置；(c) 建筑物间管线布置；(d) 有通行地沟布置

1—基础外缘；2—电力电缆；3—通讯电缆；4—生活及消防上水管；5—生产上水管道；6—污水管道；

7—雨水管道；8—热力地沟及压缩空气管道；9—乙炔管道和氧气管道；10—煤气管道；11—照明电杆；

12—可通行地沟（内有生产上水、热力、压缩空气、雨水管道和电缆等）

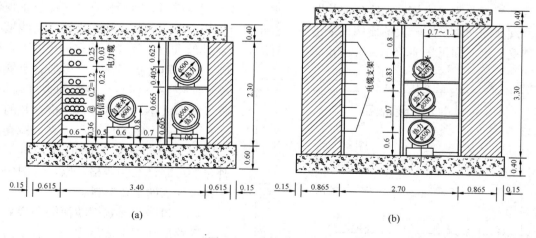

图 4-21　总管道示意图

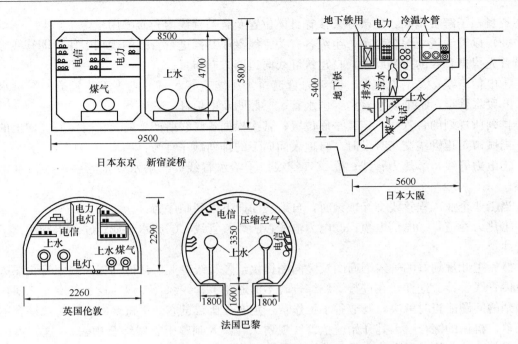

图 4-22　国外部分总管道示例（mm）

4.5　场地管线综合绘制方法

　　管线综合绘制步骤一般为：（1）管线综合人员首先将总平面布置图分别提供给各有关专业；（2）各管线专业接到所提供的总平面布置图后，应将本专业所设计的管线及其有关附属的重要设备，根据技术要求和合理的敷设方式，结合总平面布置的具体情况布置在该图上；（3）根据管线综合布置的原则和具体技术要求，管线综合人员进行初步的管线综合布置；（4）管线综合人员根据各管线专业都同意的管线综合方案，进行管线的定位计算及点的检算。

　　从以上管线综合绘制的四个步骤可以看出：在第二个步骤中，各专业在总平面图上布置该专业的设计管线及有关附属设施时，没有条件考虑其他管线及有关附属设施和管线综合对该管线的影响；在第三个步骤中，管线综合人员把各管线专业所提供的管线布置在一张平面图上，对管线综合时出现的矛盾，由管线综合人员根据一定的规范和技术要求进行解决。然后，将初步综合布置的管线综合图再返回各有关专业，审查此图是否能满足专业管线技术要求。若不能满足其技术要求，进行修改，然后再返回管线综合人员，进行第二次各专业修改后管线的管线综合。如此反复，协商研究，最后由管线综合人员提出管线综合方案。这样，管线综合人员仅起到各管线之间简单的、机械的综合作用，不仅工作量大，要不断往返于各管线专业之间，而且定案速度比较缓慢。其结果导致管线综合依赖于各管线专业，没有起到真正意义上的规划综合，且在整个设计中管线综合规划已失去其权威性和主导性。

　　也有的规划设计院在场地管线综合时，为了克服以上的缺点，其管线综合步骤为：

　　（1）管线综合人员首先将总平面布置图及有关资料分别提供给各有关专业，使各专业先熟悉资料，了解各车间、生产办公楼等具体位置及有关管线内介质的用量。

（2）以管线规划综合为主，组织各有关管线专业共同进行管线的规划工作，即管线综合人员首先根据管线的排列顺序，自建筑红线向道路方向布置：

①电信电缆；②电力电缆；③热力管道；④压缩空气、氧、氮等工艺管道；⑤给水管道；⑥废水管道；⑦消防水管；⑧雨水管；⑨照明及电信杆。

排列所规划的各管线，定其平面位置；其次根据各管线所产生的交叉点定其竖向上的位置，当城市工程管线交叉敷设时，自地表面向下的排列顺序宜为：

①电力管线；②热力管线；③燃气管线；④给水管线；⑤雨水排水管线；⑥污水排水管线。

当工业企业工程管线交叉敷设时，自地表面向下排列顺序为：

①热力管道；②电信电缆；③电力电缆；④燃气管线；⑤给水管线；⑥污水管线；⑦雨水管线。

然后把此规划好的管线平面图及竖向图提供给各管线专业，让他们据此规划管线图进行各单体管线设计。这样，在进行管线综合时不但避免了管线综合专业往返于各专业之间，而且遇到的问题能当时解决，既节省了工作量，定案也比较迅速。更重要的是，管线综合不再是简单、机械的综合（因其开始就把管线规划综合渗入到整个管线综合中去），这样可以节省管线的占地，使各类管线之间，管线与各建筑物之间能有机结合起来。

（3）在已定的管线综合方案中，进行管线的定位计算。主要解决各类管线的平面位置，即各类管线之间及管线与建筑物之间平面上相对位置的关系。

（4）在管线综合平面图的基础上，进行管线竖向施工图设计，主要是解决交叉口的竖向问题。

（5）绘制主要道路上的规划道路横断面图，修定道路横断面图及现状道路横断面图。

5 工程地质特殊地区的管线布置

5.1 冻土地区管线布置

5.1.1 冻土的定义

所谓冻土是指凡含水的松散岩石或土体，当其温度处于 0℃ 或负温时，其中水分转变成结晶状态（即使是一部分）且胶结了松散的固体颗粒，则称为冻土（岩）。一般把那种虽然温度已达 0℃ 或 0℃ 以下，但不含水和未被水所胶结的松散土体称为寒土。含水分少的砂、砾石、碎石等粗粒土，在负温下也呈松散的状态，故也称为寒土而不称为冻土，以示区别。寒土的力学性质与一般常温土壤没什么差异，只是要求管道工程加强防冻措施，而使其管道输送的含水介质保持在 0℃ 以上（建议按 +5℃ 计算）即可。而冻土的力学性质则与一般常温土壤的力学性质有很大的差异，且发生着一系列奇异独特的冻土现象。管道工程在这种地基上也将引起一些特殊的技术课题。

5.1.2 冻土的分类

冻土的分类方法很多，常用的方法有：

1. 按冻融周期划分

我国冻土按照冻结时间的长短，即冻融周期，可分为三大类：

（1）多年冻土，该冻土区的地表或地下冻土保持冻结的持续时间在两年以上；

（2）季节冻土，地表土层每年冬季冻结，夏季全部融化；

（3）瞬时冻土，冻结时间仅持续几小时或数日。

2. 按表层冻土与下部土层的结构分类

（1）衔接多年冻土，夏季的夏融活动层当冬季冻结时，与其下层的多年冻土层相衔接。

（2）不衔接多年冻土，夏季夏融的活动层当冬季冻结时，与下部的多年冻土层不衔接，即中间夹有一层融土层。

（3）季节冻土，仅表土层冬季冻结，下部不存在冻土层。

3. 按土的冻胀性分类

这种方法是根据土质、水分（包括地下水位）的类型及含量进行分类，能较确切地反映出土的冻胀特性及在冻胀过程中水的热交换对土体力学性质变化过程的影响。根据《建筑地基基础设计规范》（GB 50007）中的规定，对季节性冻土将土的冻胀性分为不冻胀、弱冻胀、冻胀、强冻胀四类。

4. 冻土按融沉性质分类

可划分为四类：（1）不融沉；（2）弱融沉；（3）融沉；（4）强融陷。

5.1.3 我国冻土的分布及特性

我国位于欧亚大陆的东南部，就大陆本部而言，从北往南大致穿越 35 个纬度（北纬53°～18°）；东西相隔 61 个经度（东经135°～74°）。辽阔的疆域，复杂的地形，使我国的冻土地区具有类型多、分布广的特点。

我国的多年冻土主要分布在青藏高原、帕米尔、西部高山（如祁连山、天山、阿尔泰山等），东北大小兴安岭、长白山，内蒙古的大石山、汗山等。

季节冻土遍布在不连续的多年冻土的外围地区。

瞬时冻土的南界大致与北回归线（22°N）相一致，此界线以南，除山地外，一般无冻土。我国的冻土分布面积见表 5-1。我国冻土的分布相当普遍，仅季节冻土和多年冻土就约占我国领土面积的 75%。

表 5-1　各类冻土的分布面积

冻土类型	面积（$10^4 km^2$）	占全国面积的百分数（%）
多年冻土	206.8	21.5
季节冻土	513.7	53.5
瞬时冻土	229.1	23.9

注：表中所列数字是根据冻土分布图统计得到，并非实测数字。实际多年冻土分布面积要小于该统计数字，因为大片连续的和不连续的多年冻土区内本身就包含了非多年冻土。

冻土所处的地理条件不同，其形成的原因也各不相同。东北冻土区位于我国最高纬度，以丘陵山地为主，虽然海拔不高，因受西伯利亚高压冷空气气流的影响，成为我国最寒冷的自然区。冻土的平面分布及其厚度明显地受到纬度地带性控制，自西北向东南由大片连续分布变为岛状分布。冻土厚度也由厚变薄，冻土层的年平均地温自北而南逐渐升高，大约纬度每降低一度，气温升高 1℃，年平均地温升高 0.5℃，是多年冻土与非多年冻土之间的过渡地带。然而森林植被茂密，低洼处沼泽化，苔藓及泥炭的发育，以及冬季逆温等综合因素，成为我国高纬度多年冻土存在及发育的典型特征。现以东北大小兴安岭多年冻土的特征为例，列于表 5-2。

表 5-2　东北大小兴安岭多年冻土的主要特性

地　区	年平均气温（℃）	年平均地温（℃）	最大季节融化深度（m）	多年冻土厚度（m）	多年冻土分布状况
古莲-呼中-根河等大兴安岭西坡	<−5.0	−3.5～−1.0	3.0	50～120	70%～80%为大片连续分布
三河-拉布达林-乌尔其汗等大兴安岭北部山地	−5.0～−3.0	−1.5～−0.5	20～50		50%～60%为岛状融区
阿尔山-绰尔河源头等大兴安岭阿尔山山地	−4～−3			20～30	60%为冻土
海拉尔-满洲里-新巴尔虎左旗等呼伦贝尔丘陵区	−2.5～−0.5	−1.0～0	2.5	5～15	岛状冻土
哈达图-牙克石-洪和尔村等大兴安岭西坡丘陵区	−3.5～−2.5	−1.0～0	2.0～2.5	10～20	冻土面积约占20%～25%
呼玛-爱辉等大兴安岭东坡丘陵区	−2.5～−0.4	−1.0～0	2.8	5～20	冻土面积约占10%～30%
孙吴-乌伊岭-伊春等小兴安岭低山丘陵	−1.0～1.0	−1.0～0	2.9	5～15	冻土面积<20%
松嫩平原北部边缘地带	−1.0～0	−0.5～0		<10	冻土零星分布，面积<5%

5.1.4 冻害及其对管线工程的影响

冻土与一般土质的力学性能有明显的差异，特别是多年冻土，产生的冻土现象对工程建设的影响也更为明显，处理不当则会使工程造成很大损失。由于地基土中的水分在冻结和融化过程中引起了土的力学性质和体积的改变，土中的水在冻结过程中产生胶结力和冻胀力，使水和土胶结在一起，在土中的水变成冰的同时，其体积膨胀，使土体颗粒产生位移，即土体膨胀，当有外界约束时，冻土体积的膨胀就形成了冻胀力。当冻土中的冰融化后，土体体积缩小，土体强度降低，使冻土产生热融沉陷、融冻泥流等冻害现象。

所谓冻害就是由于含水土（石）的冻结及消融过程中因土的力学性质或形状变化而对工程产生的危害，这种危害成为冻害，因而冻害也就分为两类：

（1）因土（石）的冻结形成的冻土现象产生的冻害，如冻胀丘、冰锥、寒冻石流等。

（2）因土（石）的消融而产生的冻害，如融冻滑塌、融冻泥流、热融沉陷等。

5.1.4.1 冻胀机理对管线工程的影响

冻胀是地壳表面天然土体在一定的负温条件下土中水热综合转移，相态转化而形成的一种自然现象。当这种交换达到一定的临界程度时，在负温、水分、可冻岩土同时共存的条件下，地壳表层便转入冻结状态，形成了冻土层以及伴随形成的冻土现象。液态或固态的水，含有水汽的气体，它们之间同时存在又相互制约，并形成非均匀的毛细多孔结构，特别是在这个多相体系中存在着胶体、游离的离子、极化的水分子和冰晶，因而，冻土是一个物理学-化学体系，同时也是一个地理-地质体系。

冻结作用是土层物理和化学性质综合的变化，也是土层状态的改变，其中包括热量交换，水分迁移，水的相变，以及在荷载、温度、相变和脱水（浸水）条件下的各种力学过程，这一综合过程中的热量和相态的变化过程分别在不同的土温条件下成为决定性的过程，在一定条件下每一过程是各自相对独立的，且由各自内在的特性决定其变化规律，但又是相互联系的，故构成了一个复杂的反馈系统，决定了土层整体的特征和规律。

建于季节性冻土地区的地下灌溉管道及其他输水管道，常由于土的冻胀作用而产生破坏。土的冻胀作用对地下管道的破坏作用主要表现在两个方面：其一，是由于沿管线长度方向的不均匀冻胀使管道产生弯曲而受力；其二，是地下管道给水柱与连结点在支管周围切向冻胀力作用下的破坏。

地下管道常由于以下几种情况而产生不均匀冻胀：

（1）管道同临时性道路相交叉［图 5-1（a）］，在道路两旁的耕作层或雪覆盖层下其

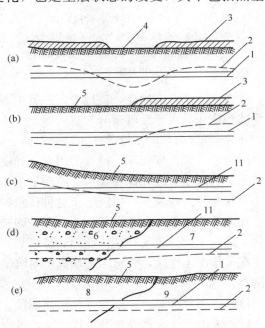

图 5-1 地下管道沿长度方向不均匀冻胀示意图
1—管道；2—冻线界；3—雪；4—道路；
5—地面；6—非冻胀土；7—冻胀土；
8—中等冻胀土；9—强冻胀土

冻结深度显著较道路通过处小。当道路通过处冻深大于管道埋深时，这部分管道将受冻胀力作用，进而产生弯曲。

（2）当管道从有覆盖（植被或雪）地段向无覆盖地段过渡时［图5-1（b）］，由于无覆盖段冻深加大，也可使这部分管道因受冻胀力作用而产生弯曲。

（3）当管道通过高低不平地段时［图5-1（c）］，由于覆盖土层薄厚不等，也可能在薄土层处因受冻胀力作用使管道产生弯曲。

（4）当渠道通过不同冻胀性土交界地段时［图5-1（d）、（e）］，由于管道受冻胀力不均，也可能产生弯曲。

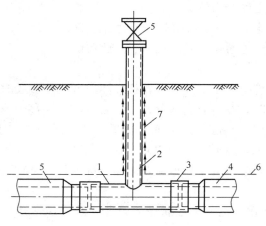

图 5-2　给水栓与地下管连结点
1—金属干管；2—竖立支管；3—接头套管；
4—石棉水泥管；5—阀门；6—冻结线；
7—切向冻胀力

上述管道在不均匀冻胀力作用下的弯曲常造成以下结果：当渠道采用瓦管或石棉水泥等低强度材料时，常常会发生断裂、漏水；对钢管，尽管有时未产生断裂，但也常由于在弯段积水结冰使管冻裂。

管道的给水栓与竖向支管的连结通常采用图5-2中的结构形式。埋入冻土层内的竖向支管，将受切向冻胀力作用，进而牵动与之连接的干管。地下管道的工程实践证明，土体冻胀力严重地破坏地下管道中某些个别构件的整体性，而遭受破坏最严重的是给水栓与管道的连结结点。

（5）当地下管道全部或部分埋在冻层之内，且冬季有水时，管道内水便结成冰形成冰塞，使水不能通过，春季地表融化后，管道内冰仍不能融化，使地下灌溉管道不能按时供水。另外，管道内的冰在温度回升时产生体积膨胀，可导致管道开裂。

5.1.4.2　热融沉陷对管线工程的影响

因自然（如气候转暖）或人为因素（如砍伐与焚烧树木、修建工程），改变了地面的温度状况，引起季节融化深度加大，致使地下冰或多年冻土层发生局部融化，因而上覆土层在土体自重和外力作用下产生沉陷，这种现象称作热融沉陷。

在多年冻土地区，几乎每一项工程，如铁路、公路、管道等都可能因处理不当而引起热融化沉陷，从而导致工程结构变形、破坏。

在多年冻土地区，管道工程基础热融沉陷是其冻害的主要表征之一，按沉降的性质可分为两类：

（1）压密性沉降。主要发生在沼泽地段，经过1～2年后一般即可稳定。

（2）突陷。在突然外加荷重作用下，过饱和状态的多冰黏性土融化后，其承载能力等于零，使之发生突然沉陷。

由于热融沉陷形成管道基础不均匀沉降，因而轻则造成管道工程坡度改变，重则形成管道脱节、折断。

5.1.4.3 融冻泥流对管线工程的影响

缓坡上的细粒土受冻融作用而结构破坏，又因下伏冻土层的阻隔，土中水分不能下渗，从而使土饱和，甚至成为泥浆，在重力作用下，徐徐蠕动，这种现象叫融冻泥流。融冻泥流一般发生在排水不良的缓坡上，移动速度缓慢，其危害性类似滑坡现象，因而管道的受力层如坐落在融冻泥流层上就极不稳定。

5.1.5 冻土地区管线冻害原因分析

通过对多年冻土地区管线工程设施营运状况的调查，可以看出管线工程存在的问题主要是冻害或因为气候严寒而引起的其他问题。管线工程中冻害最严重的是给排水管道及其附属设施，现在从设计、施工和运营管理三个方面进行分析。

1. 设计方面

管网布置时供水支管过多、过长，支管管径小其抗冻能力甚差，夜间管内水处于停滞状态时则极易冻结。

给水管道埋设方式多采用深埋管道，埋管深度约在 3m 左右。深埋管道存在的问题是：

① 管道散热量大。由于水管没有特殊的保温层，仅依靠土层保温，从热工条件来看，埋设在土层中的水管热阻极小，水管散热量大，水温不易保持而易冻结。

② 施工维修困难。多年冻土地区，开挖管沟十分困难，效率又低。如在温暖季节虽然表层土壤融化，但此时地表水多，往往又需排水设备。在运用中，管道一旦发生故障维修十分困难，为了寻找故障部位，常常需要动用大量人力并花很长的时间。

③ 回填材料。采用塔头草或泥炭回填其保温性能虽然好些，但由于回填时常常呈冻结状态，很难夯实，其保温性能也不理想。设计中也曾以炉渣回填，但炉渣浸水以后保温性能降低，对管道腐蚀也比较严重，故不宜采用。

2. 施工方面

冻土地区给水管道施工季节的选择是一项很重要的环节。冬季施工效率很低，夏季多雨且塔头草下多半为多年冻土，开挖时常发生塌方，还需排水设施。管道的冻害与施工季节有密切关系。据调查有许多发生冻害的给水站如金林、得尔布尔、阿龙山等管道均系冬季施工的，运营后第一年都不同程度地发生了管道沉陷事故。这是因为在含冰量较大的冻土中，水管通水以后周围土壤解冻，土壤结构变形引起热融沉陷，这是管道基底沉陷以致水管折断的主要原因。此外冬季施工的水管，由于回填冻土块不能夯实，其保温性能极差，管道在第一次通水时，由于热耗很大，水温急剧下降，极易发生冰结事故。

3. 运营管理方面

冻土地区的给排水系统需要有一套完善的管理方法，例如原水加温、测温，泵水的班制和时间，管网末端定时放水、定期的巡回检查等都十分重要。管理不善也是给排水工程发生故障的原因之一。譬如，有些给水站为了防止水管冻结，把原水加温过高，不但浪费了燃料而且由于管道散热量增大，使管道周围融化圈扩大，以致管基变形，使水管折断。又如泵房的工作班制，泵水时间安排不当，两次泵水的时间间隔过长，而泵水时间过短，对于维持水槽内的水温非常不利，尤其是当送水管长度较大，管内贮存水量占水塔容量的比例大于 1/3 时更为突出。运营中水槽或水塔内水温过低是管道发生冻结事故的潜在因素。正常情况下水槽或水塔内的水温应维持在 4℃ 左右。给水设施的检查维修不及时也是造成冻害事故的原因。

5.1.6 冻土地区对管线工程的要求

在冻土地区建设管道工程，首先在设计和选线阶段应将管线布置在不冻胀或弱冻胀的地基土上，其代表地貌如：基岩裸露的坡地；风化残积层很薄或以碎石、砾石为主的残积层上；河流冲积的高阶地等地段。管线场地应尽量避免选在有河流淹没或多冰的细粒土或富冰的碎石土地段。一般在现场踏勘时可遵守以下几条：

（1）管线场地应尽量选择在地势高、地下水位低、地表排水良好的地段；

（2）当须做管架时，应正确判定土的冻胀类别，合理确定基础深度，使之受力层坐落在稳定的地基土上；

（3）管道工程的敷设不应干扰原来的地基土的冻结状况；

（4）不论常温或高温管道在冻土地区均应加强保温；

（5）当管线布置在不连续分布的多年冻土间的季节冻土区时，这些冻土区的冻土深度较一般季节性冻土区的深度要深，因此，在这些地区布置管道前，要先了解当地的土壤冻结深度，临近地区的冻深只能作为参考；

（6）不论常温和高温管道均应考虑管道热胀冷缩的应力消除措施。

5.1.7 冻土地区管线防治冻害的措施

由于水是冻土地区冻害的一个主要因素，因此对于水管或含水的其他介质管道，以及其他能够冻结的液体管道，应根据管道的重要性，冻结的程度，以及管道工程其他情况和要求采取相应的防治冻害的措施。

5.1.7.1 给水管网防治冻害的措施

1. 深埋管道

虽然深埋管道存在不足之处，但它也有很多可取之处。例如管道埋设在地面下3m处，由观测可知3m处地温变化幅度很小，与1m、2m处地温相比地温有明显的提高，因而管道散热量较小。如以埋管深度1m处水管的热损失为100%，则2m处为48.6%，2.5m处为46%，3m处为31.2%，可见深埋管道对防冻有利。从实践中可知，深埋管道经过一段时间运营之后，管基趋于稳定，同时在周围土层中形成了融化圈。这时管道的防冻能力是很强的，即使是停水时间较长也不会引起冻害。

经过长期的实践及科研观测，铺设深埋管道时应注意以下环节：

（1）设计前必须取得管线所经地段的地质资料，主要是要查明0～4m范围内地温变化、土层含冰量及其融沉性质。

（2）设计时应把注意力集中在基底稳定上。对于融沉地段，管底以下0.5～1m范围内以砂卵石或非融沉土换填。

（3）水管接口应采用柔性填料，如采用橡胶圈接口或铅接口，使其具有变形适应能力。水管与检查井或建筑物交接处应留有环状孔隙，其中填充以弹性材料，防止产生不均匀沉降时危及管道。

（4）选择有利的施工季节，应避开冬季和雨季。本地区有利于施工的季节为4～6月和9～11月。施工中特别要注意基底处理、水管接口及回填土的施工质量。回填材料应使用融化的土料，避免回填冻土块，并要夯实。

（5）管道建成后第一次通水应尽量避免在严寒季节，使用时原水加温要适度，一般加温到6～8℃为宜。水塔或山上水池水温应维持在4℃左右，并以此来安排给水所工作班制及泵水时间，尽量减少在管内的停留时间。

2. 保温管道

由于直接埋入土层的管道出现问题较多，故开始对给水保温管道进行了系统研究并取得成功。

（1）保温管道的特点

保温管道具有以高效保温材料构成的保温层。即使管道铺设在地面以上，管道的散热量也可控制在维持正常工作所允许的范围内。因此，保温管道不一定必须埋设在地面以下，根据当地条件也可以铺设在地面上或架立在支架上。由于保温管道散热量小，从而改善了管道的防冻性能并消除了因管道散热引起的管基热融沉陷问题，从根本上解决了深埋管道遇到的难题。

保温管道的散热量与深埋管道相比，热损失可以减少 $80\% \sim 85\%$。

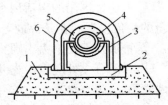

图 5-3　玻璃棉保温的地面式管道
1—管基；2—底板；3—支架；4—水管；
5—玻璃棉保温层；6—防护外罩

（2）保温管道的类型及构造

按铺设方式不同可将保温管道分为地面式、架空式、浅埋式和直埋式四种类型：

① 地面式保温管道。这种类型管道构造简单，沿地面铺设，易于施工，如图 5-3 所示。

② 架空式保温管道。这种管道适用于地质条件不良地段，如沼泽、泥塘或受洪水威胁的地段以及管道穿过沟渠处，以桩或柱支承管道，架空铺设。其构造如图 5-4 所示。

③ 浅埋式保温管道。这种保温管道埋设在地面以下 1.0～1.5m。浅埋式保温管道的构造与地面式管道大体相同，但因埋设于地面下，为防止地下水侵入防护外罩，在接缝处应有止水措施，如图 5-5 所示。防护外罩内亦有排水系统，不使地下水聚积。

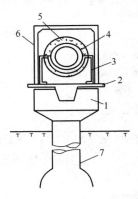

图 5-4　架空式保温管道结构
1—承台；2—"T"形梁；3—支架；4—水管；
5—保温层；6—防护外罩；7—爆扩桩

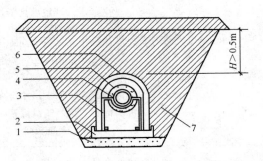

图 5-5　浅埋式保温管道结构示意
1—砂垫层；2—底板；3—支架；4—水管；
5—保温层；6—防护外罩；7—回填土

④ 直埋式保温管道。这种保温管道设有防护外罩，是把包扎有保温层的水管直接埋设在土层中，故施工简单。埋管断面如图 5-6 所示。保温层应采用吸水性小而本身又具有一定强度的材料，以适应在土层中的环境。试验证明，质地致密的聚苯乙烯泡沫塑料（密度在

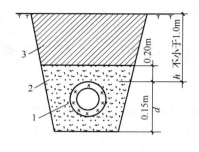

图 5-6　直埋式保温管道埋设断面
1—保温层；2—砂土；3—回填土

$100kg/m^3$ 以上）用于直埋式保温管道是较合适的。

（3）保温管道类型的选择

影响管道类型选择的因素很多，设计时可根据当地的具体条件选择适当类型。表 5-3 中列出了各类管道的适应条件及特点，可供参考。

（4）保温管道设计要点

① 管网的平面布置应以地形、地物为控制点，并以不妨碍交通和地表水的排泄为原则。

② 主要干管应尽量靠近用水点，最好采用送配兼用管网。

③ 供住宅区用的生活用水支管不宜过长，用水点的实际耗水量至少应大于支管本身容水量的两倍以上。在条件许可时尽量与干管联成环状管网。

④ 管道在平面上力求顺直，减少折角。

⑤ 管网分支处应设检查井，直线管段上检查井间距架空式、地面式为 400～500m，浅埋式管道为 200～300m。

⑥ 浅埋式保温管道的底板应高于地下水位 0.2m。

⑦ 由水泵房至水塔（或山上水池）扬水管的单向坡度至少不小于 2‰。如因地形起伏不能满足上述要求时，则应在纵剖面的变坡点处设置排水阀及排气阀，以便维修时可将水全部排空。

⑧ 配水管均设计为单向坡度，当管道末端低于干管时应在末端设排水阀以利维修。

表 5-3　选择管道类型应考虑的几项因素

因素类型	地质地貌情况	保温性能	管线周围环境	施工维修条件
地面式	除沼泽及受洪水威胁的地区外均可敷设	环境温度低，较浅埋式管道差，在负荷较大的管线上使用较好	对站区作业和地面交通有影响，上述地区不宜采用	施工简易，工程造价较低，维修方便
浅埋式	地下水较高处或有冻胀、沉陷的土层中不宜采用	因土层中温度较大，气温度高，保温性能较好	要考虑与地下构筑物的干扰	施工不如地面式方便，造价较高维修条件较差
架空式	适用于管线穿过沼泽、沟渠或洪水威胁的地段	与地面式管道大体相同	影响交通，不适于在站区或住宅区内敷设	施工较复杂，但维修方便
直埋式	适用于地下水位低，地质情况良好的地方	比浅埋式管道稍差	要考虑与地下构筑物的相互干扰	施工较简单，维修条件较差

5.1.7.2　排水管网防治冻害的措施

1. 敷设方式及埋管深度

一般情况下，排水管道应埋设在地面下，但在地下水位高或地质不良地段排水管也可采用半填半挖或填土形式敷设。

污水具有一定的温度是保证水管可靠工作的必要条件。埋管深度大一些，土层温度有所上升，管道的热阻也增加。但埋管过深则工程造价高，施工维修困难。排水管道工作情况与给水管道不同，排水管大都是重力式自流管，停止排水期间管内不积水，不致发生冻害，所以对保温要求较给水管道放宽一些。根据调查及试验资料，建议排水管的埋深可以浅些，以 1.5～2.0m 为宜。回填材料则以泥炭为优，因为泥炭即使饱含水分仍具有较好的绝热性能。

2. 管径、坡度及流量

大量的实地调查材料证明，排水管的管径、坡度适当加大并使其通过一定的流量，是保证水管正常工作的重要条件。据满洲里调查资料（该地区季节冻深为 3.8m），某处 $\phi150mm$ 出户管埋深仅 1.1m，管轴线处地温为 $-10℃$，曾连年发生冻害。后来将管道坡度改建使坡度大于 7‰以后，不再出现冻害，当使用人数增加、排水量增大以后，排水管即不再冻结。

从调查中得知，排水管路冻害常常是由于局部堵塞排水不畅引起的，因此管径和坡度都应适当加大。但管径选择时也要兼顾到水力条件，避免发生淤塞。

如果排水管距离过长，超过临时距离，就有冻结的可能。

为了避免排水管冻结，应该采取必要的措施。提高污水温度、增加污水流量或提高排水管热阻，都可以使临界距离增加。污水温度主要取决于给水温度和居民的生活方式，据现场观测资料显示，冬季污水温度略高于给水温度。从增加临界距离考虑，增加管道热阻和维持水管必要的排水量是易于做到的。排水管越长，必须维持的排水量也越大，设计时应予注意。

5.1.7.3　附属构造物防治冻害的措施

1. 检查井

采用钢筋混凝土整体结构，进入孔内应设防寒木盖，其上填充保温材料。水管穿过井壁处必须留有环状孔隙，其间填充柔性材料，防止因不均匀沉陷危及管道。井壁周围应以非冻胀性土壤回填，以防冻胀。

检查井底部以设流槽为宜，因为沉淀槽易于冻结。

在融沉性土层地段检查井地基也必须做换填处理。

2. 暗式出水口

排水管内温度与大气温度差值极大，因而在排水管的始端和末端产生了热位差压头，驱使冷空气不断侵入排水管并形成气流循环造成出水口处管壁过度冷却，以致冻结。

暗式出水口则可以消除上述弊端，它的构造是在出水口设一个沉淀井，周壁与放射状的沟槽相连，均系以干砌片石码成。沉淀井上有钢筋混凝土盖板，盖板以上及干砌片石沟槽上均以塔头草及泥炭覆盖作为保温层，厚 1～1.5m，填筑成半锥体型式。由沉淀井至填土坡脚距离约为 3m。暗式出水口的构造如图 5-7 所示。

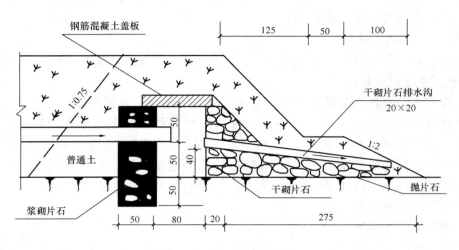

图 5-7 暗式出水口构造图（m）

5.2 黄土地区管线布置

5.2.1 黄土概念

黄土是一种第四纪沉积物，具有一系列内部物质成分和外部形态的特征，不同于同时期的其他沉积物。同时，在地理分布上也不同于其他沉积物，而是分布于一定的自然地理区域中，有一定的规律性。

一般认为黄土具有以下全部的特征，当缺少其中一项或几项特征的称为黄土状土。这些特征是：

（1）颜色以黄色、褐黄色为主，有时呈灰黄色；

（2）颗粒组成以粉粒（0.005～0.05mm）为主，含量一般在 60％以上，几乎没有粒径大于 0.25mm 的颗粒；

（3）孔隙比较大，一般在 1.0 左右；

（4）富含碳酸钙盐类；

（5）垂直节理发育；

（6）一般有肉眼可见的大孔隙。

黄土在一定压力（即土自重压力或土重压力与附加压力）下受水浸湿后结构迅速破坏而发生显著附加下沉的现象，称为湿陷。浸水后产生湿陷的黄土称为湿陷性黄土。但是，并不是所有的黄土都具有湿陷性，如有些地区黄土层的厚度达几十米到一、二百米，其中有湿陷性的只是接近地表的一小部分，一般为几米到十几米。

5.2.2 黄土工程特征

1. 黄土的结构与构造

黄土的颗粒组成以粉粒为主，其含量可达 55％以上，其中粗粉粒（0.01～0.05mm）含量大于细粉粒（0.005～0.01mm）的含量。黄土中的黏粒，大部分被胶结成集粒或附在砂粒及粗粉粒的表面。黄土中的粉粒和集粒共同构成了支承结构的骨架。较大的砂粒则"浸"在结构体中。由于排列比较疏松，接触连接点较少，构成一定数量的架空孔隙，而在接触连接处没有或只存在少量胶结物质。常见的胶结物质有聚集在连接点的黏粒、易溶盐及沉积在该处的碳酸钙、硫酸镁等。

2. 黄土的水理特性

（1）渗水性

由于黄土具有大孔隙及垂直节理等特殊构造，故其垂直方向的渗透性较水平方向的大，黄土经压实后大孔构造被破坏，其透水性也大大降低。此外，黏粒的含量也会影响黄土的渗透性，黏粒含量较多的埋藏土及红色黄土经常成为透水不良或不透水的土层。

（2）收缩和膨胀

黄土遇水膨胀，干燥后又收缩，多次反复容易形成裂缝及剥落。由于黄土在堆积过程中土的自重作用使粉粒在垂直方向的粒间距离变小，所以具有天然湿度的黄土在干燥后，水平方向的收缩量比垂直方向的收缩大，一般约大 $50\% \sim 100\%$。

（3）崩解性

各类黄土的崩解性相差很大，新黄土浸入水中后，很快就全部崩解；老黄土则要经过一段时间才全部崩解；红色黄土浸水后基本不崩解。

3. 黄土的力学特性

（1）黄土的抗剪强度

原状黄土的各向异性：由于垂直节理及大孔隙的存在，原状黄土的强度随方向而异，黄土的水平方向一般强度较大，45°方向强度居中，垂直方向强度最小。但是，冲积、洪积黄土则因存在有水平层里的关系，则以水平方向强度最低，垂直方向强度最大，45°方向仍居中。

（2）黄土的湿陷性

黄土浸水后在外荷载或土自重的作用下发生的下沉现象，称为湿陷。湿陷性黄土又可分为自重湿陷与非自重湿陷两类。自重湿陷是指土层浸水后仅仅由于土的自重发生的湿陷；非自重湿陷是指土层浸水后，由于自重及附加压力的共同作用而发生的湿陷。

黄土的湿陷性可按室内压缩试验在一定压力下测定的湿陷系数 $\delta_s < 0.015$ 时，定为非湿陷性黄土；当湿陷系数 $\delta_s \geqslant 0.015$ 时，定为湿陷性黄土。

5.2.3 黄土的分布概况

我国黄土分布面积，据中国科学院地质研究所和北京大学地理系所编制的中国黄土分布图，为 $635280 km^2$，占世界黄土分布总面积的 4.9% 左右。黄土主要分布在北纬 33°～47°之间，而以 34°～45°之间最为发育。在这个区域内，一般气候干燥，降雨量少，蒸发量大，属于干旱、半干旱气候类型。黄土分布地区的年平均降雨量多在 $250 \sim 500mm$ 之间。年平均降雨量小于 $250mm$ 的地区，黄土很少出现，主要为沙漠和戈壁。年降雨量大于 $750mm$ 的地区，也基本上没有黄土分布。

我国黄土分布南始于甘肃南部的岷山、陕西的秦岭、河南的熊耳山、牛伏山，北以陕西白于山、河北燕山为界，与北方沙漠、戈壁相连。自北而南，戈壁、沙漠、黄土逐渐过渡，呈带状排列，西起祁连山，东至太行山，包括黄河中、下游的环形地带。这种横贯我国北方，呈东西走向、带状分布的特征，明显受我国北部山脉和地形的影响，反映出我国黄土的形成与地理位置和气候条件的关系。

我国湿陷性黄土的分布面积约占我国黄土分布总面积的 60% 左右，大部分分布在黄河中游地区。这一地区位于北纬 $34°\sim41°$、东经 $102°\sim114°$ 之间，北起长城附近，南达秦岭，西自乌鞘岭，东至太行山，除河流沟谷切割地段和突出的高山外，湿陷性黄土几乎遍布本地区的整个范围，面积达 27 万 km^2，是我国湿陷性黄土的典型地区。除此之外，在山东中部、甘肃河西走廊、西北内陆盆地、东北松辽平原等地也有零星分布，但一般面积较小，且不连续。

5.2.4 黄土的湿陷机理

黄土的湿陷现象是一个复杂的物理、化学、地质学的变化过程，它受到多方面因素的影响和制约。因此，对黄土湿陷的原因和机理各种学说见解不一，但总地来说可以归纳为内因和外因两个方面。内因主要是由于土本身的物质成分（指颗粒组成、矿物成分和化学成分）和其结构，外因则是水和压力的作用。

根据湿陷性黄土的性质可以这样来解释黄土的湿陷：湿陷性黄土在外因水分的作用下，逐渐浸入土体，破坏了原来的土体力学结构，同时土体的一些盐类受水浸湿后，使易溶盐溶解，降低了土体的胶结力，加之湿陷性黄土在形成过程中具有一定的孔隙，特别是上部土层或新近堆积的黄土层处于欠压密状态，所以湿陷性黄土在外因水分和压力的作用下，压力强度超过土体的抗压强度而产生沉陷。当然，黄土湿陷的原因远非如此简单，在此，只能做一般的介绍。

5.2.5 湿陷性黄土地区管道工程设计的技术措施

根据黄土的湿陷机理可知，湿陷性黄土具有遇水湿陷的特性，所以对于输送水或含水的汽（气）体管道，以及性质类似水的其他介质的管道，应根据管道的重要性，场地的湿陷等级，以及管道工程其他情况和要求采取相应的技术措施。

5.2.5.1 给水、排水管道设计的技术措施

（1）室外管道宜布置在防护范围外，在防护范围内，地下管道的布置应缩短其长度。管道接口应严密不漏水，并具有柔性。检漏井的设置，应便于检查和排水。

（2）对埋地铸铁管应做防腐处理。对埋地钢管及钢配件宜设加强防腐层。

（3）屋面雨水悬吊管道引出外墙后，应接入室外雨水明沟或管道水明沟或管道。在建筑物的外墙上，不得设置洒水栓。

（4）检漏管沟，应做防水处理。其材料与做法可根据不同防水措施的要求，按下列规定采用：

① 检漏防水措施，检漏管沟应采用砖壁混凝土槽形底或砖壁钢筋混凝土槽形底。

② 严格防水措施，检漏管沟应采用钢筋混凝土。在非自重湿陷性黄土场地可适当降低标准；在自重湿陷性黄土场地，对地基受水浸湿可能性大的建筑，尚宜增设卷材防水层或塑料油膏防水层。

③ 高层建筑或重要建筑，当有成熟经验时，可采用其他形式的检漏管沟或有电讯检漏系统的直埋管中管设施。

直径较小的管道，当采用检漏管沟确有困难时，可采用金属钢筋混凝土套管。

（5）检漏管沟的设计，除应符合第（4）条的要求外，并应符合下列规定：

① 检漏管沟的盖板不宜明设。当明设时或在人孔处，应采取防止地面水流入沟内的措施。

② 检漏管沟的沟底，应设坡度坡向检漏井。进出户管的检漏管沟，沟底坡度宜大

于 0.02。

③ 检漏管沟的截面，应根据管道安装与检修的要求确定。当在使用和构造上需保持地面完整或地下管较多，并需集中设置时，宜采用半通行或通行管沟。

④ 不得利用建筑物和设备基础作为沟壁或井壁。

⑤ 检漏管沟在穿过建筑物基础或墙处不得断开，并应加强其刚度。穿出外墙的检漏管的施工缝，宜设在室外检漏井处或超出基础 3m 处。

（6）当有地下管道或管沟穿过建筑物的基础或墙时，应预留洞孔。洞顶与管道及管沟顶间的净空高度：对消除地基全部湿陷量的建筑物，不宜小于 200mm；对消除地基部分湿陷量和未处理地基的建筑物，不宜小于 300mm。洞边与管沟外壁必须脱离。洞边与承重外墙转角处外缘的距离不宜小于 1m；当不能满足要求时，可采用钢筋混凝土框加强。洞底距基础底不应小于洞宽的 1/2，并不宜小于 400mm，当不能满足要求时，应局部加深基础或在洞底设置钢筋混凝土梁。

（7）检漏井的设计，应符合下列规定：

① 检漏井应设置在管沟末端和管沟沿线的分段检漏处，并应防止地面水流入。

② 检漏井内宜设集水坑，其深度不得小于 30cm。

③ 当检漏井与排水系统接通时，应防止倒灌。

（8）检漏井、阀门井和检查井等，应做防水处理，并应防止地面水、雨水流入检漏井或阀门井内。在建筑物防护范围内，宜采用与检漏管沟相应的材料。不得利用检查井、消火栓井、洒水栓井和阀门井等兼作检漏井。但检漏井可与检查井或阀门井共壁合建。

（9）在湿陷性黄土场地，对地下管道及其附属构筑物，如检漏井、阀门井、检查井、管沟等的地基设计，应符合下列规定：

① 应设 150～300mm 厚的土垫层；对埋地的重要管道或大型压力管道及其附属构筑物，尚应在土垫层上设 300mm 厚的灰土垫层。

② 对埋地的非金属自流管道，除应符合上述地基处理要求外，还应设置混凝土条形基础。

（10）当管道穿过井（或沟）时，应在井（或沟）壁处预留洞孔。管道与洞孔间的缝隙，应用不透水的柔性材料填塞。

（11）管道在穿过水池的池壁处，宜设在柔性防水套管内或在管道上加设柔性接头。水池的溢水管和泄水管，应接入排水系统。

5.2.5.2　供热管道设计的技术措施

（1）热力管道及其进口装置宜明设。当埋地敷设时，必须设置管沟，但其阀门不宜设在沟内。

（2）建筑物防护范围内的热力管沟，其材料与做法应符合第 5.2.5.1 节给水、排水管道设计的技术措施的第（4）条和第（5）条的要求。检查井、检漏井应采用与管沟相应的材料和做法。在建筑物防护范围外，或对采用基本防水措施的建筑、管和检查井的材料与做法，可按一般地区的标准执行。

（3）热力管沟的沟底坡度宜大于 0.02，并应坡向室外检查井，检查井内应设集水坑，其深度不应小于 300mm。检查井可与检漏井合并设置。在过门地沟的末端应设检漏孔，地沟内的管道应采取防冻措施。

（4）直埋敷设的供热管道、管沟和各种地下井、室及构筑物等的地基处理，应符合第5.2.5.1节的第（9）条的要求。

（5）地下风道和地下烟道的人孔或检查孔等，不得设在有可能积水的地方。当确有困难时，应采取措施防止地面水流入。

（6）架空管道和室外管网的泄水、凝结水不得任意排放。

5.2.5.3　管线综合布置的技术措施

湿陷系数 $\delta_s \geqslant 0.015$ 的黄土属于湿陷性黄土，它具有遇水下陷的特性。因此，在湿陷性黄土地区布置管线时，要特别注意埋地水管、雨水明沟、水渠、水池等渗漏对邻近建（构）筑物和其他管线的不良影响。

为避免建（构）筑物的基础和管线遇水下沉而遭到破坏，埋地水管、排水沟、引水渠应尽量远离建（构）筑物布置，各种管线也应尽量远离水池布置。当需要靠近布置时，则应尽量缩短靠近的长度，并采取有效的防水措施。彼此之间防护距离的要求分述如下：

（1）在湿陷性黄土场地内，埋地水管、排水沟、雨水明沟等与建筑物之间的防护距离，宜大于表5-4所列数值。难以满足时，应采取与建筑物相应的防水措施。

（2）在湿陷性黄土场地内，埋地水管、雨水明沟与架空管道支架之间的防护距离，应按表5-4规定的数值采用。难以符合规定时，应处理管道支架地基，或对埋地水管、雨水明沟采取防水措施。

（3）在自重湿陷性黄土场地内，各种管道之间或不漏水的雨水明沟与管道之间的防护距离，不应小于2.5～3.5m；未铺砌的雨水明沟与管道之间的防护距离，不应小于5.0m。

（4）在自重湿陷性黄土场地内，埋地管道与水池之间的防护距离，应按表5-4中对甲、乙类建筑物规定的数值采用，但小型水池（如集水池、化粪池等）可不受此限制。

表5-4　埋地道管、排水沟、雨水明沟等与建筑物之间的防护距离（m）

各类建筑	地基湿陷等级			
	I	II	III	IV
甲	—	—	8～9	11～12
乙	5	6～7	8～9	10～12
丙	4	5	6～7	8～9
丁		5	6	7

（5）新建水渠与建筑物之间的防护距离：在非自重湿陷性黄土场地内，不得小于12m；在自重湿陷性黄土场，地不得小于湿陷性土层厚度的3倍，并不应小于25m。

（6）在防护范围内的雨水明沟，不得漏水。在自重湿陷性黄土场地宜设混凝土雨水明沟；防护范围外的雨水明沟，宜做防水处理，沟底下均应设灰土（或土）垫层。

（7）地下管道应结合具体情况采用下列管材：压力管道应采用给水铸铁管、钢管或预应力钢筋混凝土管等；自流管道宜采用铸铁管、离心成型钢筋混凝土管、离心成型混凝土管、内外上釉陶土管或耐酸陶土管等，当有成熟经验时，也可采用自应力钢筋混凝土管或塑料管等。

5.2.6　湿陷性黄土地区管道工程的施工及维护

5.2.6.1　管道工程的施工

一项完善的工程设计，有待于精心施工才得以实现。在湿陷性黄土地区，除了要按一般要求确保工程质量外，对于管道工程的临时施工防水措施和施工工程本身的防水措施必须给予特别注意。为此，在施工前应根据湿陷性黄土的特性和设计要求，因地制宜地统筹安排施工程序、编制施工组织设计和施工总平面图，并提前做好施工现场的防水和排水工作；施工期间，应防止雨水或其他用水浸入沟槽内。施工所开挖的沟槽应尽量缩短暴露时间，以减少外界水分的浸入。管道工程施工的主要要求是：

（1）合理安排施工程序，管道施工应根据"先深后浅"的原则安排施工程序，以减少交叉施工。对于大型管道应尽量避开雨季施工。否则，应采取措施，以防止地面水流入基槽。

（2）管底基槽底面应有一定的坡度，在低洼处设置排水井，以便及时排除积水。另外，当沟槽挖好后，因故不能马上铺管时，应保留沟槽基底设计标高以上 20cm 厚的土层不挖，待即将铺管时再挖至设计深度，以防止雨水浸湿地基。

（3）准备回填的土壤也应防止被水浸泡，以保证回填土的质量。同时，也不得用有机物或砖石等块状体回填。回填土夯实后其干容重不得小于 $1.5\mathrm{g/cm^3}$。在管顶上方 0.5m 以下回填土时应两侧对称地同时回填，以防止管道发生位移和断裂。

（4）管道的试压水禁止就地无组织地排放，应引至排水管道或明沟内及时排出。

（5）施工中遇到砂巷（兰州地区较多）或墓穴（西安地区较多）时，应根据其埋藏深浅，平面尺寸大小及对管道工程的影响程度，妥善处理。

（6）管基经夯实或其他方法处理后，应迅速进行下一工序施工。若地基遇水浸湿呈可塑状态时，应进行换土或铺一层不小于湿土厚度 1/3 的碎砖或生石灰加以夯实。

（7）施工期间临时用的给水管道至建筑物的距离，在非自重湿陷性黄土场地不宜小于 7m；在自重湿陷性黄土场地，不宜小于 10m，并应做好排水措施。给水支管应装有阀门。在用水点处应有排水设施，并应将水引入排水系统。

（8）所有施工用的临时管道，施工完后应及时拆除。

（9）管道工程安装完毕必须进行压力试验。

5.2.6.2　管道工程的维护

湿陷性黄土地区管道工程的维护管理工作，是确保防水措施发挥作用，防止管道和建筑物地基浸水湿陷，保持建筑物和管道的安全和正常使用的重要环节。为此，使用单位应根据单位规模的大小或管道工程量的多寡设立专门机构或专职人员，负责组织、检查和维护管理工作。积累和保存各种技术资料，建立工程技术档案，为今后建立完善的维护管理制度打好基础。维护管理机构一般应具备下列资料：

（1）区域建筑物总平面图；

（2）各种管道工程的总平面图；

（3）地基基础处理情况的原始资料；

（4）工程地质勘察报告，其中应包括场地的湿陷类型、湿陷等级、湿陷性土层的厚度和土的物理、力学性质等内容；

（5）工程沉降观测点和水准点的位置和起始时的相对高差；

（6）施工验收和竣工资料；

（7）设计文件中提供的维护管理工作说明书或指示书。

维护工作的主要内容有：

（1）检查和维修各种沟、管，应经常保持畅通，遇到漏水或故障，负责尽快排除。

（2）对埋地的输送各种含有水、汽的压力管道，一般每隔 3～5 年进行一次泄压检查（采用工作压力）；对自流管道进行一次常压泄漏检查，发现泄漏应及时修理。

（3）对检漏设施进行定期检查。一般检漏设施每半月检查一次，对采用严格防水措施的设施应每周检查一次，发现有积水时应及时消除和修复，并设立专册进行记录。

（4）每年结冻以前，对有冻裂可能的管道，应检查保温措施，以防冻裂。

（5）对沉降观测点应定期进行观测和记录，以便及时地发现湿陷现象，防止事故扩大。

（6）发现的事故处理后，应多次从各方面进行检查，以了解处理事故的可靠性。

（7）室外管网的泄水、凝结水，不得任意排放。

5.3　地震地区的管线布置

5.3.1　地震的发生过程

地震又称地动、地振动，是地壳快速释放能量过程中造成振动，期间会产生地震波的一种自然现象。地震主要分为构造地震和火山地震两大类。水库蓄水后增加了地壳压力，有时诱发地震。地震发源的地方，叫做震源。震源在地面上的垂直投影，叫做震中。震中及其附近的地方称为震中区，也成为极震区。震中到地面上任一点的距离叫震中距离（简称震中距）。目前有记录的最深震源达 720km。破坏性地震一般是浅源地震。

5.3.2　地震的分类

地震的种类可以根据地震成因、震源深度、震中距、震级等四个因素进行划分。

（1）按成因划分

① 构造地震。由于地下岩层错动而破裂所造成的地震称为构造地震。全球 90% 以上的天然地震都是构造地震。

② 火山地震。由于火山作用（喷发、气体爆炸等）引起的地震称为火山地震。火山地震占全球发生地震数的 7%。

③ 陷落地震。由于地层陷落（如喀斯特地形、矿坑下塌等）引起的地震称为陷落地震。陷落地震占全球地震总数的 3%。

（2）按震源深度划分

① 浅源地震。震源深度小于 60km 的天然地震称为浅源地震，也称正常深度地震。大多数地震都为浅源地震。

② 中源地震。震源深度在 60～300km 之间的地震称为中源地震。

③ 深源地震。震源深度大于 300km 的地震称为深源地震。已记录到的最深地震的震深度约 700 km。有时也将中源地震和深源地震统称为深震。

（3）按震中距划分

① 地方震。震中距小于 100km 的地震称为地方震。

② 近震。震中距小于 1000km 的地震称为近震。

③ 远震：层中距大于 1000 km 的地震称为远震。

（4）按震级划分

① 弱震。M<3 的地震称为弱震。

② 有感地震。3<M<4.5 的地震称为有感地震。

③ 中强震。4.5<M<6 的地震称为中强震。

④ 强震。M>6 的地震称为强震。其中 M>8 的地震又称为巨大地震。

5.3.3 我国地震活动的主要特点

1. 我国地震活动分布范围广

据历史记载，我国的绝大多数省份都曾发生过 6 级以上的地震，地震基本烈度 6 度及其以上地区的面积占全部国土面积的 79%。由于地震活动范围广，震中分散，再加之科学技术上的原因，以致不宜捕捉地震发生的具体地点，难以集中采取防御措施。

2. 地震的震源浅、强度大

我国的地震大部分发生在大陆地区，这些地震绝大多数是震源深度为 20～30km 的浅源地震，对地面建筑物和工程设施的破坏较重。只有东北鸡西、延吉一带，及西藏、新疆西部个别地区，发生过震源深度大于 30km 的浅、中源地震或 400～500km 的深源地震。近 80 年来，我国发生 7 级以上强震约占全球的 1/10 多，而地震释放总能量则占全球同期强震释放总能量的 2/10～3/10。

3. 位于地震区的大、中城市多、建筑物抗震能力低

我国 450 个城市中，位于地震区的约占 74.5%，其中有一半位于地震基本烈度 7 度及其以上地区。28 个百万以上人口的大城市有 85.7% 位于地震区，50 万～100 万人口的大中城市和 20 万～50 万人口的中、小城市有 80% 位于地震区。特别是一些重要城市，如北京、昆明、太原、呼和浩特、拉萨、西安、兰州、乌鲁木齐、银川、海口、台北等，都位于地震基本烈度 8 度的高烈度地震区。

5.3.4 地震对管道工程的作用效应

1. 撞击作用（倒摆振动现象）

地震引起的振动是以波的形式从震源向各个方向传播的，这就是地震波。因而地震波必定在场地地基土的传导下作用于管道工程，管道工程在强烈的地震波运动的作用下就犹如一个外力对它产生撞击作用，因而引起形变、破坏，甚至产生断裂。我们以一个架空管道为例进行讨论，由于管网可认为是一种无限长的柔性线状结构，因而我们可以架设管道的重量集中于一点，作用在支架顶端，如图 5-8、图 5-9 所示。

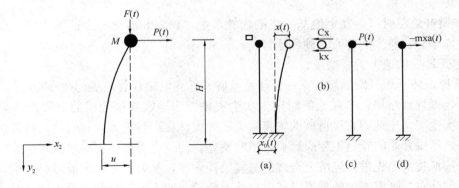

图 5-8　倒摆竖向振动影响　　　　图 5-9　弹性体系地震计算图

2. 密压作用（不均匀沉降）

地震波的传播可以近似地认为是按正弦波的规律疏密相间地连续向前传播的振动波。由于连续地振动，场地土在地震波的作用下，就会产生晃动或颠簸。在晃动或颠簸的过程中，由于场地土密度情况不同，就会产生不同的地震效应。

3. 斜坡作用

由于地震能引起山摇地动，因此斜坡地区的岩（土）体在这一机械振动的作用下，会形成岩石崩塌、滑落，使管道工程遭受位移或砸撞破坏，这种现象称为斜坡效应。滑体受力模式如图 5-10 所示。

4. 鞭击效应

由于架空敷设的管道，支架均近似杆状结构，其管道负荷可看作是集中于柱顶的一点。这时支架在地震疏密波的作用下，则可能呈现如图 5-11 所示的几种类型，这种地震引起的效应称为鞭击效应。

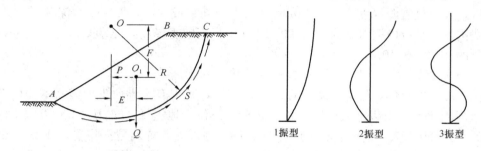

图 5-10　地震对斜坡稳定性的作用图　　　　图 5-11　鞭击效应

5. 破裂作用

强烈地震时，由于地下断层的错动和地面运动的结果，常常在地面产生裂缝现象。地震裂缝断续总长可从几米到几公里。其形状呈平行斜裂或齿形交错。因此处于裂缝处的管道在地震力的作用下是极易断裂的。

5.3.5　地震区管道工程的一般设计原则

（1）选择对抗震有利场地，管道工程的抗震能力与场地有着密切的关系。历次地震震害调查表明，同类型的工程设施，由于场地不同，遭受地震破坏的程度会有很大差别。

选择场地的原则是：

① 应避开地震时可能发生地基失稳的松软场地，如饱和砂土、人工填土等，选择坚硬的场地，如基岩、坚实的碎石、硬黏土等；

② 避开地质构造上的断层带；

③ 选择地势平坦开阔的场地，避开陡坡峡谷、孤立的山丘等地质构造不稳定的场地。

（2）合理规划布局，避免地震时产生次生灾害。非地震直接造成的灾害，称为次生灾害，有时次生灾害比地震直接造成的灾害损失还要大。在进行总体规划时，应特别注意输送有毒、易燃易爆介质的管道工程应远离人口密集处，同时应考虑必要的切断和排放措施。

（3）选择技术上先进、经济上合理的抗震结构方案，并力求管系体形简单，重量、刚度对称且均匀分布。管道工程的敷设方式可分地上敷设和地下敷设两种，重心越高对抗震越不利，因而埋地比架空要好。当架空敷设两根管道组合后的重心应尽量和支柱的轴线和形心相重合。

（4）保证结构的整体性，并应使其结构具有一定的延性和柔性，即选用柔性管材和采用柔性连接方式。结构的整体性主要是对有各种支撑构建的敷设而言，应使其管道和支撑结构连成一体，当管道没有卡箍和支撑结构连接时，应在管道两侧设置挡板，以防甩动。各种管道宜采用柔性管材，不宜采用脆性管材。

（5）减轻地上管道的自重，尽量降低管道的重心。

（6）保证施工质量，确保地震设防措施的完好。

（7）管线尽量远离地震断层带，且不应平行于断层可能变形最大的走向，当穿越断层应斜交以减少管道的剪切变形。

（8）管网应布置成多回路、环状管网，以便多向供应介质。当条件可能时，水源、气源等动力站应设置两个以上，并布置在不同方向，使管网形成并联网络。

5.3.6 震区管线的防护措施

1. 防止位移的措施

（1）稳定基础、防止液化。当管道处于液化可能的地段时，应有防止液化的技术措施，避免地震时因地基液化造成管道失稳。

（2）各种支架应生根牢固可靠，当生根于墙体上时，应验算墙体的稳定性，并不得架设在设防标准低于其管道设防烈度标准的建筑物上。

（3）架空管道的支架宜采用钢架或钢筋混凝土架，不宜采用砖石砌体支架。

（4）竖向辐射的管道应稳固，管径较大或较重时，下部应加支墩，如图 5-12 所示。

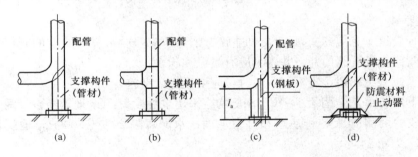

图 5-12　抗震支撑法

（5）滑动支座的管道应在支架端部设置侧向挡板，对有滑脱危险的管座应将管托加长，管径 DN≤250mm 的管道每间隔一个支撑点和端部支撑点应设防震卡，如图 5-13 所示。

（6）地下管道的上方不宜堆放重物，以防增加地基沉降和妨碍发震时应急抢救。

（7）管道应远离缺乏抗震能力的建（构）筑物，以防倒塌砸坏管道。

（8）当管道有铰接支架（沿管线方向）支撑时，应有防止支架轴向倾倒的措施。

2. 抗震消能措施

（1）所有管材应选用抗震性能好的，多用具有一定柔性的钢管、铸铁管、钢筋混凝土管等，少用或不用材质性脆的陶土（瓷）管、塑料管、玻璃管等。其连接方式对于钢管可采用焊接，对于承插管应采用柔

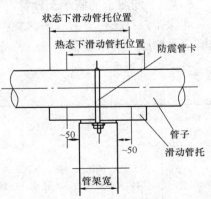

图 5-13　滑动管拖正常位置图

171

性或半柔性连接。承插式管道下列部位必须采用柔性接口：

① 过河两侧；

② 穿越铁路及其他重要交通干线两侧；

③ 主要干线、支线上的三通、四通，大于45°的弯头等附件与直线管段连接处；

④ 管道与泵房、水池、气柜等建（构）筑物连接处；

⑤ 地基土质有突变处。

（2）管道在穿过建（构）筑物的墙或基础时，应符合下列要求：① 应在墙或基础上设置套管，管道与套管之间隙内应采用柔性填充料填充；② 当穿过的管道必须与墙或基础嵌固时，应在嵌固管段就近设置柔性接头。

（3）管道与设备连接时，应采取措施使管道能有适当的伸缩量和挠性。

（4）当管道穿过河流、沟渠、道路等障碍需要降低标高时，宜为降坡敷设，其倾角一般不大于30°，如图5-14所示，并应在两端设置柔性接口。

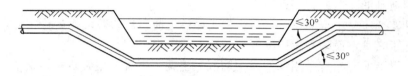

图 5-14　管道降坡式敷设示意图

3. 其他措施

（1）各种管道应有应急关断装置和排放措施，并应安全可靠。架空的阀门应有攀登构造，埋地的阀门应设置阀门井，井内不应有淤泥和积水。

（2）管道应避免死角，当不可避免时，应增设排放设施。

（3）在下列场所应设置阀门，阀门两侧均应采用柔性接头：① 地震断裂带两侧；② 地基土可能液化段的两侧；③ 各种热水和自来水输送水网每隔2000～3000m，输配水网1000～1500m设一分段阀门。

5.4　膨胀土地区的管线布置

5.4.1　膨胀土的概念及分类

膨胀土系指土中含有较多的黏粒及其亲水性较强的蒙脱石、伊利石等黏土矿物成分，它具有遇水膨胀，失水收缩，是一种特殊膨胀结构的高液性黏土。

分类可见表5-5所列。

表 5-5　膨胀土工程地质分类

膨胀土类别	野外地质特征	主要黏土矿物成分	黏粒含量（%）	自由膨胀率（%）	膨缩总率（%）
强膨胀土	灰白色、灰绿色，黏土细腻、滑感特强，网状裂隙极发育，有蜡面，易风化呈细粒状、鳞片状	蒙脱石、伊利石	>50	>90	>4

膨胀土类别	野外地质特征	主要黏土矿物成分	黏粒含量（%）	自由膨胀率（%）	膨缩总率（%）
中等膨胀土	以棕、红、灰色为主，黏土中含少量粉砂，滑感较强，裂隙较发育，易风化呈碎粒状，含钙质结核	蒙脱石、伊利石	35～50	65～90	2～4
弱膨胀土	黄、褐色为主，黏土中含较多粉砂，有滑感，裂隙发育，易风化呈碎粒状，含较多钙质或铁锰结核	伊利石、蒙脱石、高岭石	<35	40～65	0.7～2

5.4.2 膨胀土的主要工程特性

1. 多裂隙性

膨胀土中普遍发育有各种特定形态的裂隙，形成土体的裂隙结构，这是膨胀土区别于其他土类的重要特性之一。

膨胀土的裂隙按成因类型，分为原生裂隙与次生裂隙。目前裂隙具有隐蔽特点，多为闭合状的显微结构。次生裂隙多由原生裂隙发育而成，有一定继承性，但多张开状，上宽下窄呈V形外貌。

膨胀土中的裂隙一般至少有2～3组以上，不同裂隙组合形成膨胀土多裂隙结构体。这些裂隙结构的特征，表现在平面上大多呈一定规则的多边形分布。在空间上主要有三种裂隙，即陡倾角的垂直裂隙、缓倾角的水平裂隙及斜交裂隙。其中前两者尤为发育，这些裂隙将膨胀土体分割成一定几何形态的块体，如棱柱体、棱块体、短柱体等。

研究表明，膨胀土中的裂隙通常是由于构造应力与土的胀缩效应所产生的张力应变形成，水平裂隙大多由沉积间断与胀缩效应所形成的水平应力差而形成。

2. 超固结性

膨胀土的超固结性，是土体在地质历史过程中曾经承受过比现在上覆压力更大的荷载作用，并已达到完全或部分固结的特性，这是膨胀土的又一重要特性。但并不是说所有膨胀土都一定是超固结土。

膨胀土在地质历史过程中向超固结状态转化的因素很多，但形成超固结的主要原因是由于上部卸载作用的结果。

3. 胀缩性

膨胀土吸水后体积增大，可能使其上部建（构）筑物隆起；若失水则体积收缩，伴随土中出现开裂，可能造成建（构）筑物开裂与下沉。

一般认为收缩与膨胀的两个过程是可逆的，但已有研究表明，在干湿循环中的收缩量与膨胀量并不完全可逆。

4. 崩解性

膨胀土浸水后其体积膨胀，在无侧限条件下则发生吸水湿化。不同类型的膨胀土，其湿化崩解是不同的。这与土的黏土矿物成分、结构及胶结性质和土的初始含水状态有关。

一般由蒙脱石组成的膨胀土，浸入水后只需经过几分钟即可崩解。

5.4.3 影响膨胀土胀缩变形的因素

影响膨胀土胀缩变形的因素有内部因素和外部因素。

5.4.3.1 内部因素

1. 黏土矿物和化学成分

含蒙脱石越多，其吸水和失水的活动性越强，胀缩变形也越显著，已如前述，这种现象常用膨胀晶格理论和扩散双电层理论来解释。同一种矿物，其膨胀性与其所吸附阳离子价有关，离子价越低，则膨胀性越大，如钠蒙脱石的膨胀性要比钙蒙脱石大 3.6 倍。

2. 黏粒含量

当矿物成分相同时，土的黏粒含量越大，则吸水能力越强，胀缩变形也越大。

3. 土的孔隙比

在黏土矿物和天然含水量都相同的条件下，土的天然孔隙比越小，则浸水后膨胀量越大，收缩量越小；反之亦然。

4. 含水量的变化

影响含水量变化的因素除气象条件外，还有植物吸湿、地基土受热、地表水渗入、管道漏水以及地下水位的变化等。土的含水量一有变化，就会导致土的胀缩变形，其规律如图 5-15 和图 5-16 所示。

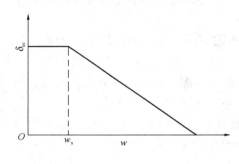

图 5-15 含水量对膨胀的影响

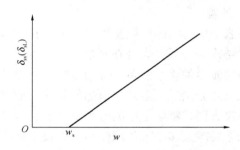

图 5-16 含水量对收缩的影响

由图 5-15 可见，含水量越大，则膨胀越小；含水量越小，则膨胀越大；且当含水量等于土的缩限时，膨胀量最大。由图 5-16 可见，土的含水量对收缩的影响恰与上述情况相反，含水量越小，则收缩越小，而当含水量等于缩限时，则收缩为零。

5. 土的微结构和结构强度

土的微结构是影响土的膨胀性的一个因素。我国近年来的研究表明：面-面叠聚体是膨胀土产生膨胀的一个主要结构原因，而且曲片状、密集排列和粘胶基质的面-面叠聚体的膨胀性要比平片状、疏松排列和黏粉基质的大。

土的结构强度越大，其限制土的胀缩变形的能力也越强。当土的结构受到破坏后，土的胀缩性随之增强。

5.4.3.2 外部因素

1. 气候条件

在雨季，土中水分增加；在旱季，则水分减小。房屋建造后，室外土层受气候的影响较大。因此，基础内外两侧土的胀缩变形不一样，有时甚至外缩内胀。由于变形的不均匀性，导致了建筑物开裂或破坏。

季节性气候变化对地基土中水分的影响随深度的增加而递减，因此，确定当地的大气影响深度对防治胀缩变形的危害具有重要的实际意义。

2. 作用压力

作用压力小时膨胀量大，压力大时膨胀量小，而且当施加土上的压力大于土的膨胀力时，土浸水时不但不膨胀，反而产生压缩。所以，膨胀土所受的作用力对其遇水膨胀有着重要的影响。

3. 地形地貌

实践表明，低地的膨胀土地基比高地的膨胀土地基的胀缩变形要小得多。在坡地、坡脚地段的膨胀土地基较坡肩地段的同类地基的胀缩变形也要小得多，这是由于高地和坡肩地段土中水分蒸发条件较好，因此，土中含水量的变化幅度较大，胀缩变形也较大。

4. 绿化

在炎热干旱地区，建筑物周围的阔叶树（尤以桉树为甚）常对建筑物地基的变形造成不利影响，尤其在旱季，当无地下水或地表水补给时，由于树根的吸水作用，使土的含水量减少，从而加剧了土的干缩变形，使近旁有成排树木的房屋开裂。

5. 日照及室温

日照的时间和强度也是一个影响因素。调查表明，房屋的向阳面（东、南、西三面，尤其是南、西两面）开裂较多，而背阳面则开裂较少。

5.4.4 膨胀土地区的管线布置

1. 敷设方式的选择

（1）地上敷设。常温或高于常温的管道均可地上敷设。对于高于常温的管道，除管道工艺本身要求保温外，基于减少土体水分的蒸发，也要求管道应进行保温。管道的支撑结构应坐落于胀缩性能稳定的土层上。

（2）地下敷设。地下敷设包括埋设和地沟敷设两种方式。

管道埋设深度的选择除考虑管道工艺本身的要求外，还应考虑膨胀土的胀缩性、膨胀土的埋藏深度，以及大气影响深度等因素。当膨胀土埋藏较深或地下水位较高时，管道可浅埋敷设，这类工程应选用具有一定柔性的钢管、铸铁管，采用焊接或柔性连接。若膨胀土层不厚，或在地下一定深度后土体较稳定时，则管道尽量敷设在膨胀土下的非膨胀土中或膨胀性能小的土中。根据我国一些地区多年观测实验的成果，膨胀土地区地基土基本稳定的基础埋设深度列于表 5-6，以供参考。故不采取其他措施的情况下，建议管线埋设深度不小于表 5-6 给出的深度。实际观测和调查研究表明，即使在同一地区，因地形地貌条件的差异，以及土层胀缩性能的差异等因素，其大气影响的急剧变化层的土层厚度也各有不同。所以在确定管道埋深时，应重视当地的施工经验。

表 5-6 膨胀土地基平地基础有效埋深

地区	深度（m）	说明	地区	深度（m）	说明
宁明	1.5～2.0	Ⅰ级膨胀土	南宁	1.5～2.0	Ⅱ级膨胀土
宁明	2.0～2.5	Ⅲ级膨胀土	南宁	2.0～2.5	Ⅲ级膨胀土
南宁	1.2～1.5	Ⅰ级膨胀土	柳州	1.2～1.5	

地区	深度（m）	说明	地区	深度（m）	说明
桂林	1.2		合肥	1.2～1.5	Ⅰ、Ⅱ级膨胀土
湛江	1.3～1.5		南阳	1.2～1.5	Ⅰ级膨胀土
韶关	1.2		南阳	1.5～2.0	Ⅲ级膨胀土
个旧鸡街	2.5～3.0		叶县	1.5～2.0	
蒙自	2.5～3.0		汉中	1.5	
文山	2.0～2.5		安康	1.5	
贵阳	1.2～1.5		邯郸	1.5～2.0	
成都	1.5～1.8		邢台	1.5～2.0	
南充	1.5		唐山	1.2～1.5	
当阳	1.5		济南	1.2～1.5	Ⅰ、Ⅱ级膨胀土
光华	1.5		奉安	1.2～1.5	Ⅰ、Ⅱ级膨胀土
郊县	1.5～2.0		兖州	1.2～1.5	
蚌埠	1.2～1.5	Ⅰ、Ⅱ级膨胀土			

当设计采用管道基础时，在满足强度要求的条件下，尽量缩小基础底面的面积，以增加对地基土的压力。膨胀土地基的允许承载能力，可根据膨胀土的天然含水量与液限的比值（称含水比）和孔隙比参照表 5-7 来选用。若地基土的胀缩量较大，满足不了管道对地基的要求时，可将膨胀土部分或全部挖除，然后用砂、碎石、灰土等材料作垫层回填。

表 5-7　地基承载力的基本值 f_k（kPa）

孔隙比 含水比	0.6	0.9	1.1
＜0.5	350	280	200
0.5～0.6	300	220	170
0.6～0.7	250	200	150

注：1. 含水比为天然含水量与液限的比值。
　　2. 此表适用于基坑开挖时土的天然含水量等于或小于勘察取土试验时土的天然含水量。

地沟敷设多用于高于常温的管道或有其他要求的管道，地沟内的管道若高于或低于常温，应进行热绝缘。管道保温层表面的温度应不高于 45℃，建议地沟沟底下面增做 30cm 的砂垫层或炉渣层，以减少温度对地基的影响。所有地沟末端和管沟沿线的适当位置，应设置检漏井，井内应设置深度不小于 300mm 的集水坑，并应使积水能及时发现和排除。

2. **管材选择**

管材应采用钢管、铸铁管或钢筋混凝土管，不应采用材质性脆的管材及脆性连接方式。

3. **协调管道系统的标高**

由于在膨胀土地区的建筑物建成后，往往会出现 7～40cm 的沉降变形，使其改变了原有的标高。因此，应要求建筑物的标高提高，或管道工程的标高适当降低，同时在管道的进出口处的墙上应留有足够的净空高度，其管顶至洞顶的净空距离不小于 10cm。

4. 管线设计

管线设计时，在地基显著不均匀处，挖方与填方的交界处，应采用柔性接头。对于高压、易燃或易爆管道及其支架、基础或地基的设计，应考虑地基土不均匀胀缩变形所造成的危害，除根据使用要求采取适当的防护措施外，并应在设计时选择适当位置设置不少于三个如图 5-17 所示的埋深水准点，该水准点埋深不得浅于该地区的大气影响深度。

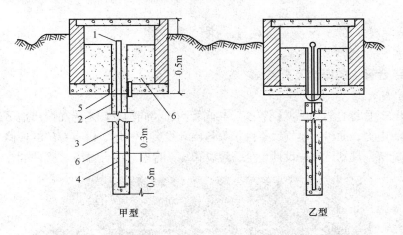

图 5-17　深埋式水准点示意图

甲型：1—焊接在铁管上的水准标志；2—$\phi30\sim\phi50$ 铁管；3—$\phi60\sim\phi110$ 套管；

4—底部现浇混凝土；5—油毡二层；6—木屑

乙型：$\phi108\sim\phi127$ 钻孔现浇混凝土，标志位 $\phi12$ 钢筋，上部用断套管隔开

5. 地基处理

（1）边坡治理。在有边坡存在的地段，为使地基土性能稳定，应要先治坡。膨胀土的坡坎一般是指坡比等于或大于 $1:10$ 的地带及坡坎 10m 范围内的坡肩地带。采取的措施一般是将雨水顺利排除，避免聚积，加挡土墙稳定土体，减少水分蒸发。

（2）换土。在中强或强膨胀性土层出露较浅的场地，当地基土不能满足管道工程的要求时，可采用非膨胀性的黏性土、砂、碎石等置换膨胀土，以减少地基的胀缩变形量。置换土垫层的厚度不应小于管径的 $1\sim1.2$ 倍，且不应小于 30cm。在置换的土层厚度范围内，下部宜设置 150mm 的灰土垫层，上部铺垫砂垫层，宽度不应小于管外径加 40cm。垫层应分层夯实。

6. 环境保护

在炎热和干旱地区，管道工程每边 5m 以内不宜种植阔叶树，以减少土质的干缩变形。

6 场地综合管沟布置

6.1 概 述

6.1.1 综合管沟的概念及分类

1. 综合管沟的定义

综合管沟，又称综合管道、共同管道、共同管沟、共同沟等，是指在城市地下建造一个隧道空间，将市政、电力、通讯、燃气、给排水等各种管线集于一体，设有专门的检修口、吊装口和监测系统，实施统一规划、统一设计、统一建设和统一管理。综合管沟示意图如图 6-1 所示。

图 6-1 综合管沟示意图

综合管沟是目前大城市中普遍采用的一种管道敷设方式，是一种集约度高、科学性强的城市综合管线工程。它不仅能较好地解决了城市发展过程中的道路反复刨掘问题，解决了城市上空线路"蛛网"密布现象，同时也解决了地下有限空间内敷设较多管道的问题；是实现城市基础设施功能聚集、创造和谐的城市生态环境的有效途径之一。

2. 综合管沟的分类

综合管沟根据其所收容的管线不同，其性质及结构亦有所不同，大致可区分为干线综合管沟、支线综合管沟、缆线综合管沟、干支线混合综合管沟等四种。

（1）干线综合管沟

干线综合管沟一般设置于机动车道或道路中央下方，主要输送原站（如自来水厂、发电厂、燃气制造厂等）到支线综合管沟，一般不直接服务沿线地区。其主要收容的管线为电力、通讯、自来水、燃气、热力等管线，有时根据需要也将排水管线收容在内。在干线综合管沟内，电力从超高压变电站输送至一、二次变电站，通讯主要为转接局之间的信号传输，燃气主要为燃气厂至高压调压站之间的输送。

干线综合管沟的断面通常为多格箱形，综合管沟内一般要求设置工作通道及照明、通风等设备，如图 6-2 所示。其主要特点为：系统稳定，大流量运输，高度安全，内部结构紧凑，兼顾直接供给到稳定使用的大型用户（一般需要专用的设备），管理及运营比较简单等。

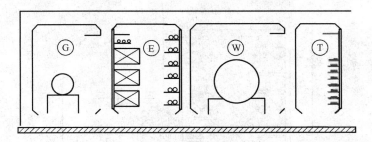

图 6-2　干线综合管沟常用断面

（2）支线综合管沟

支线综合管沟主要负责将各种供给从干线综合管沟分配、输送至各直接用户。其一般设置在道路的两旁，收容直接服务的各种管线。

支线综合管沟的断面以矩形较为常见，一般为单格或双箱形结构。综合管沟内一般要求设置工作通道及照明、通风等设备，如图 6-3 所示。其主要特点为：有效（内部空间）断面较小；结构简单、施工方便；设备多为常用型设备；一般不直接服务大型用户。

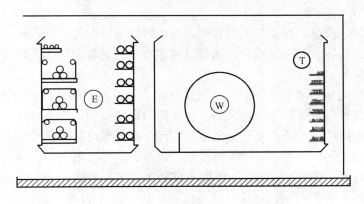

图 6-3　支线综合管沟常用断面

（3）缆线综合管沟

缆线综合管沟主要负责将市区架空的电力、通讯、有线电视、道路照明等电缆收容至埋地的管道。缆线综合管沟一般设置在道路的人行道下面，其埋深较浅，一般在 1.5m 左右。

缆线综合管沟的断面以矩形断面较为常见，一般不要求设置工作通道及照明、通风等设备，仅增设供维修时用的工作手孔即可，如图 6-4 所示。

（4）干支线混合综合管沟

干支线混合综合管沟在干线综合管沟和支线综合管沟的优缺点的基础上各有取舍，一般适用于道路较宽的道路，如图 6-5 所示。

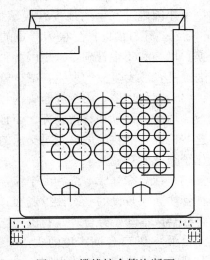

图 6-4　缆线综合管沟断面

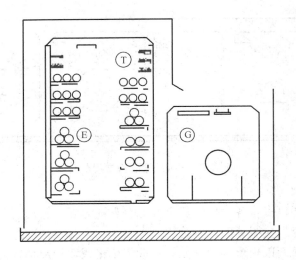

图 6-5 干支线混合综合管沟断面

6.1.2 综合管沟布置的优缺点

1. 综合管沟的优点

（1）统一规划、设计、建设和运营管理，可以较好地协调各种管线的设计布置，避免各部门管理相互冲突。综合管沟能按照远期城市规划容量，对各种管线进行统一规划，更好地满足管线发展的需要。

（2）能更有效地利用城市地下空间，节约资源。随着社会的发展，城市用地日趋紧张，而电力、通信等各种市政管线却日益增多。在有限的地下空间，管线直埋的敷设方式在许多情况下不能满足管线埋设的条件及安全间距，因此，在很多时候需要增加用地，而由于征地问题又会使管线绕道而行，增加了管线的投资。综合管沟恰恰解决了这一问题：管线在地下集中布置，紧凑合理，能在有限的地下空间有序地敷设各种管线，避免管线迂回布置，从而节约了用地，节约了资源。

（3）避免道路重复"开膛破肚"，减少事故发生，延长管线寿命。据资料统计，国内城市中每年因施工产生的地下管线事故，造成的直接经济损失约 50 亿元，间接经济损失约400 亿元，还有由此产生极为严重的"扰民"现象。建设综合管沟，方便各种管线的维修、更换、增容和集中管理，减少因各种管线的维修、更换、增容造成的反复修建道路所引发的交通混乱，减少事故的发生，减少管线故障对其他管线的影响，延长各种管线的寿命。

（4）美化环境。由于综合管沟将各种管线统一在一个便于管理的空间，不仅便于管线的敷设、增减、维修和日常管理，而且减少了道路上的杆柱及各种管线的检查井、室等，减少了这些检查井潜在的危害及对交通的不利影响，同时节约的大量空间可用于城市绿化建设，美化了企业的景观。

（5）社会综合成本低。由于综合管沟要统一规划、设计、建设，所以综合管沟的建设比各种管线独立敷设的一次性投资大。如果单纯从综合管沟的单项投资成本来看的确较高，但综合社会成本却十分合算。有机构统计，我国台湾的信义 6.5km 共同沟比单项建设多投资 5亿元台币，但 75 年间产生的效益却有 2337 亿元台币（包括堵车、肇事等社会成本的降低、道路及管线维修成本的减少等），这笔三十多倍的收益其实是相当合算的。

（6）抵御冲击荷载，具有防灾性能。把各种管线集中于综合管沟，可以提高城市的综合防灾能力，避免风、雨、火等灾害造成的危害。

2. 综合管沟的缺点

（1）各种管线协调难度大。在国内，水、电、通信、燃气等，不同的管线分属不同的单位，报批和施工各自为政，使综合管沟建设难以统一进度。建设综合管沟是一个跨行业、跨组织的协调工程，既需要政府部门加强集中管理，也需要各管线权属单位进行配合协调。

（2）一次性投资大。由于综合管沟要统一规划、设计、建设，所以综合管沟的建设比各种管线独立敷设的一次性投资大。

（3）综合管沟断面尺寸难以准确确定。由于企业发展很快，管线的需求量难以准确预测，而综合管沟断面尺寸的确定必须正确预测远期发展规划，否则将造成管沟尺寸不足或过大，而这种准确的预测比较困难。

6.1.3 综合管沟的规划与设计原则

1. 综合管沟宜设置在管线集中、密集地段，以有效地利用地下空间，便于集中管理维修，节省投资。

2. 为充分发挥综合管沟的优越性，在满足各种管线技术和安全要求的前提下，应结合实际，合理选择入沟管线。

3. 建设前应对综合管沟的路线或区域进行调查选定路线，然后和有关专业单位协调确定建设规划方案，并应做到经济合理、技术可行，并为远期规划建设留有余地。

4. 综合管沟的平面布置其控制点除应结合道路平面外，还应考虑距道路红线的距离，原有构筑物的关系，城市主干道、地铁、立交桥等现有及规划建设的关系。

5. 综合管沟设计要与道路横断面布置和各种管线设计方案相协调。

6. 综合管沟应考虑各类管线分支、维修人员和设备材料进出的特殊构造接口。

7. 综合管沟要设置供配电、通风、给排水、照明、防火、防灾、报警系统等配套安全管理设施系统。

6.2 综合管沟总体设计

6.2.1 综合管沟设计遵循的原则及思路

1. 综合管沟纳入管线原则

（1）管线对整体坡度要求不高，可适当调整坡度。

（2）管线采用管沟布设后，对后续维护使用有较高价值，需要对管线进行调整维护。

（3）受到外界影响时，容易发生故障的。

（4）管线发生故障时，道路及周围建筑影响较大的。

2. 各种管线纳入综合管沟的研究

综合管沟设置的首要原则是充分开发利用城市道路地下空间资源，使得宝贵的城市地下空间做到有序开发利用，并为城市今后的发展留下宝贵的资源。其次，综合管沟要尽可能多地纳入市政供给管线，充分利用综合管沟的空间，以体现经济性能。此外，在交通运输繁忙或对周边环境有较高要求的道路，应考虑建设综合管沟，保证各种管线的维修、扩容，不会随意地开挖道路。

目前，综合管沟可收容电力电缆、通信电缆、自来水、再生水、燃气、热力、污水、雨水等管线。近年来，随着科学技术的不断进步，发达国家在综合管沟的建设中，甚至纳入了垃圾的真空运输管道，以及区域性空调管线（供热、供冷管线），极大地丰富了综合管沟中管线的种类。

综合管沟是否纳入某种管线，应根据经济社会发展状况和地质、地貌、水文等自然条件，经过技术、经济、安全及维护管理等因素综合考虑确定。

一般情况下，因电力电缆及通信电缆在综合管沟内敷设，设置的自由度和弹性较大，且较不受空间变化（管线可弯曲）的限制，所以在综合管沟的建设中，总是纳入电力电缆及电信电缆。对于自来水、燃气、再生水等压力流管线，因无需考虑综合管沟的纵坡变化，所以一般情况下也总是纳入综合管沟中。电力电缆、电信电缆、自来水、再生水及燃气管线构成了纳入综合管沟的基本管线。雨水、污水管为重力流管线，一方面由于与其他管线相比，其埋深较深，另一方面由于这类管线所要求的纵坡很难与综合管沟协调，容易引起综合管沟造价的提高，因此对这类管线是否纳入综合管沟之中应仔细研究。

1) 电力、电缆纳入综合管沟的研究

电力、通信电缆在综合管沟内具有可以变形、灵活布置、不易受综合管沟横断面变化限制的优点，而传统的埋设方式受维修及扩容的影响，造成挖掘道路的频率较高。另一方面，根据对国内管线的调查研究，电力、通信电缆是最容易受到外界破坏的管线，在信息时代，这两种管线的破坏引起的损失也越来越大。同时，电力电缆对通讯电缆有干扰，应布置在沟内两侧，并保持一定的安全距离。

2) 给水（再生水）管线纳入综合管沟的研究

一般情况下综合管沟内均纳入给水（再生水）管线，与传统的直埋方式相比，将给水（再生水）管线纳入综合管沟具有以下的优点：

（1）依靠先进的管理与维护，可以克服管线的漏水问题，在建设可持续发展城市的过程中，减少自来水管漏水十分重要。

（2）避免了外界因素引起的自来水管爆裂，以及避免管线维修引起的交通阻塞。另外，为管线的扩容提供了必要的弹性空间。

但与直埋方式相比，将给水（再生水）管线纳入综合管沟对于管线的接出及管材的投入，需要有足够的作业空间。

3) 燃气管线进入综合管沟的研究

据有关的统计资料，当燃气管线采用传统的直埋方式时，全国每年因邻近地区施工等各种因素引起的燃气管爆炸事故多达百例。这些事故往往引起城市火灾或人员伤亡，后果十分严重。当把燃气管线纳入综合管沟，就可以避免这类事故发生。

将燃气管线（或液化天然气）纳入综合管沟，具有以下的优点：

（1）不易受到外界因素的干扰而破坏，如各种管线的叠加引起的爆裂，砂土液化引起的管线开裂和燃气泄露，外界施工引起的管线开裂等，提高了安全性。

（2）纳入综合管沟后，依靠监控设备可随时掌握管线状况，发生燃气泄露时，可立即采取相应的救援措施，避免了燃气外泄情形的扩大，最大程度地降低了灾害的发生和引起的损失。

（3）避免了管线维护引起的对道路的反复开挖及相应的交通阻塞和交通延滞。

　　燃气管线纳入综合管沟时，也存在不利因素，主要是平时使用过程中的安全管理与安全维护成本高于传统直埋方式的维护和管理成本，但其安全性得到了极大地提高，所造成的总损失也得到了显著降低。

　　目前，我国规范对于燃气管道能否进入综合管沟没有明确规定，在国外的综合管沟中，则有燃气管道敷设于其中的工程实例。燃气管道采用何种方式进入综合管沟，主要是考虑燃气管道发生泄漏等事故时所带来的影响。燃气管道进入综合管沟，可考虑采用完善的技术措施，以解决燃气管道的安全问题，但会相应地增加工程投资，并对运行管理和日常维护提出了新的更高的要求。因此，燃气管道进入综合管沟，在技术上具有一定的可行性。

　　4）热水管道纳入综合管沟的研究

　　热力管道压力较大，一般 8～10MPa，管材一般为钢管外套保温。虽然外套保温层有隔水的作用，能够对热水管道进行保护，但实践证明，管道每隔几年就需更换，热水管道纳入综合管沟可以有效地延长热水管道的使用年限，以及避免管道维修引起的交通阻塞。另外，综合管沟为管线扩容提供了一定的空间。

　　热力管线如果自身散热较大，将引起管沟内温度升高，对电缆安全不利，应与电力电缆及通信电缆分室布置；如果自身散热小，增加隔热保护板后可设在综合管沟内。

　　5）污水管线纳入综合管沟的研究

　　污水管线自身是一种独立的系统，通常每隔一定的距离即要求设置检查井以供人员进入维修，并需设置泵站进行提升，并且所收集的污水会产生硫化氢、甲烷等有毒、易燃、易爆的气体，若将污水管线纳入综合管沟中，不仅要求综合管沟的纵断面随之变化，而且也需每隔一定的距离设置通风管道，以维持空气的正常流动，有时还需配硫化氢、甲烷等的监测与自动防火设备，无疑将提高综合管沟的造价。

　　将污水管线纳入综合管沟之中，可以将各种管线综合布置在同一构筑物之中，但却因此极大地限制了综合管沟纵断面坡度，加大了综合管沟的埋深与横断面尺寸，工程造价巨增。另一方面，将污水管线纳入综合管沟，也增加了综合管沟中其他管线与用户的接户问题，并且还需相应调整邻近地区的污水管线埋深，而重新调整污水管线的埋深，其建设费用将非常巨大，经济效益很低。

　　6）雨水管线纳入综合管沟的研究

　　虽然雨水管线中的雨水不会产生硫化氢、甲烷等有毒、易燃、易爆气体，但作为重力流管线，若将其纳入综合管沟中，会遇到与污水管线同样的技术问题。如每隔一定的距离设置检查井、泵站、通风管道等，同时又需要调整相邻地区的雨水管线，否则要将部分区域改用压力输送方式，且需要配合布置相关的加压设施、泵站等，不仅耗资巨大，而且技术难度也相对较大。

　　综上所述，可将给水、再生水、通信、燃气、热力管线纳入综合管沟。电力电缆可以设置独立的缆线沟，也可以与上述管线同沟。污水、雨水管线建议不纳入综合管沟。

6.2.2　综合管沟的附属设施

1. 各类孔口

（1）防火分区与通风口

① 防火分区划分

防火分区对于控制火灾的蔓延具有十分重要的意义。由于没有相应的设计规范，地下综合管沟防火分区如何划分，尚无章可循。根据《建筑设计防火规范》（2001 年版），地下、半地下建筑内每个防火分区的建筑面积不应大于 500m^2。根据各地经验，由于地下综合管沟内平常无人，可按构筑物考虑，参照《建筑设计防火规范》《人民防空工程设计防火规范》《民用建筑电气设计规范》《城市热力网设计规范》的有关要求，综合管沟每个防火分区面积通常不大于 200m^2。防火分区面积两端需设置防火墙。根据《建筑设计防火规范》，防火墙上开设门洞时，应采用甲级防火门窗，并应能自行关闭。在综合管沟的人员出入口处，应设置手提式灭火器、黄沙箱等一般灭火器材。

综合管沟按防火等级分类应为特级保护对象，应采用全面保护方式。综合管沟内应设火灾探测器、火灾报警装置、火灾应急广播等，而且应设置消火栓联动控制系统。火灾报警和消防联动控制系统，应包括自动和手动两种触发装置。综合管沟内隔墙上人手可以触摸到的地方应装设消防电话分机和手动火灾报警按钮，并应每隔 50m 设一组紧急电源插座。

② 通风口布置

通风口的平面布置与综合管沟防火分区的划分有着直接联系。每个防火分区设置一进一出两个风口，通风口分为进风口和排风口，进风口一般不设通风机，主要靠自然通风换气；排风口设通风机既可进行自然通风，又可进行机械排风。通风口分为地上通风口和地下通风道两部分。地上通风口布置在综合管沟外侧绿化带内或不妨碍景观处。地下通风道为混凝土风道，风道可根据覆土情况从综合管沟顶板或侧壁上开口。当覆土较小时，风道可以从侧壁开洞，以降低地上风口高度，满足地上景观要求。风口布置时要避免进出风短路。机械通风时进风口和排风口间距一般应大于 20m，否则排风口应高出进风口。

（2）人孔

综合管沟布置的孔口种类如图 6-6 所示。

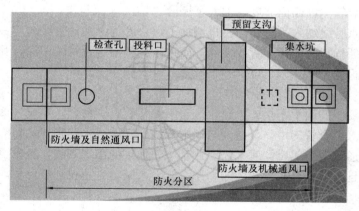

图 6-6　孔口示意图

为便于管沟内的管线维护、更换、增容，应设置人员出入口。根据电力规范和地方主管部门要求，电力沟人孔最大间距不应大于 75m。考虑电缆可从人孔方便下料，出入口直径按 $\phi900$ 设计。其他管线人孔间距因各专业管线规范中无具体间距要求，可按不大于 200m 设计。

出入口设计实例如图 6-7 所示。

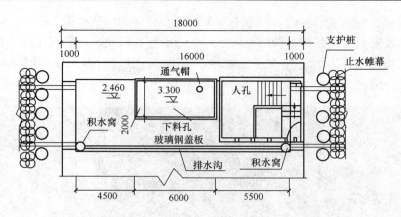

图 6-7　出入口设计

（3）投料口

为便于管沟内材料进出，投料口大的间距一般为 200m 设一处。当需要考虑设备进出时，还应考虑满足设备进出的需要。投料口通常在顶板上开孔，当管沟在车行道下时需引至路外绿化带内。考虑结构要求，相邻两孔室的投料口应错开，不能布置在同一变形缝中（图6-8）。每个防火分区至少设置一个投料口，部分管线也可利用人孔投料。

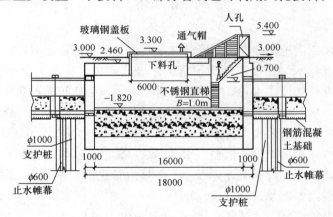

图 6-8　投料口设计图

（4）预留孔及预埋件

根据管线综合规划，确定从管沟引入、引出管线的位置、管径，确定预留套管和穿墙孔洞尺寸（图 6-9）。给水、热力管线按照图集选用防水套管。电力、电信穿孔较为密集，可

图 6-9　预留孔洞示意图

采用专用的防水套管，或借鉴建筑专业中有关群管穿墙防水构造的做法。

为避免管线安装时对结构本体以及防水层造成破坏，因此，在进行土建工程实施过程中预留预埋件，如图 6-10 所示。结合工艺设计，施工中在相应位置预留预埋件，未安装前需采取防腐保护等措施。

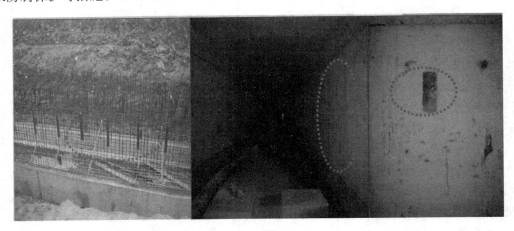

图 6-10 预埋件示意图

2. 排水设备

集水坑用于收集沟内地面冲洗废水及管道泄孔水。单舱断面形式的综合管沟内，在每个防火分区的低点设置集水坑；双舱断面形式的综合管沟内，只在管道舱的低点处设置集水坑；电力舱只在低点处埋设排水管，将水排至管道舱内，由管道舱的集水坑收集。每个集水坑内均设置一台潜水泵。水泵的启动由集水坑的液位控制，同时又可在控制中心人工控制。根据所在位置不同，集水坑采用两种形式，当集水坑不收集热力管道正常维修时的泄水时，集水坑直接设在沟内，只用于收集地面积水和事故爆管时的漏水；当集水坑收集热力管道正常维修时的泄水时，集水坑设在坑外，以便于将热力管道的泄水装置在沟外进行安装维护，避免热水蒸汽影响沟内温度及人身安全。

由于综合管沟内管道破损（爆管）、管道维修放空，结构壁面以及各接缝处都可能造成渗水，将造成一定的沟内积水。因此，沟内需设置必要的排水设施。在综合管沟内一侧设排水沟，断面尺寸通常采用 200mm×100mm，综合管沟横向坡度 2%，沿线顺集水井方向坡度采用 2‰。集水井设置于每一防火分区的低处，集水井设置间隔应不超过 200m，按不小于 2m³ 的有效容积进行设计。

每一集水井配备两台潜水泵自动交替或同时运转，将集水井内积水抽至路面排水井内排放。为便于综合管沟管理，集水井与抽水泵应纳入综合管沟的自动监控系统，井内应设集水井水位探测设备，且抽水机应具备自启动能力。

3. 电力设备

综合管沟内电力照明均为一类负荷，一般采用两路独立的 10kV 电源作为主电源，柴油发电机作备用电源，并设不间断供电装置（UPS）作应急电源，以保证计算机、防火、通信系统、事故照明、电话等特别重要一级负荷可靠性的要求。

为保证综合管沟内设备人员的安全，对综合管沟内电力、通信、计算机等设备实行接地。接地系统的类别及要求为：

① 电力系统及设备共同接地，接地电阻在 10Ω 以下；

② 通信系统设备接地，接地电阻在 10Ω 以下；

③ 计算机系统接地，接地电阻在 5Ω 以下；

④ 变压器配电室单独接地系统，接地电阻 10Ω 以下。

4．通信设备

为使综合管沟检修人员及管理人员与控制中心联络方便，综合管沟内应配备相应的通信设备，可以采用有线与无线两套通信设备。

有线通信系统：自控制中心引入综合管沟，设内部通信线路，每隔 150m 设一电话插座，检修与管理人员进入时携带自动电话，插入电话即可与控制中心进行有线联络。

无线对讲系统：主要为便于各管线单位维修作业时，综合管沟内的工作人员与地面其他维修人员联络而设置，通信模式与对讲机型号由各管线单位自定，在综合管沟的设计中，只需消除屏蔽，能将无线信号引入即可。

5．广播设备

广播系统分为一般广播与紧急广播两种，其中一般广播为区域性广播系统，而紧急广播系统为综合管沟全区的广播系统。播音室设于中央监控中心，平时可分区选择播放，紧急情况下可作全区紧急播音。

综合管沟内还应设置闭路电视系统。安装摄像头作为监控设备，在人员进出口、材料搬入口、管线进出口等可能会有人员进出的地方均应装摄像头作为监视系统，以备外人闯入。在综合管沟内顶棚相应位置，应每隔一定距离安装一定数量的摄像头。用以监控管线运行情况，以便在故障时迅速准确地确定故障位置。因为需要在多处监视多个目标，所以宜选择由摄像头、传输电（光）缆、切换分配器、视频分配器等组成的多头多尾系统。

6．照明设备

除特殊断面外，综合管沟内每隔 10m 设一个 60W 的日光灯；局部的维修照明，采用工作补偿，故每隔 20m 设一个多孔插座。所有灯具和插座均采用防潮、防爆型。人员进出口内灯的开关应能遥控。照明度可控制 5～20lx 之间。另设铅蓄电池组作应急灯电源。

7．监控系统

（1）安全监测设备

考虑综合管沟的特殊性，会产生一定有害气体，所以应设氧气检测仪，有害气体检测仪，还应设火灾探测器。

（2）集水井水位探测设备

设置水位自动探测设备的主要目的是为了防止集水井的积水溢出。为此，应在每一个集水井内设一个水位自动探测设备，当水位超过有效容积对应的水位时，自动探测设备自动向监控中心报知水位异常的信息，并应与潜水泵联动，自动开启潜水泵，在短时间内排出集水井内的积水。

（3）燃气自动探测设备

燃气是否纳入综合管沟，曾经是影响综合管沟推广和普及的重要因素之一，而根据国内外综合管沟建设的成功经验，只要在结构上采取必要的技术措施，并加强综合管沟内部对燃气的监测，纳入燃气管线的综合管沟的安全性是可得到保证的。

综合管沟如果纳入了燃气管线，为保证其安全，除采取单室布置的措施外，还必须增加相应的燃气浓度自动探测设备。

浓度自动探测设备每隔 50m 设置一个，除能够向监控中心报知异常情况外，必须与通风设备和火灾报警系统配合，当燃气浓度超标时，可自动打开通风换气设备，有火花出现时，则启动灭火装置，避免事故的发生。

8. 防盗设备

综合管沟内应设防盗设备，以备无关人员随意闯入。应在人员进出口、材料搬入口、管线进出口等人有可能进入的地方设置防盗报警装置，当来犯者打开盖板时，报警装置启动，实现音频报警。防盗报警装置的警戒触发装置应考虑自动和手动两种方式，安装时应注意隐蔽性和保密性。防盗报警系统的探测遥控等装置宜采用具有两种传感功能组成的复合式报警装置，并应与闭路监视系统结合，以提高系统的可靠性和灵敏性。

9. 标识系统

标识包括导向标识、管理标识、专业管线标识、注意标识。标识应采用不可燃、防潮、防锈类材质制作，标识字迹应清晰、醒目，即使在一定烟雾浓度下也能看清，以便于在事故情况下，能够引导入沟人员及时缓解灾情或安全撤离现场。标识系统可在建设后期，由建设管理单位负责设置。标识示意图如图 6-11 所示。

图 6-11　标识示意图

6.3　综合管沟的几何设计

6.3.1　平面设计

综合管沟平面线形应基本上与所在道路平面线形一致。平面位置同时应考虑与所通过位置的在建或规划建筑物的桩、柱、基础设施的平面位置相协调。

综合管沟位于道路弯道及纵段变坡段时，因为综合管沟内热力管道、给水管道一般为直管，综合管沟不能为曲线线形，这时以沉降缝为综合管沟的转折及变坡点，将综合管沟划分为若干直折沟。每段的长度不要偏离道路过远或过近，以免影响其他直埋管道，综合管沟转折角、截面变宽时应满足各类管线转弯半径的要求。综合管沟设置在车行道下时，投料口和通风口要引至车道外的绿化带内。综合管沟统建共用原则统一规划、合理搭配、统一监管、资源共享、立足长远、综合利用。

6.3.2 纵断面设计

1. 综合管沟的覆土应满足各类管线横穿，设计的主要内容为确定各城市工程管线的最小垂直间距，保证道路、管线运营的安全、经济。综合管沟最小覆土厚度一般在地面下 2m 为宜。这是由沟内管线从沟顶的穿出与沟外管线从沟顶横穿的要求及沟顶通风风道的要求等因素决定的。合理安排各种管线平面位置后还应控制各种管线高程，工程管线的最小覆土深度应符合表 6-1 规定。

表 6-1 工程管线的最小覆土深度

序号		1		2		3		4	5	6	7
管线名称		电力管线		电信管线		热力管线		燃气管线	给水管线	雨水排水管线	污水排水管线
		直埋	管沟	直埋	管沟	直埋	管沟				
最小覆土深度（m）	人行道下	0.5	0.4	0.7	0.4	0.5	0.2	0.6	0.6	0.6	0.6
	车行道下	0.7	0.5	0.8	0.7	0.7	0.2	0.8	0.7	0.7	0.7

2. 纵断面设计应充分遵循"满足需要、经济适用"的原则。

3. 综合管沟纵断面应基本上与所在道路的纵断面一致，以减少土方量。

4. 综合管沟的纵坡变化处应满足各类管线折角的要求。

5. 综合管沟纵断面最小坡度需考虑沟内排水的需要，最小纵坡应不小于 0.2%，最大纵坡应考虑各类管线敷设，运输方便，最大不超过 20%。

从施工和维护的要求考虑，如果有两条管线，应尽可能避免把一条管线直接建在另一条管线上。管线在交叉时若不能达到最小的允许间距，则应本着"局部服从整体、小管让大管、软管让硬管、有压让无压"的原则，相互协商，或采取相关的保护措施。

对于长陡纵坡的设计，当与现状地下构筑物相交时，如需抬高或降低，其坡度根据管线工艺要求确定，并保证与现状构筑物有一定的安全距离。

6.3.3 横断面设计

综合管沟标准的设置模式及空间尺寸的确定，直接关系综合管沟的安全、功能、造价，是综合管沟设计的首要问题和重要技术关键。综合管沟断面的确定与施工方法、容纳的管线种类和地质条件等因素有关，其断面尺寸的确定与其中收纳的管线所需空间有关，横断面设计应满足各类管线的布置、敷设空间、维修空间、安全运行及扩容空间的需要。

综合管沟内管线之间的距离，管线与管沟内壁、顶板及底板之间的距离以及管沟内人行通道宽度应考虑管道安装和检修的需要，必须满足相关规范。

干线综合管沟、支线综合管沟内两侧设置支架或管道时，人行通道最小净宽不宜小于 1.0m；当单侧设置支架或管道时，人行通道最小净宽不宜小于 0.9m。

缆线综合管沟内人行通道的净宽不宜小于表 6-2 所列值。

表 6-2 缆线综合管沟内人行通道净宽（mm）

电缆支架配置方式	电缆沟净深		
	≤600	600~1000	≥1000
两侧支架	300	500	700
单侧支架	300	450	600

综合管道的安装净距（图 6-12），不宜小于表 6-3 所规定的数值。

表 6-3　综合管沟的管道安装净距（mm）

管道公称直径 DN	铸铁管、螺栓连接钢管			焊接钢管		
	a	b_1	b_2	a	b_1	b_2
DN≤400	400	400			500	
400≤DN<800	500	500	800	500		800
800≤DN<1000					500	
1000≤DN<1500	600	600		600	600	
DN≥1500	700	700		700	700	

综合管沟内相互无干扰的工程管线可设置在管沟的同一个舱；相互有干扰的工程管线应分别设在管沟的不同空间。信息电缆与高压电缆必须分开设置；给水管道与排水管道可在综合管沟同侧布置，排水管道应布置在综合管道的底部。热力管道、燃气管道不得与电力电缆同舱敷设。为集约化利用管沟空间，多层布设。一般将大管径管道置于底层，线缆置于顶层，其余管道置于中间层。综合管沟横断面示意图如图 6-13、图 6-14 所示。

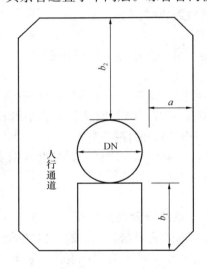

图 6-12　综合管沟的管道安装净距

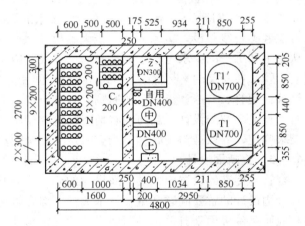

图 6-13　综合管沟横断面
Ⓜ—中水；Ⓒ—通讯；Ⓣ̇—高温供水；Ⓛ̇—给水；
Ⓝ—电力；Ⓣ̈—高温回水；Ⓩ—蒸汽

6.3.4　交叉口设计

1. 综合管沟与其他地下设施交叉

综合管沟与地下设施交叉包括与既有管线交叉，与地下空间开发和地下铁路交叉，桥梁基础交叉等。对于各种交叉，如果处理不当，势必造成综合管沟建设成本的增加和运行不可靠等，原则上可以采取以下措施：

（1）合理和统一规划地下各类设施的标高，包括主干排水干管标高，地铁标高，各种横穿管线标高等。原则是综合管沟与非重力流管线交叉时，其他管线避让综合管沟；当与重力流管线交叉时，综合管沟避让；与人行地道交叉时，在人行地道上部通过。

图 6-14 综合管沟横断面实例

（2）整体平面布局，在布置综合管沟平面位置时，充分避开既有各类地下管线和构筑物，地铁站台和区间线等。

（3）整合建设，可以考虑综合管沟在地铁隧道上部与地铁线整合建设或与地下空间开发在其上部或旁边整合建设。也可考虑在高架桥下部与桥的基础整合建设，但应考虑和处理好沉降的差异。

（4）与隧道或地下道路整合建设，包括公路或铁路隧道的整合建设或与地下道路开发的整合建设。

2. 综合管沟内管线的交叉和引出

综合管沟与综合管沟交叉或从综合管沟内将管线引出，是比较复杂的问题，既要考虑管线间的交叉对整体空间的影响，包括对人行通道的影响，也要考虑进出口的处理，如防渗漏和出口井的衔接等。无论何种综合管沟，管线的引出都需要专门的设计，一般有立体交叉和平面交叉两种模式。

（1）立体交叉。所谓立体交叉，就是类似于立交道路匝道的建设方式将管线引出，在交叉处或分叉处，综合管沟的断面要加深加宽，直线管线保持原高程不变，而拟分叉的管线逐渐降低高度，在垂井中转弯分出，如图 6-15 所示。

（2）平面交叉。如因空间限制而无法加深加大综合管沟断面采取立体交叉时，只能采取平面交叉引出管线，此时不仅要考虑管线的转弯半径，还要考虑在交叉处工作人员必要的工作空间和穿行空间。

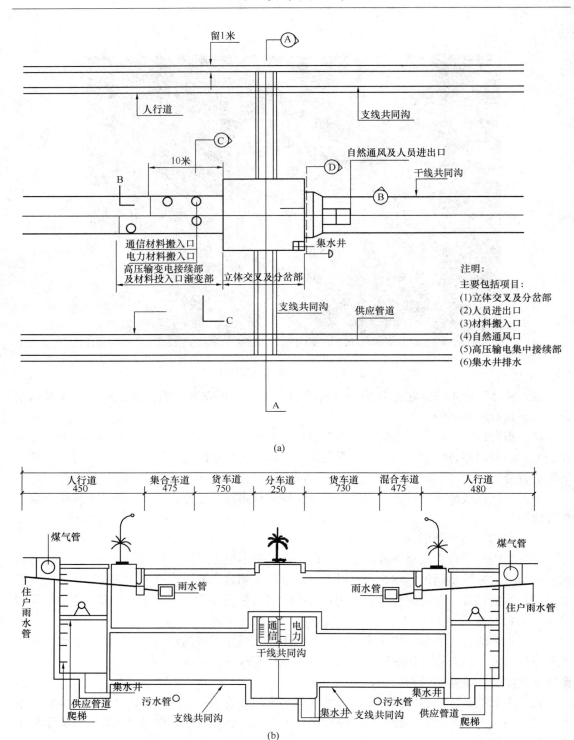

图 6-15　综合管沟管道立体交叉分支部标准平面配置图（一）

（a）平面图；（b）A-A断面图；

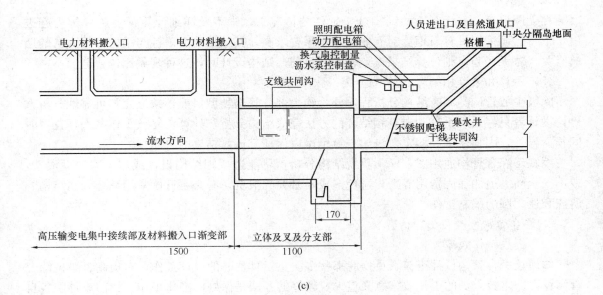

(c)

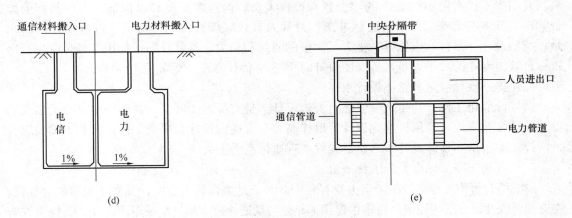

(d)   (e)

图 6-15　综合管沟管道立体交叉分支部标准平面配置图（二）

(c) B-B 断面图；(d) C-C 断面；(e) D-D 断面

6.4　综合管沟标准化工作及标准断面示例

6.4.1　综合管沟标准化工作

1. 综合管沟设计存在的问题

目前除特殊管沟设计外，有些设计单位对常用的综合管沟结构设计存在下列现象：

（1）缺乏通用图，又不进行结构分析

因生产任务重、时间紧，无通用图又缺乏实用性强、使用方便的结构分析软件，进行结构计算时间上来不及，只好参照其他图纸进行设计。所以，出现设计越来越保守的现象或因影响结构受力的某因素考虑不足造成结构不安全。这种现象的存在，严重影响设计图纸的内在质量和综合管沟下部及基础工程的造价。

（2）框算

在无图可套，又无合适的结构分析软件的情况下，来不及详细计算，生产单位为赶进度，不得已而采用框算。框算对专业技术水平要求高，其结果的准确性与结构分析人员的经验有关，若无经验，则计算结果误差较大。目前，结构设计时，这种现象比较普遍。

（3）手算和电算相结合

除极少数管沟类型有结构分析程序外，绝大部分管沟类型目前还缺乏完整可靠地分析软件，设计者只好采用手算和电算相结合的方法完成结构分析，计算、复核工作量大，花费时间长。另外，因程序未经鉴定，自编自算也难以保证其计算结果的可靠性。

因缺乏综合管沟通用图，又不重视结构分析，可能造成因结构设计或过于保守而浪费，或不安全而需追加加固费用等。为避免造成不必要的浪费，有必要开展常用综合管沟结构的研究和通用图的编制工作。

2. 综合管沟标准化工作的意义

（1）提高工作效率

如何让综合管沟设计审核人员摆脱那些多次重复且费时的设计工作，对提高各单位综合管沟设计、审核人员的工作效率意义重大，较好的办法是做好标准化工作。目前设计院各自编制通用图不仅占用10%以上的综合管沟设计人员，而且质量也难以保证。有些类型的综合管沟虽然多次出现，但因缺乏标准图，设计人员只好按特殊设计对待，特殊设计的结果是：花费设计、复核、审核等一批人员大量的时间和精力，这就是即便抽用各设计院生产一线综合管沟专业的一半人员，施工图设计时仍感人手不足的主要原因。

（2）提高设计质量和整体设计水平

做好标准化工作，让生产一线综合管沟设计人员有标准图可套，许多现阶段经常出现的特殊设计综合管沟可采用标准化设计，以提高综合管沟的设计和研究工作，有利于提高综合管沟设计的质量和整体设计水平，对确保工程质量意义重大。

（3）有利于降低综合管沟工程造价

影响综合管沟工程造价的因素主要有两个，一个是综合管沟方案，其次是构造的合理性。构造的合理性已在通用图编制过程中得到了充分的认证，故常用类型采用图设计。关键是综合管沟类型的选择，编制各种类型综合管沟的通用图，使得各项目在管沟类型方案优选时有多种通用图的管沟类型方案可供选择，因地制宜地选择管沟类型优选方案，有利于降低工程造价。

3. 综合管沟标准化的方向

预应力混凝土组合类型的管沟，容易进行工厂化生产，运输及吊装重量轻，施工工期短，对交通干扰少，在交通量较大的地方或穿越公路扩建项目的修建上，采用此类综合管沟较为合适。目前之所以较少采用此类型管沟，主要原因是各设计单位不习惯采用此结构，因为用量少，不能工厂化生产，单价自然也相对较高。随着国民经济的发展，人工费用的提高，以及钢结构数量的增加，与其他类型相比，此类型的相对造价也将逐步下降。现阶段应对其进行标准化研究，条件成熟时，予以推广。

在发达国家，常用管沟类型一般采用工厂化批量生产。工厂化生产的优点是成本较低，质量容易保证，缺点是需要较长距离的运输。随着我国交通运输路网的形成和完善，也将逐步显现出工厂化生产的优势，故现阶段有必要对其进行研究。

总之，降低综合管沟工程造价问题，因各设计单位水平、习惯不一样，工程造价也有所差别。不仅设计单位要尽力搞好设计，而且有关管理环节和把关工作也要做好，如：有关管沟方案的把关工作等，对综合管沟工程造价有直接的关系。只有做好各环节的工作，才能有效地、最大限度地降低工程造价。

6.4.2　综合管沟标准断面设计图例

（1）电力电缆沟标准断面设计图（图6-16）

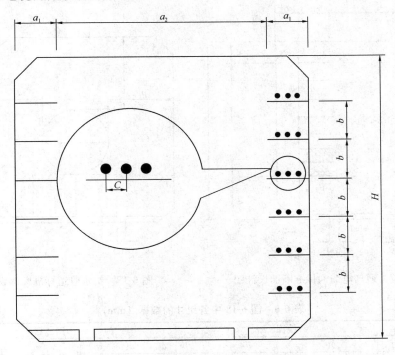

图6-16　电力电缆沟标准断面设计图

图中符号意义见表6-4。

表6-4　图6-16中各符号的意义

	敷设方式	净距要求
H		≥1900mm
a_2	两侧有电缆支架	a_2≥1000mm
	一边有电缆支架	与墙壁净距≥900mm
b	支架层垂直净距；=35kV	≥250mm
	≤10kV	≥200mm
	控制电缆	≥120mm
c	电力电缆水平净距	≥35mm（但不小于电缆外径）
a_1	电缆沟内	≤350mm
	隧道内	≤500mm

（2）电信电缆沟标准断面设计图（图6-17）

图中各尺寸见表6-5。

表 6-5　图 6-17 中各尺寸数据（mm）

每段电缆数	H	a_1	a_2	a_3	b_1	b_2
5 条	250 以下	200	525	1000	600	250
4 条	250 以上	200	425	1000	600	250

（3）给水管道标准断面设计图（图 6-18）

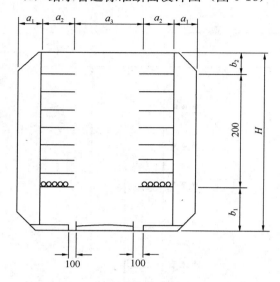

图 6-17　通信电缆沟标准断面设计图　　　　图 6-18　给水管道标准断面设计图

表 6-6　图 6-18 中各尺寸的数据（mm）

口径	铸铁管				钢管			
（D）	a_1	a_2	b_1	b_2	a_1	a_2	b_1	b_2
400 以下	850	400	400	$2100-(b_1+D)$	750	500	500	$2100-(b_1+D)$
400～800		500	500	$2100-(b_1+D)$				$2100-(b_1+D)$
800～1000	850	500	500	800	750	500	500	800
1000～1500	850	600	600	800	750	600	600	800
1500 以上	850	700	700	800	750	700	700	800

（4）燃气管道标准断面设计图（图 6-19）

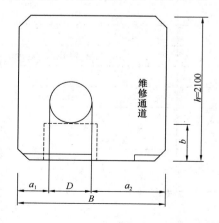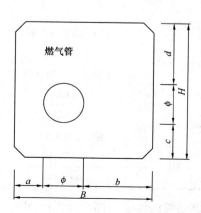

图 6-19　燃气管道标准断面设计图

表 6-7 图 6-19 中各图尺寸的数据（mm）

D	300	400	500	600	750
a_1	600	600	600	600	600
a_2	750	750	750	750	750
b	650	650	650	650	650
B	1650	1750	1850	1950	2100
H	2100	2100	2100	2100	2100

（5）综合管沟标准断面设计图（图 6-20）

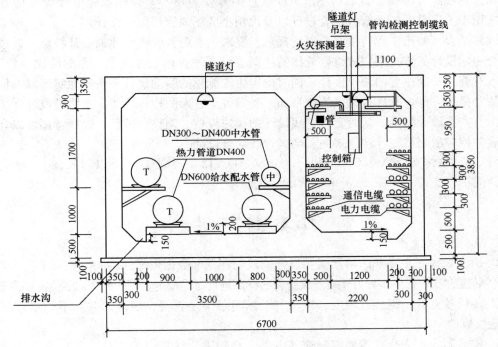

图 6-20　综合管沟标准断面设计图

197

7 场区管线综合协同设计软件 SPCAD

7.1 概　　述

场区管线综合协同设计软件 SPCAD 以总图专业为核心，兼顾水暖电气等其他管线专业，适用于工厂总图场地管线综合设计以及民用小区场地管线综合设计。

软件结合《城市工程管线综合规划规范》要求，参照各管线专业的设计特点，通过多专业联合协同设计的方式来完成综合管线的协同设计。一方面软件提供方便的绘制编辑工具，来实现对管线平面位置的快速设计，同时也提供智能化的联动设计来快速地对管线的标高进行赋值。另一方面，软件也提供管线平面、竖向等全方面的检核功能，来协助设计者优化设计方案，查找设计漏洞，从而实现管线设计的快速校核、调整。最后，设计者还可以利用交叉点表等相应的表格统计功能来完善场区管线综合设计。

SPCAD 软件支持 AutoCAD2004～AutoCAD2012 各个平台，可以与其他 CAD 应用软件混合使用；支持 WinXP、Win7、Win8 系统。

7.2 特　　点

1. 协同设计：多专业的协同引用设计模式，在保证数据可靠性的同时提高了设计效率。
2. 智能标高：提供多种方式对连续管段的标高进行智能设定，管线的竖向赋值准确高效。
3. 轻松核查：一键核查坡度、埋深、平纵间距等是否符合规范，并对不合格数据进行快速定位修改。
4. 按需制表：完全按需要定制交叉点表、高程表、材料表等表格，各种繁杂的数据不再无序。

7.3 软件架构

SPCAD 软件是基于 AutoCAD 平台运行，在 CAD 平台上采用外挂方式加载，包括自然地形、场地竖向、项目管理、管线平面、管线竖向、管线综合、三维场地等七个模块，如图 7-1 所示。

图 7-1 功能架构图

7.4　技术路线

SPCAD 基于 AutoCAD 平台开发，核心技术包括菜单调用管理、图库管理、自定义参数及模板管理、标高数据描述、三角面模型生成与编辑、多边形边界搜索技术等。

1. 菜单调用管理技术

软件采用独立于 ACAD 的菜单系统，直接基于 WINDOWS 系统构建 SPCAD 菜单，使得菜单调用方便灵活，可以先启动 ACAD 再启动 SPCAD，启动后的 SPCAD 也可以在不退出 ACAD 的情况下卸载。

2. 图库管理技术

软件将同类图库浓缩成 1 个 DWG 图块定义文件，用户可以采用资源管理器的方式浏览、插入、添加图库文件，可以预置插入比例与旋转角度等参数，批量或沿线插入图块。

3. 自定义参数及模板管理

软件使用 ACCESS 数据库（default. mdb）管理图层定义表、标注参数表、控制参数表等。采用目录文件（Template）方式保存用户当地的标准配置文件及图块文件。用户自己按照格式要求修改或添加配置模板文件。

4. 标高数据描述

除采用通常的离散点与等高线描述地形标高外，软件提供标高特征线（空间折线 3DPOLY）来描述特定地形地物，如陡坎、挡墙、护坡等，对于道路边线、建筑轮廓等，可以根据控制点标高自动生成相应的特征线。添加特征线后，采集的标高数据及生成的三维模型更准确。

5. 多边形轮廓自动搜索与跟踪

在设计过程中，经常需要生成或描绘外轮廓多边形，例如，地块边界、建筑物外轮廓、道路广场边界、绿化边界等。在已有范围限制线的情况下，若直接采用 ACAD 的轮廓搜索命令（BPOLY）有效率不能做到 100%，特别是在图形测量坐标值很大、范围限制线有小空隙或 3DPLINE 空间线与 SPLINE 线时，往往不能搜索到轮廓边界，或者搜索的轮廓不正确。

SPCAD 采用类似 Photoshop 软件中的填色方式，累加建立所需边界，具体原理是：框定矩形范围，在范围内搜索处理限定线，以这些限定线及矩形外边界线，建立子轮廓范围线，继续框定矩形范围生成子轮廓范围线，最后软件将各子轮廓范围合并形成所需的轮廓线。简单的轮廓可以一次框定生成，复杂的轮廓可以框定多次，在每次框定生成子轮廓时都有填色显示，重复点选子轮廓可以清除。在生成轮廓时，支持层过滤避开多余的限定线。

另外，SPCAD 还开发了交互式线跟踪绘制边界技术，在描绘已有线条形成边界时，可以自动跟踪底部的线条，遇到线条交叉时又转为手动取点绘制；被跟踪的线可以是 PLINE、LINE、ARC、SPLINE、3DPLINE 等，且线条间可以允许小空隙。

6. 文件管理与调用

项目文件管理直接基于 WINDOWS 操作系统实现。项目文件管理路径实现本机或网络路径的多样化选择。文件调用支持用户熟悉的 AutoCAD 环境以及基于 OpenDwg 技术的自主平台。在网络路径下，文件调用采用协同技术，随时更新调用文件。调用文件时，采用了

COPY 技术，实现调用图形的完整与快速。

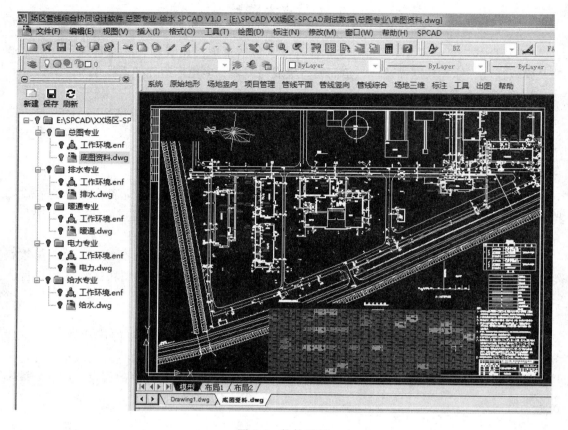

图 7-2　软件界面

7.5　功能介绍

7.5.1　地形图录入与转换

本模块主要完成原始地形图的录入与转换，使 SPCAD 软件能够识别地形尤其是标高信息。基础地形数据一般有三个来源：第一是直接使用电子地形图；第二是扫描纸质地形图作为光栅地形图背景；第三是全站仪数据文件导入成图。

（1）软件提供全套测绘符号用于描绘地形图。

（2）全站仪（离散点数据文件）支持多种格式，并可以自定义格式；不但可以导入也可以导出数据。

（3）软件支持外部参照的方式使用多张地形图，并且可以读取参照图中的地形数据。

（4）在地形数据中，最重要的是高程数据，一般用离散点与等高线来表达。

为了有效地描述地形中的陡坎、护坡、田埂、池塘等地物，SPCAD 提供了特征线（各点标高不相同的空间折线）来描述这些地物。

（5）提供已有地形图的数据转换功能，包括离散点标注文字转换、等高线转换等，对于特定格式的地形图（如南方 CASS 生成的地形图），软件能自动完成转换。

（6）软件提供方便的等高线简化功能，在保持等高线形状特征基本不变的情况下，大幅度减少复杂线的中间点，提高图形速度。

7.5.2　竖向设计

竖向布置的主要内容就是确定道路、建筑等地物竖向高程，并根据需要设置挡土墙、护坡、排水沟等设施，满足周围交通环境、排水及土方工程量要求。

（1）在确定标高时，软件随时提供当前位置的自然标高，根据周围已有设计标高推算的设计标高，作为标高默认值；同时软件独立提供任意点标高计算功能，可以计算指定范围或全场地内的平均自然标高、拟合自然标高（最贴近自然地面的倾斜面）、拟合坡度与拟合坡向（图7-3），参照这些值确定的标高可以基本保证土方量平衡。

图 7-3　任意点标高计算

（2）道路标高计算标注：可以单点标注道路端点标高，沿线标注道路端点标高（只需确定起始点标高或某点标高与坡度），可以计算标注道路变坡点标高，道路坡度自动计算标注，修改道路标高时，坡度自动刷新修改。

（3）用户自制的道路标高标注图块可以批量转为 SPCAD 格式；非 SPCAD 道路也可以自动标注标高与坡度。

（4）在确定道路设计标高和坡度后，结合自然地形绘制指定位置的道路横断面、纵断面。

（5）地物标高标注完成后，可以自动生成相关的设计特征线，由此生成的三维设计地表面可以完整反映设计效果（例如，标注完道路中心线标高及道路横坡后，可以自动计算生成道路边线的特征线）。

7.5.3　三维场地设计

本模块提供在已具备自然标高数据以及设计标高数据（离散点、等高线以及特征线）的情况下，三维地表模型的生成、断面图生成等功能。

图 7-4　三维地表模型

（1）依据设计高程数据，尤其是特征线生成的设计三维模型，可以准确反映设计状况，可以将设计地表面与自然地表面合并处理，反映最终效果，如图7-4所示。

（2）根据三角面模型，可以生成自然等高线、设计等高线，在设计等高线中，可以独立生成道路等高线（要求道路三角面用不同的颜色区分）。

（3）可以计算查询三维模型上任一点的高程，绘制设计断面与自然断面，可以在设计断面线上标注高程、坐标、坡度及水平尺寸，可以在断面线上自动生成地物（道路、建筑等）标志点或者绘制标志线（要求有设计特征线），如图 7-5 所示。

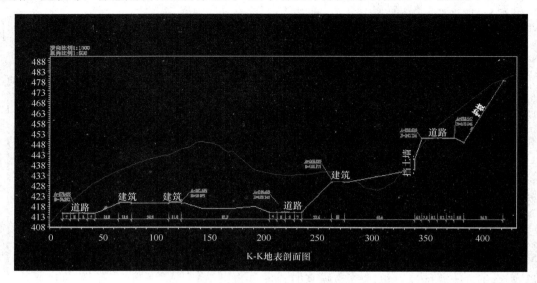

图 7-5　断面图

（4）根据三角面模型 TIN，可以生成四边网格模型 DEM，形成较为光滑的地表面（可能丧失部分地形特征）。

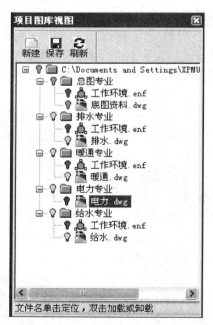

图 7-6　刷新项目文件夹查看
内容更新情况

7.5.4　项目管理协同设计

设置网络路径为项目文件夹，各个专业的设计人员将设计内容放于文件夹中。设计时，可以引用其他各专业的图纸作为参照。引用过程中，可利用【刷新】功能来检查被引用的各专业图纸是否有内容更新。

如图 7-6 所示，总图专业的设计人员参照给水、排水、暖通、电力等专业图纸进行平面与竖向的管线设计，当其他专业内容有更新时，只要点下【刷新】按钮就会有提示。

7.5.5　管线平面

本模块主要实现管线及管沟、管井的平面布置设计。

（1）对各专业的管线种类、图层、线型、线宽、各项控制性参数进行具体的配置。该操作应该在设计之初确定下来，管线设计开始后，不得更改该项参数。

（2）可以参照已有管线或道路线绘制管线；可以提取已绘制管线的参数。

（3）可以对用户已有的管线图进行方便的转换、连接标注断线。

（4）沿管线定位布置管井、交叉口布置管井、交叉口下部管线遮挡屏蔽。

附图及附表

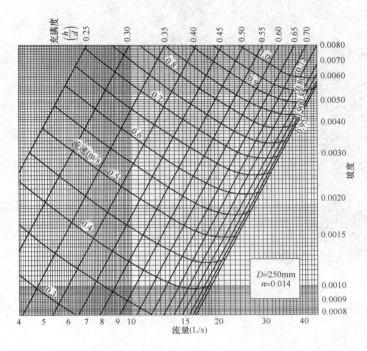

附图（一）

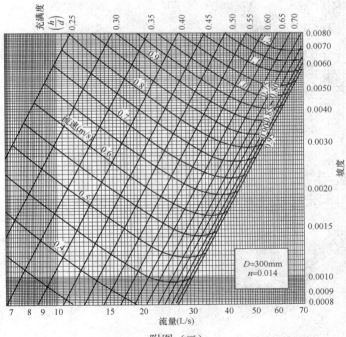

附图（二）

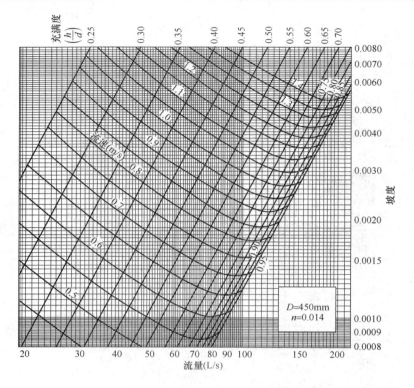

附图 （三）

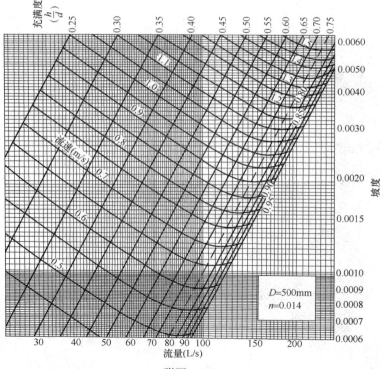

附图 （四）

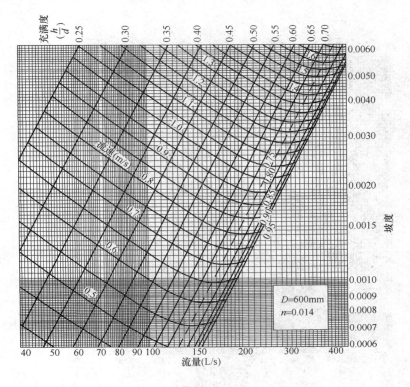

附图（五）

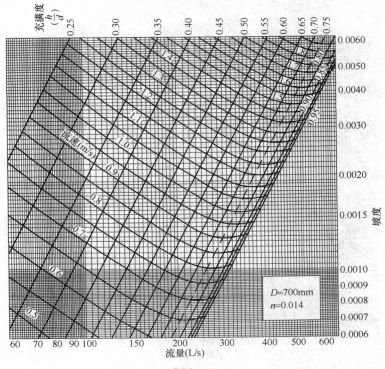

附图（六）

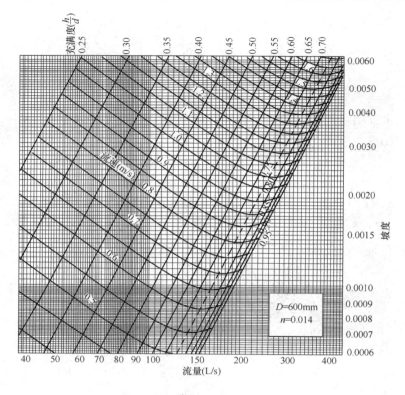

附图（七）

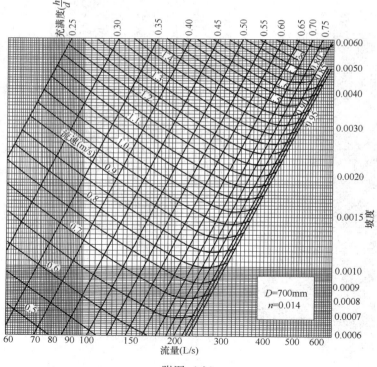

附图（八）

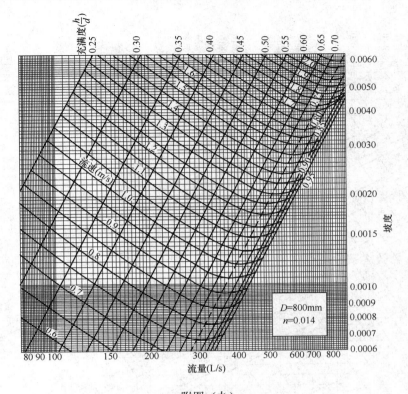

附图（九）

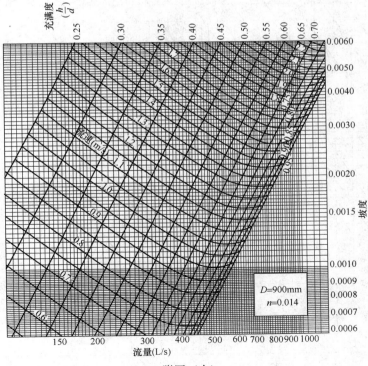

附图（十）

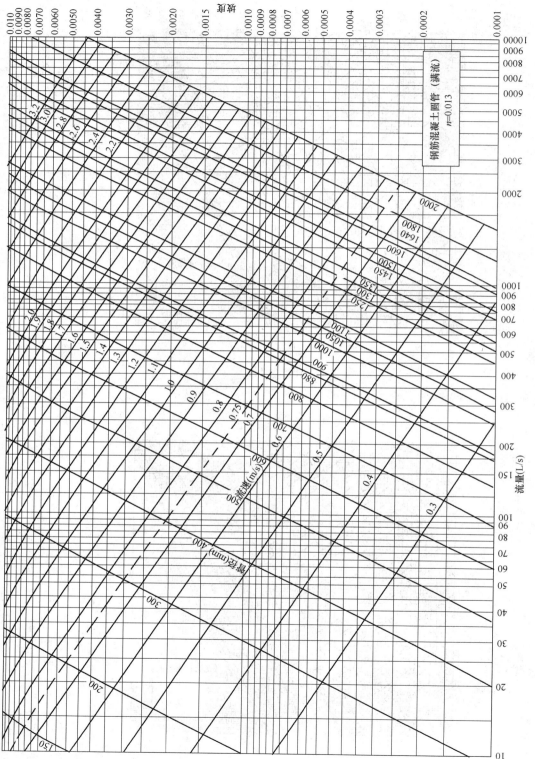

钢筋混凝土圆管（满流）n=0.013

附图（十一）

附表(一)钢筋混凝土圆管计算图(不满流 $n＝0.014$)

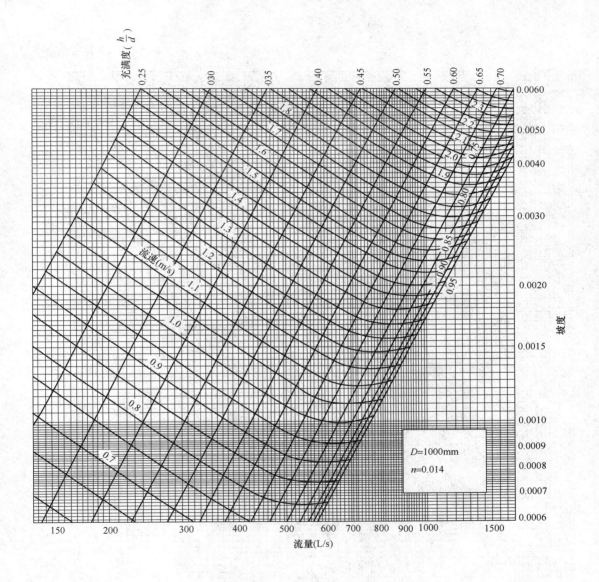

附表(二)钢筋混凝土圆管计算图(满流 $n=0.013$)

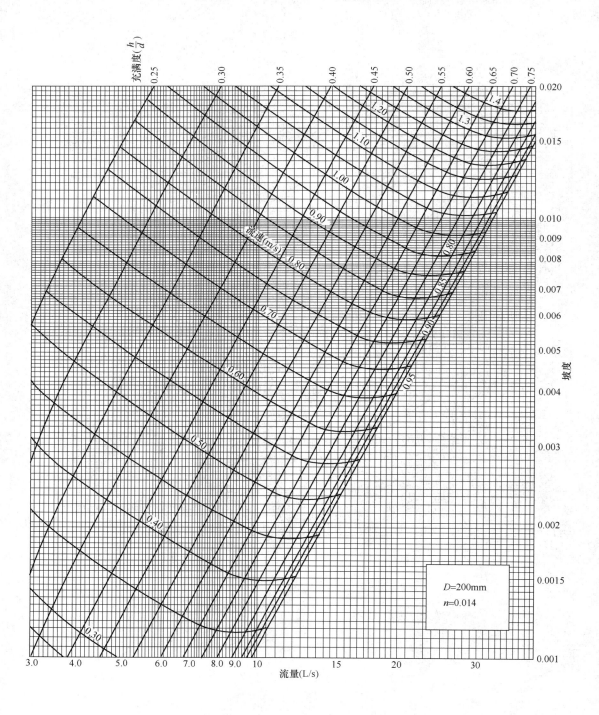

附表(三)民用及工业辅助建筑的冬季室温要求

序号	房间名称	室温(℃)
1	卧室和起居室	16～18
2	厕所、盥洗室	12
3	食堂	14
4	办公室、休息室	16～18
5	技术资料室	16
6	存衣室	16
7	哺乳室	20
8	淋浴室	25
9	淋浴室的更衣室	23
10	女工卫生室	23

附表(四)生产车间的冬季室温要求

序号	车间工作性质	室温(℃)
1	当每名工人占用面积不超过 50m² 轻作业 中作业 重作业	≥15 ≥12 ≥10
2	当每名工人占用面积不超过(50～100 m²) 轻作业 中作业 重作业	≥10 ≥7 ≥5

附表（五）我国各地的室外供暖计算温度表

地名	室外计算(干球)温度(℃) 采暖	冬季通风	夏季通风	冬季空调	夏季空调	夏季空调日平均	夏季室外平均每年不保证50小时的湿球温度(℃)	室外计算相对湿度(%) 冬季空调	最热月月平均	夏季通风	室外风速(m/s) 冬季	夏季	主要风向及其频率 冬季风向	冬季频率(%)	夏季风向	夏季频率(%)	年主导风向及其频率 风向	频率(%)	大气压力(mmHg) 冬季	夏季
哈尔滨	-26	-20	26	-29	30.3	25	23.9	72	78	63	3.4	3.3	SSW	15	S	14	S	14	751	739
沈阳	-20	-13	28	-23	31.3	27	25.3	63	78	64	3.2	3.0	N	13 11	SSW S	18 15	S	14	765	750
北京	-9	-5	30	-12	33.8	29	26.5	41	77	62	3.0	1.9	C N NNW	22 13 13	C N	27 10	C N	23 10	767	751
太原	-12	-7	28	-15	31.8	26	23.3	46	74	51	2.7	2.1	N	21 17	C NNW	26 14	C	23 14	700	689
西安	-5	-1	31	-9	35.6	31	26.6	63	71	46	1.9	2.2	C NE SW	27 13 9	C NE SW	20 18 10	C NE	25 16	734	719
济南	-7	-1	31	-10	35.5	31	26.8	49	73	51	3.0	2.5	C SSW NE	22 15 12	C SSW NE	25 15 10	C SSW	22 16	765	749
南京	-3	2	32	-6	35.2	32	28.5	71	81	62	2.5	2.3	C NE	27 11	C SE	21 13	C NE	24 10	769	753

续表

地名	室外计算(干球)温度(℃) 冬季采暖	冬季通风	夏季通风	冬季空调	夏季空调	夏季空调日平均	夏季室外平均每年不保证50小时的湿球温度(℃)	室外计算相对湿度(%) 冬季空调	最热月月平均	夏季通风	室外风速(m/s) 冬季	夏季	主要风向及其频率 冬季 风向	冬季 频率(%)	夏季 风向	夏季 频率(%)	年主导风向及其频率 风向	频率(%)	大气压力(mmHg) 冬季	夏季
上海	−2	3	32	−4	34.0	30	28.3	73	83	67	3.2	3.0	NW	14	SE	17	ESE SE	10 10	769	754
杭州	−1	4	33	−4	35.7	32	28.6	77	80	62	2.1	1.7	C NNW / N NNE	31 10 / 8 8	C E / ES ESS	35 8 / 7 7	C E	32 7	769	754
福州	5	10	33	4	35.3	30	28.0	72	77	61	2.5	2.7	C	19	SE C	26 25	C SE	19 15	760	748
武汉	−2	3	33	−5	35.2	32	28.2	75	80	62	2.8	2.6	NNE NE / C N	19 12 / 9 9	C SE / S	13 13 / 13	NNE	14	768	751
桂林	2	8	32	0	33.9	30	26.9	68	79	60	3.3	1.6	NNE C / N	53 21 / 10	C NNE / S	39 13 / 9	NNE	37	752	739
广州	7	13	32	5	33.6	30	28.0	68	84	66	2.4	1.9	N	33	C SE	28 15	C N	27 19	765	754
重庆	4	8	33	3	36.0	32	27.4	81	76	57	1.3	1.6	C N	36 26	N C	31 10	C N	33 13	744	730
昆明	3	8	24	1	26.8	22	19.7	69	65	48	2.4	1.7	SW S	36 10	SW S	38 12	SW	19	609	606

参考文献

[1]　柳金海 . 不良条件管道工程设计与施工手册[M]. 北京：中国物价出版社，1992.

[2]　童长江，管枫年 . 土的冻胀与建筑物冻害防治[M]. 北京：水利电力出版社，1985.

[3]　陕西省计划委员会 . 湿陷性黄土地区建筑规范[M]. 北京：中国建筑工业出版社，2004.

[4]　畲田 . 地球百科[M]. 西安：陕西科学技术出版社，2009.

[5]　赵克常 . 地震概论[M]. 北京：北京大学出版社，2012.

[6]　王汝梁 . 地下管线的震害验算设计与措施[M]. 北京：地震出版社，2007。

[7]　薛伟辰，胡翔，王恒栋 . 综合管沟的应用与研究进展[J]. 特种结构 . 2007，24(1).

[8]　李庆伟，王伟锋，吴小迪 . 城镇道路综合管沟设计[J]. 科技传播 . 2013(17).

[9]　王恒栋，王梅 . 综合管沟工程综述[J]. 上海建设科技 . 2004(3).

[10]　郭新民 . 城市综合管沟开发应用的探讨[J]. 城市建设理论研究 . 2013(6).

[11]　赵鑫 . 浅谈市政工程管线综合管沟设计[J]. 黑龙江交通科技 . 2014(7).

[12]　李德强 . 综合管沟设计与施工[M]. 北京：中国建筑工业出版社，2008.

[13]　孟东军，刘瑞娟 . 综合管沟在市政管线规划中的应用[J]. 市政技术 . 2004，22(5).

[14]　马强，艾世勃 . 工业场地综合管沟浅析[J]. 工程建设与设计 . 2013(5).

[15]　王胜华，伊笑娴，邵玉振 . 浅谈城市综合管沟设计方法[J]. 城市道桥与防洪 . 2007(9).

[16]　GB 50838—2012. 城市综合管廊工程技术规范[S]. 北京：中国计划出版社，2012.

[17]　蒋群峰，朱弋宏 . 浅谈城市市政共同沟[J]. 有色冶金设计与研究 . 2001，22(3).

中国建材工业出版社
China Building Materials Press

我们提供

图书出版、图书广告宣传、企业/个人定向出版、设计业务、企业内刊等外包、代选代购图书、团体用书、会议、培训，其他深度合作等优质高效服务。

编辑部	宣传推广	出版咨询	图书销售	设计业务
010-88385207	010-68361706	010-68343948	010-88386906	010-68361706

邮箱：jccbs-zbs@163.com　　　网址：www.jccbs.com.cn

发展出版传媒　　服务经济建设

传播科技进步　　满足社会需求
